站在巨人的肩上
Standing on Shoulders of Giants

iTuring.cn

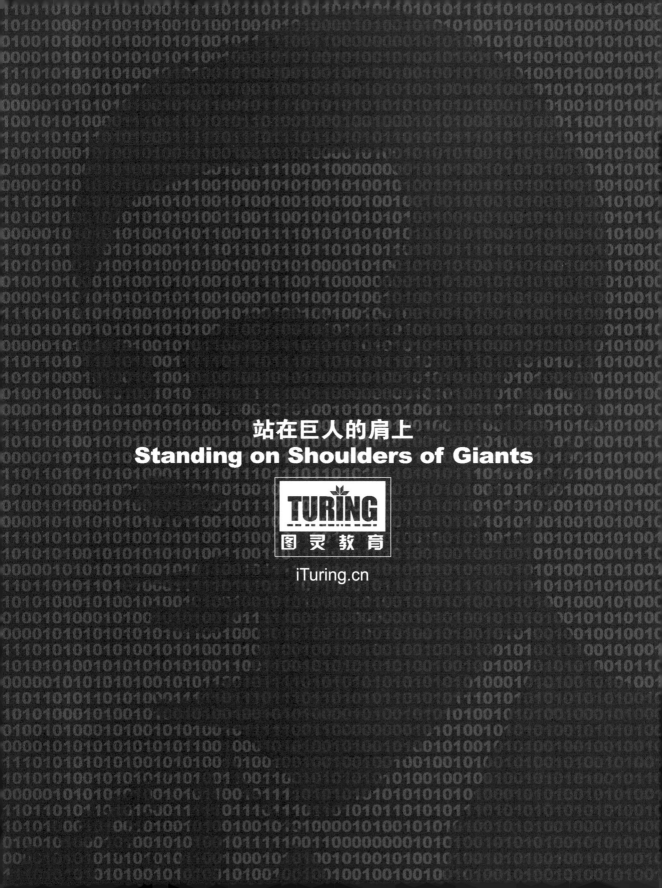

站在巨人的肩上
Standing on Shoulders of Giants

iTuring.cn

TURING 图灵程序设计丛书

JavaScript
测试驱动开发

Test–Driving JavaScript Applications

Rapid, Confident, Maintainable Code

[美] Venkat Subramaniam 著

毛姝雯 译

人民邮电出版社

北　京

图书在版编目（Ｃ Ｉ Ｐ）数据

JavaScript测试驱动开发 ／（美）文卡特·苏布拉马
尼亚姆（Venkat Subramaniam）著；毛姝雯译. -- 北京：
人民邮电出版社，2018.3
（图灵程序设计丛书）
ISBN 978-7-115-47715-6

Ⅰ. ①J… Ⅱ. ①文… ②毛… Ⅲ. ①JAVA语言－程序
设计 Ⅳ. ①TP312.8

中国版本图书馆CIP数据核字(2018)第002902号

内 容 提 要

　　JavaScript 已经成为使用最广泛的语言之一，它强大且高度灵活，但同时也颇具风险，所以应该用更出
色的开发实践来支持。自动化测试和持续集成就是很好的方法，可以降低 JavaScript 带来的风险。本书介
绍 JavaScript 自动化测试及其相关实践，主体内容包括两部分：第一部分涵盖自动化测试的基础，介绍如何
为同步函数和异步函数编写测试，以及当代码包含复杂的依赖关系时如何实现自动化测试；第二部分通过
一个测试驱动开发的实例，让读者能够运用在第一部分所学的内容，为客户端和服务器端编写自动化测试。
本书在帮助读者学习和研究测试工具和技术的同时，还会介绍一些软件设计原则，有助于实现轻量级设计，
并得到可维护的代码。

　　本书适合有一定经验的 JavaScript 开发人员，尤其是对 JavaScript 自动化测试感兴趣的读者。

◆ 著　　　　[美] Venkat Subramaniam
　 译　　　　毛姝雯
　 责任编辑　朱　巍
　 执行编辑　温　雪　杨　婷
　 责任印制　周昇亮
◆ 人民邮电出版社出版发行　　北京市丰台区成寿寺路11号
　 邮编　100164　　电子邮件　315@ptpress.com.cn
　 网址　http://www.ptpress.com.cn
　 三河市潮河印业有限公司印刷
◆ 开本：800×1000　1/16
　 印张：19
　 字数：449千字　　　　　　　2018年3月第 1 版
　 印数：1 - 3 000册　　　　　　2018年3月河北第 1 次印刷
　 著作权合同登记号　图字：01-2017-7986号

定价：79.00元
读者服务热线：(010)51095186转600　印装质量热线：(010)81055316
反盗版热线：(010)81055315
广告经营许可证：京东工商广登字 20170147 号

版权声明

对身为教授的PSK叔叔的深情回忆，点燃了我对编程的热情。

本书赞誉

这本书不仅逐步说明了如何测试JavaScript，还提出了一种全面而又简化的方法来促成良好的设计。Venkat用词生动幽默，使得这本书的内容既有教学意义，又不乏趣味性。

——Kimberly D. Barnes，GoSpotCheck高级软件工程师

Venkat以他一贯的独特风格把JavaScript测试去芜存菁。他采用了一种非常受欢迎的实用主义方式来探讨这个有时很棘手的平台的测试问题。与此同时，还介绍了框架、工具的使用，并且提供了很有价值的建议和见解。强烈推荐这本书！

——Neal Ford，Thoughtworks公司主管、软件架构师、Meme Wrangler

如果你已经很熟悉另一门语言的TDD实践，这本书则回答了与测试驱动JavaScript应用相关的所有问题；如果你是JavaScript程序员，但还没有接触TDD，那么Venkat将通过几个真实的示例让你沿着这条路充满自信地走下去。

——Naresha K.，Channel Bridge软件实验室首席技术专家

这本书展示了如何把TDD用于前端技术，这正是我一直梦寐以求的。它包含了实用的示例和大量有用的信息。我学到了良好的实践，不再编写遗留代码。

——Astefanoaie Nicolae Stelian，PRISA高级程序员

致　　谢

我花了许多周末和夜晚远离家人来编写本书，它的成功出版离不开家人的大力支持。所以，我首先要感谢妻子Kavitha以及两个儿子Karthik和Krupakar。

其次，我要感谢技术审阅人，他们贡献了自己宝贵的时间、知识和才智，从而为本书增色不少。非常感谢Kim Barnes（@kimberlydbarnes）、Nick Capito、Neal Ford（@neal4d）、Rod Hilton（@rodhilton）、Brian Hogan（@bphogan）、Charles Johnson（@charbajo）、Pelle Lauritsen（@pellelauritsen）、Daivid Morgan（@daividm）、Kieran Murphy、Ted Neward（@tedneward）、Maricris Nonato（@maricris_sn）、Al Scherer（@al_scherer）、Jason Schindler（@Volti_Subito）和Nate Schutta（@ntschutta）。他们都为完善本书提供了帮助。本书中任何遗留的错误都归因于我。

我还要感谢本书的早期读者，感谢他们在本书的论坛[1]上提供了宝贵的反馈，并在勘误页面[2]上提交了书中的错误。感谢Robert Guico、Naresha K.、Dillon Kearns、Chip Pate、Astefanoaie Nicolae Stelian和Bruce Trask。特别感谢Tim Wright的火眼金睛，他仔细试验了每一个示例。

我有幸让Jackie Carter编辑了我的又一本书，每次跟她联系都让我想起我为什么请求她编辑本书。我从她身上学到了很多东西，关于写作，关于耐心，等等。谢谢Jackie，感谢你的帮助、指导、鼓励和交流。

本书的写作灵感来源于与我在各个会议中有过交流的开发者。感谢他们提出了非常有趣的问题，并且与我进行了深入的交流，这使得我的想法得以成形。另外，感谢会议的组织者为我提供了与优秀的开发者进行交流的平台。

非常感谢Pragmatic Bookshelf的优秀工作人员，感谢他们采纳了本书，和我一起将编写本书的想法变成现实。感谢Janet Furlow、Andy Hunt、Susannah Pfalzer、Dave Thomas以及为本书提供帮助的其他工作人员。

---

[1] https://pragprog.com/book/vsjavas#forums
[2] https://pragprog.com/titles/vsjavas/errata

前　言

我很早就热衷于编写代码。数十年过去了，编程的热情虽然丝毫未减，但是我对软件开发经济学也产生了兴趣。变更的成本以及我们应对变更的速度至关重要。软件行业的发展日新月异，并且正不断走向成熟。我们通过编程获得报酬，而如果编写的代码很糟糕，那么就会有人付钱请我们返工，对代码修修补补。这是个恶性循环。作为专业的程序员，我们必须大幅提高编写代码的标准。

JavaScript真的是一只"黑天鹅"[①]——谁能想到它会成为使用最为广泛的语言之一呢？它强大，具有高度的灵活性，但同时也颇具风险。我其实是非常喜欢JavaScript的，我喜欢它的强大，也喜欢它的灵活性。

仅仅因为有风险就回避其强大和灵活的解决方案，这是不可取的；相反，我们应该用更出色的开发实践来运用这些特性。使用自动化测试以及持续集成就是一种更出色的开发实践。我们可以依赖自动化测试和短反馈循环来降低JavaScript带来的风险。

近几年来，JavaScript的整个体系发展迅猛，同时也涌现了大量自动化测试工具。正是由于这些工具以及短反馈循环、持续集成等开发实践，软件工程才没有止于理论，如今使用JavaScript的每个程序员都可以应用这些准则。我撰写本书的目的就在于激发、鼓励以及指导你提高自己，从而迈向更高的标准。感谢你阅读这本书。

本书内容

本书主要介绍自动化测试及其相关实践，用以维持严格的开发进度。通过本书，你将学习如何使用一些工具和技术来自动化验证客户端（包括jQuery和Angular）和服务器端（Node.js和Express）的JavaScript应用。

你将在本书中学习如何有效地使用以下工具：

❏ Karma

❏ Mocha

[①] https://en.wikipedia.org/wiki/Black_swan_theory。在发现澳大利亚之前，欧洲人认为所有天鹅都是白色的，还常用"黑天鹅"指代不可能存在的事物。但欧洲人的这个信念却随着第一只黑天鹅的出现而崩塌了。因此，黑天鹅的存在代表不可预测的重大稀有事件，意料之外却又改变一切。人们总是对一些事物视而不见，并习惯以有限的生活经验和不堪一击的信念来解释这些意料之外的重大冲击。这就是"黑天鹅理论"。——译者注

❏ Chai

❏ Istanbul

❏ Sinon

❏ Protractor

在研究这些工具的同时，你也将学习一些软件设计原则，遵循这些原则有助于实现轻量级设计，得到可维护的代码。如果你正在使用其他的测试工具，比如Jasmine或Nodeunit，那么也可以很容易地将本书中的测试方法运用在这些工具上。

本书包括两大部分。第一部分涵盖了自动化测试的基础。在这一部分中，你将学习如何为同步函数和异步函数编写测试，以及当代码包含复杂的依赖关系时如何实现自动化测试。在第二部分中，通过一个测试驱动开发的实例，你将运用在第一部分所学的内容来为客户端和服务器端编写自动化测试。

本书包括以下章节。

❏ **第1章，自动化测试让你重获自由**

这一章阐述为何自动化验证对于可持续开发如此重要。

❏ **第2章，测试驱动设计**

这一章通过一个小案例来引导你为服务器端和客户端代码编写自动化测试。你将学习如何创建测试列表，如何增量开发，以及一次只为一项测试编写最少代码。

❏ **第3章，异步测试**

有些异步函数执行回调，有些则返回Promise对象。这一章将介绍测试异步函数所面临的挑战，以及不同的测试方法。

❏ **第4章，巧妙处理依赖**

无论是客户端还是服务器端，依赖都普遍存在。它们导致测试变得非常困难、脆弱、不确定以及缓慢。这一章将阐述如何尽可能地移除依赖，也将通过测试替身（test double）对一些复杂的依赖进行解耦和替换，从而让测试更为便利。

❏ **第5章，Node.js测试驱动开发**

这一章将引导你测试驱动一个功能完整的服务器端应用。它展示了如何从高层次的策略设计出发，使用测试来改进设计。在这一章中，你将对代码覆盖率进行估算，从而了解自动化测试究竟验证了多少代码。

❏ **第6章，Express测试驱动开发**

使用Express可以轻松编写Web应用。在这一章中，你将学习如何通过自动化测试轻松编写可维护的代码。首先，你将学习为数据库连接设计自动化测试，然后了解模块功能，最后学习路由方法。

❏ **第7章，与DOM和jQuery协作**

这一章将为第6章中开发的客户端应用创建自动化测试，其中展示了如何为直接操纵DOM的代码以及依赖jQuery库的代码编写测试。

❑ 第8章，使用AngularJS

　　AngularJS是说明性的、响应式的和高性能的。它不仅简化了客户端代码的编写，而且为自动化测试的编写提供了一组强大的工具。在这一章中，通过为Express应用编写另一个版本的客户端程序，你将学习测试AngularJS 1.x应用所需要的技术。

❑ 第9章，Angular 2测试驱动开发

　　仅仅说AngularJS经历了一次重大革新还远远不够。Angular 2在很多方面都不同于AngularJS 1.x——组件取代了控制器，管道取代了过滤器，依赖注入更为明确，基于注解的通信——而且Angular 2是用TypeScript而非JavaScript编写的。在这一章中，你将使用Angular 2和JavaScript重写前一章中的客户端应用，完全从头开始，测试优先。

❑ 第10章，集成测试和端到端测试

　　进行端到端测试或者UI层的测试是很有必要的，但是这类测试必须控制在最低限度，应着重于在其他测试中没有被覆盖到的那些部分。在这一章中，你将学习哪些方面是需要关注的，哪些对于测试来说是至关重要的，以及哪些是需要避免的。这一章还将展示如何编写完全自动化的集成测试——从数据库层到模块功能，再到路由，最后到UI。

❑ 第11章，测试驱动你自己的应用

　　这一章对全书进行了总结，通过示例讨论了如何实现自动化测试，以及测试的层次、规模和好处。最后讨论了如何将这些运用到你自己的项目中。

本书读者

　　如果你使用JavaScript编程，那么本书正是为你准备的。程序员、具有实践经验的架构师、团队领导、技术项目经理，以及任何想要以可持续的速度编写可维护的JavaScript应用的读者都能从中获益。

　　本书假设读者熟悉JavaScript，所以不会讲授任何JavaScript语法知识。各章会使用不同的技术来编写示例程序，我们假设读者对这些技术已经有所了解。例如，第8章和第10章就假设读者已经了解AngularJS 1.x，但其他章并不依赖这些知识。

　　本书的每一页都有一些能让你直接运用到自己项目中的内容，包括单元测试、集成测试、代码覆盖，或者是使用这些技术的理由。架构师和技术领导能够使用本书来指导团队改进技术实践。技术项目经理能够从中知晓测试驱动开发JavaScript的原因，了解测试的层次和规模，并决定如何在项目中运用自动化测试，同时还可以使用本书来激励团队以快速反馈循环的方式编写应用。

　　如果已经非常熟悉这些技术了，那么你可以使用本书对其他开发者进行培训。

　　本书是为广泛使用JavaScript并且想要提高自己技术的那些开发者编写的。

网络资源

　　你可以从Pragmatic Bookshelf的官方网站上下载本书中所有示例的源代码[①]，还可以在论坛上

[①] http://www.pragprog.com/titles/vsjavas

提交勘误、发表评论或提出疑问。[①]

如果阅读的是本书的PDF版本，那么你可以点击代码清单上方的链接来查看或者下载该示例代码。

附录中的"网络资源"部分列出了书中引用到的所有资源，以便你参考。

你自己的工作空间

在阅读本书的过程中，你也许想要亲自实践一下书中的代码示例，这就需要安装各种工具，并为每个示例新建目录和文件。这项工作单调乏味，不过你可以使用本书预先创建的工作空间。

该工作空间主要包含一些package.json文件，这些文件描述了编写每个示例需要使用的依赖库和工具。此外，该工作空间还为每个示例创建了合理的目录结构和一些便于你编辑的文件。当你开始实践这些示例时，无须反复敲打命令来安装所有需要用到的工具。相反，一旦切换到某个示例项目的目录下，只需一条npm install命令就可以下载你的系统所需要的所有内容。安装完成后，就可以尽情为该示例编写代码了。

现在，花一分钟从Pragmatic Bookshelf Media链接[②]下载这个工作空间吧。如果你使用的是Windows系统，那么请将tdjsa.zip下载到C:\目录下；如果你使用的是其他系统，那么请将该文件下载到home目录。下载完成后，使用unzip tdjsa.zip命令来解压该文件。

解压完成后，你应该会看到一个名为tdjsa的目录，该目录下包含了一些子目录，每个子目录对应一章，并且其中包含了每一章的示例以供你进行练习。

注意，将代码从PDF阅读器中复制粘贴到代码编辑器或IDE中通常会存在问题。复制的结果取决于PDF阅读器以及代码编辑器或IDE。复制并粘贴后，你可能需要对代码进行格式化，否则可能无法运行。每个人的具体情况可能有所不同。你可以从前文中列出的网站上下载源代码，避免从PDF阅读器中复制粘贴代码。

电子书

扫描如下二维码，即可购买本书电子版。

---

① 也可以到本书中文版页面下载代码，查看和提交勘误：http://www.ituring.com.cn/book/1920。——编者注
② https://media.pragprog.com/titles/vsjavas/code/tdjsa.zip

目　　录

第 1 章 自动化测试让你重获自由

当我们编写的应用成功上线后，每个人都会获益良多。产品故障的成本非常高，应该尽可能降低这种风险。如今，技术发达、信息发达、信息透明度高，一旦应用发生故障，全世界都会知道。有了自动化测试，我们就能够尽早发现故障，降低风险，从而开发出健壮的应用。

自动化测试对代码设计产生了深远影响。它促使我们编写模块化、高内聚、低耦合的代码，让代码易于修改，这有利于降低变更的成本。

也许你急于着手编写代码，但了解一下为什么要用到自动化测试以及可能面临的一些阻碍，可以让你为深入学习后续章节的技术做好准备。我们来快速探讨一下自动化测试的优势以及它带来的挑战，并研究一下如何运用短反馈循环。

1.1 变更的挑战

代码在其生命周期内会被多次修改。如果一位程序员告诉你他的代码从创建起就从未修改过，这就意味着他的项目后来被取消了。如果一个应用想要存续下去，就必须不断改进。我们会不断增强应用的现有功能，添加新功能，并且经常修复应用中的bug。每次变更都面临着一些挑战：

❑ 变更的成本应该合理
❑ 变更应该带来正面的影响

我们依次讨论一下这些挑战。

1.1.1 变更的成本

良好的设计应该是灵活的、易于扩展的、维护成本低的。但是如何能够分辨出这些特性呢？我们不能等着查看设计的结果来了解其质量——这样可能已经太晚了。

测试驱动的设计有助于解决这个问题。在这种设计方法中，我们首先创建一个初始的、主要的、策略性的设计。然后，通过一系列策略步骤，运用一些基本的设计原则（参见*Agile Software*

Development: Principles, Patterns, and Practices [Mar02]），进一步改善设计。此外，测试还可以提供持续的反馈，以确保代码的设计符合需求。测试促进了良好的设计原则——高内聚、低耦合、模块化的代码，以及单一抽象层次——这些特征让我们能够负担得起变更的成本。

1.1.2　变更的影响

当我们修改代码时，常常听到的令人畏惧的一个问题就是"这有用吗"。而我们开发人员通常会回答"希望如此"。希望自己的努力能有个正确的结果并没有错，但是我们可以争取做得更好。

因为软件并不是一个线性的系统，所以某一处的修改可能会破坏别处。比如，如果错误地修改了数据格式，那么这个小错误就可能会影响到系统的多个部分。如果在修改之后，另一个完全不相干的部分却出现了故障，就别提多让人沮丧痛楚的了。这会让人很尴尬，因为客户会认为我们很不专业。

修改代码后，我们应该很快知道之前可以正常运行的代码是否仍然能够运行。因此，我们需要快速的、短期的、自动的反馈循环。

1.2　测试与验证

使用自动化反馈循环并不意味着就不需要手动测试了。

并不是非此即彼，我们需要正确地结合这两者。我们将定义两个需要加以区分的术语，即**测试与验证**（testing vs. verification）。

测试需要敏锐的洞察力。应用的可用性如何？是否直观？用户体验如何？操作流程合理吗？有没有哪些操作步骤是可以省略的？测试时需要提出诸如此类的问题，并且要对应用的核心功能及其局限性有所了解。

另一方面，验证需要进行确认。代码是否实现了预期的功能？计算结果是否正确？当代码或配置被修改后，应用的运行是否符合预期？第三方库或者模块的升级是否导致应用崩溃？这些是验证应用的行为时需要关注的方面。

手动测试也是非常重要的。在最近的一个项目中，在数小时编程-自动化验证的循环之后，我手动运行了应用。页面一出现在浏览器上，我立马就想修改好几个地方了。这就是**观察者效应**。我们需要经常手动运行并测试应用。但请记住，这么做的目的是了解应用，而非验证应用。

还是在刚才所说的那个项目中，在产品发布前，我花了几个星期来修改数据库。一运行自动化测试，就出现验证失败。甚至还没有在 Web 服务器上运行，我就马上进行了修正和重新验证。自动化验证大大节省了我的时间。

1

<table>
<tr><td colspan="2">测试与验证并行</td></tr>
<tr><td></td><td>通过手动测试来洞察应用，通过自动验证来修改设计和确认代码始终符合预期。</td></tr>
</table>

1.3 采用自动化验证

采用自动化验证（或者宽泛地称为**自动化测试**）的方式在整个行业中的差别是很大的。总体来说，采用方式有以下3种。

❑ 不采用自动化，纯手动验证。这主要是因为团队拒绝自动化。每次修改后，他们都在为验证应用而奋斗，饱尝验证结果出错的苦果。

❑ 主要在UI层采用自动化测试。很多团队已经意识到自动化验证的必要性了，但他们主要将自动化验证用于UI层。这导致了半吊子的自动化，我们稍后将会对此进行详细探讨。

❑ 在正确的层次上采用自动化测试。成熟的团队就是这么做的，他们不仅认识到自动化测试的必要性，而且又更进一步。通过在底层进行更多的测试，他们在应用的不同层次上投入了短反馈循环。

将自动化测试极端地集中在UI层会导致蛋筒冰淇淋反模式（ice-cream cone）[①]。

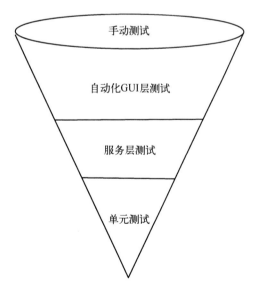

得到这个反模式的一个原因是，团队成员之间意见不一致。由于急着实现自动化，团队聘用了自动化测试工程师来负责创建自动化测试用例。但问题是，程序员往往不够支持测试工程师的

[①] http://watirmelon.com/2012/01/31/

工作，并且没有提供应用不同层次的测试钩子，这些事情他们以前都是不用做的。因此，自动化测试工程师只能为他们可以接触到的部分编写测试，通常是GUI和外部API。

主要集中在UI层的测试有很多缺点[①]。

□ 非常脆弱。UI层测试经常失败。UI是应用中最容易变动的部分。当依赖的代码被修改时，它就会发生变化。客户和测试人员也经常会针对UI发表自己的看法，所以UI是经常需要修改的。每次修改UI后就进行测试是相当费力的，比底层测试要费力多了。

□ 过多的活动部分。UI层测试通常需要Selenium这样的工具，而且需要在不同的浏览器中运行。保持这些依赖工具启动并运行需要花费很多精力。

□ 非常缓慢。这些测试需要运行整个应用，其中包括客户端、服务器端、数据库，以及其他外部服务。在整个集成环境下运行上千个测试肯定要比单独测试耗时更多。

□ 难以编写。我的一个客户曾耗时6个多月为一个简单的交互编写UI层测试。我们最后发现，相较于产生这一结果的客户端JavaScript的运行，测试更花时间。

□ 无法隔离问题域。当UI层测试失败时，我们只能确定出现了问题，但是很难知道具体是哪里的问题。

□ 无法防止在UI层中包含业务逻辑。众所周知，在UI层中包含业务逻辑是相当不好的，然而业务逻辑往往渗透在UI层中。UI层测试对于解决这个问题毫无帮助。

□ 无法改进设计。UI层测试无法防止所谓的"大泥球"——模块化代码的对立面。

Mike Cohn在[Coh09]（*Succeeding with Agile: Sofware Development Using Scrum*）中提出了测试金字塔的理念，即底层测试最多，高层次的端到端测试最少。

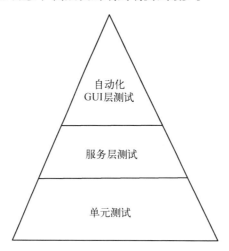

我们应该遵循这个测试金字塔，避免陷入蛋筒冰淇淋反模式的陷阱。为底层代码编写更多的测试好处多多。底层测试运行速度更快、更易编写，同时反馈循环更短。此外，底层测试有助于

模块化设计，因此更容易隔离和定位问题。

我们将在本书中遵循这个原则，在合适的层次编写测试，即单元测试最多，功能测试其次，端到端UI层测试最少。

自动化验证是必须进行的

 未进行合理的自动化测试就部署一个很重要的应用会大大增加经济成本。

既然合理的自动化测试如此重要，那为什么很多开发者没有这么做呢？接下来我们就探讨一下这个问题。

1.4　为什么难以验证

说起来容易，做起来难。开发人员发现，以下两个问题总是会导致自动化测试很难进行。

❏ 代码设计得很差。
❏ 开发人员不知道代码是如何运作的。

这些话听起来可能有点刺耳，但我无意冒犯任何人。相反，我希望你能理解这两个关键的原因，并找到解决方法。

为遗留代码编写自动化测试困难重重。遗留代码通常具有非模块化、低内聚和高耦合等特性，而这些特性都是不良设计的标志。即使想法很好，但为这类代码编写测试是很难实现的。

要想具有可测性，代码必须具备高内聚、低耦合的特征。如果一段代码执行多个任务（这意味着低内聚），那么就需要对这段代码进行更多测试，这基本上是不可能完成的。如果代码直接与服务相关联（这意味着高耦合），那么就很难编写确定性测试。自动化测试是否可行与**代码设计**密切相关。

此外，如果我们不知道一段代码的运作方式，就很难为其编写测试。我们通常根据教程来使用库或者框架，能够快速创建代码并运行，但可能没有花时间了解其各个部分是如何集成的。编写更多的代码来生成结果是很容易的，但被要求为这些代码编写自动化测试时，程序员通常会感到很困惑。对代码缺乏足够的认识，尤其是低于它们所依赖的抽象层的那些代码层，是导致自动化测试难以编写的主要原因。

有时我们可能认为编写自动化测试是无法实现的，但请不要将缺乏知识和技能与不可能性相混淆。我们无法做到不可能实现的事，但有办法解决知识或技能的不足。也许现在不知道要怎么做，但我们可以向其他人学习，还可以与其他人合作以实现目标。自动化测试是一门技术，只要我们有心，它是很容易学习和实现的。

1.5   如何实现自动化测试

对程序员来说，编写代码不是什么难事，但在编写代码前先编写测试却是相当困难的。

原因之一是，编程是每天按照顺序进行的一系列小实验，这是个连续的过程。编写代码，发现问题，重读代码，然后再换一种方式不断进行尝试、纠错，直到代码正确运行。这正是我们编写代码的方式。

当对代码还没有概念时，又怎么能够先编写测试呢？这看起来似乎违背直觉，但其实是有解决方法的。

首先，**细化测试**。如果测试看上去很难实现，很可能是因为我们一次做得太多了。为了使用测试优先的方式来实现一个功能，我们必须进行一系列的测试，可能是3个、5个，甚至15个。将每个测试视为楼梯的一个台阶，虽然每个台阶都很小，但间隔合理，因而能让我们一步一步往前进。

其次，**分而治之**。如果很难为一个功能编写测试，那么这个功能的设计很可能还不够内聚或者太过耦合。我们可能需要将设想的这个功能拆分为一些更小的功能，再分别为这些功能编写测试，以此驱动这些功能的开发。

最后，**采用spike解决方案**①。如果你正在设计的功能和以前实现的很相似，那么就一次编写一个测试，然后编写最少的代码来通过每个测试。相反，如果你对一个功能的实现非常陌生，即这个功能的实现是非常复杂的、异步的或者非常难懂的，那么不要立即编写测试，而要建立一个独立的可执行原型。我们来进一步讨论一下具体的做法。

将当前项目放在一边，转而开发一个小型的spike项目，这样你就可以在这个项目中随意实践。此时不用关心代码质量或者测试问题。只需要让它运行起来，得到你想要的结果。一旦这部分代码正确运行了，就可以鼓起勇气将其丢弃。接下来回到原来的项目中，开始编写测试，以此驱动代码设计。你很快就会发现先编写测试并没有那么可怕，也会发现之后的代码设计和你在spike中所做的大不相同。

1.6   小结

手动测试和自动化验证都有其价值。测试有助于我们更深入地了解自己编写的代码。没有自

---

① spike解决方案是极限编程中的一种解决方案，即如果在设计中碰到困难，那么就立即为这部分建立一次性的可执行原型。——译者注

动化验证,就不可能维持合理的开发速度。所有重要的应用都需要在正确的层进行自动化测试。虽然自动化测试需要花费时间和精力,但它仍是我们需要投资的一个技能。在编写代码之前先编写测试,如果碰到困难,可以尝试spike解决方案。

正如本章中所说的,自动化测试非常重要。在第一部分中,我们将探讨为客户端和服务器端代码编写自动化测试的基本技巧。

Part 1

创建自动化测试

代码的性质和复杂程度极大地影响着自动化测试的编写和运行。有的代码处理业务逻辑或者运算，有的代码调用异步 API，有的代码依赖外部服务。因为代码差异很大，所以测试方式也各不相同。

在这一部分中，你将学习自动化测试的编写、代码覆盖率的评估，并为异步代码和具有复杂依赖的代码编写测试。

第2章

测试驱动设计

代码完成后很难编写出有效的测试，因为代码的形式通常并不利于编写测试。因此，最好尽早开始写测试。

在编程开始前先写测试可以让代码更具可测试性。良好的测试能让代码更加具有模块化、高内聚、低耦合的特性，从而使得设计轻量化、易于修改、维护成本更低。此外，测试带来的快速反馈也能确保程序在修改后仍能正常运行。

但是，在编程之前先编写测试也是很有挑战性的。

在本章中，你将学习如何及时地编写测试，并用这些测试来影响代码设计。你将看到第一批测试是如何促使我们关注一个功能的接口，后续的测试又是如何指引我们深入这个功能的内部实现。

你将为服务器端和客户端JavaScript编写测试。我们将在Node.js中运行服务器端代码，在多个不同的浏览器中运行客户端代码。不管代码在哪运行，我们都将为其编写自动化测试。你可以在代码设计的每一个步骤中快速运行这些测试，以验证代码运行是否符合预期。

除了编写测试的技术，你还将学习使用一些工具：Karma、Mocha、Chai和Istanbul。完成本章的学习内容后，你就能运用其中介绍的技术和工具来实现易于修改的、修改成本低的高质量设计。

2.1　让我们开始吧

在进入正题之前，我们需要为编写和运行测试先做些准备。因此，我们先要创建一个项目，让一些测试运行起来。

通过将华氏温度转换为摄氏温度的一个示例，我们来学习一下编写测试的基本原理。首先，检查一下你的系统上是否正确安装了Node.js和npm。然后，创建一个示例项目，并安装编写测试所需要的工具。接下来，以编写一个引导性的测试为热身，确保所需要的工具都安装妥当了。在这个过程中，你将学习测试套件以及测试文件和源码文件的组织方式。最后，我们将编写一个测试来验证被测代码的行为。

2.1.1 检查 npm 和 Node.js 的安装

需要安装Node.js的原因有两个：其一，我们需要用它来运行服务器端的代码和测试；其二，它与JavaScript的包管理器npm捆绑着，后者是安装JavaScript模块的首选工具。我们将使用npm为服务器端和客户端测试安装工具。

如果你的系统上还没有安装Node.js[①]的最新版本，那么请先安装一下，然后执行以下命令来确认它安装在系统路径上了：

```
node --version
```

执行以下命令来确认npm的安装：

```
npm --version
```

使用npm可以很方便地下载不同的模块。安装、更新完这两个工具后，我们就可以开始编写一些测试并运行了。

2.1.2 创建示例项目

我们从一个简单的问题开始，即为将华氏温度转换为摄氏温度的一个函数编写测试。这个示例非常简单，这样你就可以熟悉项目的创建过程和测试的编写了。

我们先创建一个项目。你可以使用npm init命令创建项目，然后使用npm install安装一些工具。

在本节中，你将学习（或复习）项目创建的步骤。这对你将来创建自己的项目很有帮助。在后续章节的示例中，我们会省略这些步骤，直接从一个已经创建好的项目开始，以便节省篇幅。

如果你还没有下载"你自己的工作空间"一节中提到的工作空间，那么请立即下载，然后使用cd命令进入tdjsa/tdd/sample目录。接着输入以下命令来创建项目：

```
npm init
```

这条命令所做的就是创建一个package.json文件，该文件包含了之后需要用到的一些依赖库或者工具，以及使用它们的一些命令。

npm init命令会要求你输入一些具体内容，除了在test command中输入mocha——这是我们将使用的测试工具，其他项都保持默认值即可。

运行npm init命令后创建的package.json文件的内容如下：

[①] https://nodejs.org

```
{
  "name": "sample",
  "version": "1.0.0",
  "description": "",
  "main": "index.js",
  "directories": {
    "test": "test"
  },
  "scripts": {
    "test": "mocha"
  },
  "author": "",
  "license": "ISC"
}
```

这个文件的优势是，一旦创建完成，就可以很容易地安装依赖工具。这样你就无须在服务器或者同事的计算机上重新手动安装。

我们需要使用Mocha和Chai来进行自动化测试。现在我们来安装这两个工具：

```
npm install mocha chai --save-dev
```

这条命令会将这两个工具安装在当前sample目录的node_modules目录下。此外，npm还会更新package.json文件，在其中添加devDependencies节点，以标示项目的开发依赖。打开该文件确认新创建的devDependencies节点与以下内容类似：

```
"devDependencies": {
  "chai": "^3.5.0",
  "mocha": "^2.4.5"
}
```

我们需要的工具已经准备好了。之后我们会将测试代码放在test目录下，被测代码则放在src目录下。通常而言，你需要自己创建这些目录以及其中的文件。但现在为了方便起见，你的工作空间中已经包含了这些目录。同时，这些目录也提供了几个空文件以便使用，当跟着示例学习时，你可以随意编辑这些文件。

现在一切准备就绪。接下来我们要为f2c函数编写测试以验证其行为是否正确，该函数将接收到的华氏温度转换为摄氏温度。从管理测试到编写代码以通过测试，我们将循序渐进地介绍整个流程，并且我们将看到测试如何验证代码的行为。

2.1.3   创建测试套件和金丝雀测试

在正式开始编写测试前，要确保所有的工具都正确安装了。安装问题导致的测试失败是非常令人郁闷的。为了避免这种情况的发生，我们先编写一个**金丝雀测试**（canary test）。金丝雀测试是最简单的测试。这是种一次性的测试，可以快速验证开发环境是否正确安装。

打开test目录下的util_test.js文件，输入以下代码来实施金丝雀测试：

```
var expect = require('chai').expect;

describe('util tests', function() {
  it('should pass this canary test', function() {
    expect(true).to.eql(true);
  });
});
```

这是个Mocha[①]测试文件。Mocha是在JavaScript文件中识别和执行测试的一个测试引擎。在默认情况下，Mocha会在test目录下寻找测试文件。

在这个测试文件中，首先调用require来加载chai断言库，指定expect断言函数。从sample目录下的node_modules目录中加载该库文件。

这个测试文件包含一个测试套件。测试套件是一组相关测试的集合，这组测试验证一个函数或者一组密切相关的函数的行为。describe是Mocha用来定义测试套件的一个关键词。describe函数接收两个参数：测试套件的名称和包含测试套件中的所有测试的一个函数。我们将这个示例测试套件命名为util tests。

it函数定义了一个个单独的测试用例。这个函数也有两个参数：测试的名称和测试的实际内容。测试的名称应该简洁明了，能够充分表达出测试的目的以及期望得到的结果。

我们来运行一下这个测试，以验证Mocha和Chai是否都已经安装成功了。输入以下命令来运行测试：

```
npm test
```

这条命令让npm执行我们在初始化package.json文件时提供的test命令，简单来说就是运行Mocha。我们来看看在这个金丝雀测试中运行的结果：

```
...
> mocha
  util tests
    ✓ should pass this canary test

  1 passing (6ms)
```

Mocha报告该测试通过。这说明Mocha和Chai都安装妥当而且可以成功协作了。

现在，我们将传递给expect函数的参数true改为false，并保存文件。接下来再次运行npm test，看看Mocha这次会输出什么。完成后，我们还是将这个参数改回true，确保测试可以通过，然后继续学习。

在这个测试中，我们使用了expect断言。Mocha并不包含断言库，它只负责识别和运行测试。断言函数来自于非常流行的断言库Chai[②]。Chai支持3种断言风格：assert、expect和should。

---

① https://mochajs.org
② http://chaijs.com

风格的选择完全是个人的喜好问题。因为 **expect** 风格自然、直观、易于阅读，所以本书采用这种风格。

\\/   小乔爱问：

ヾ(·)   **保留金丝雀测试是否有意义？**

　　除了确保正确开始，金丝雀测试基本没有什么价值，但是将其保留着也有好处。如果更新了自动化测试工具、更换了工作计算机，或者改变了环境变量，那么金丝雀测试可以帮助你快速验证最基本的测试是否可以正确运行，以确保测试环境正常。

2.1.4　验证函数的行为

通过第一个测试，我们快速验证了测试环境的安装。那么现在趁热打铁，马上开始编写第二个测试。在这个热身练习中，我们要为将一种测量单位转换成另一种单位的函数 f2c 编写测试，以验证这个函数的行为。在这个测试中，我们一起来验证一下这个函数是否能正确地将 32 华氏温度转换为 0 摄氏度。

在测试文件中，我们首先需要加载包含了被测代码的 src/util.js 文件。工作空间中已经包含了该文件，只是目前是空的。现在我们可以修改 test/util_test.js 文件，让它加载 src/util.js 文件。

```
var expect = require('chai').expect;
var Util = require('../src/util');
```

新添加的对 require 的调用会将 src 目录下的源码文件 util.js 加载进来。路径中的 .. 代表 test 目录。变量名 Util 的大写首字母遵循了 JavaScript 的命名规范，表示加载的文件将返回一个类或者构造函数。在这个测试中，我们需要为这个类创建一个实例。然而，在我们编写测试的过程中，这个测试套件中的很多测试用例可能都需要一个实例。与其在每个测试用例中复制创建实例的代码，不如在一个 beforeEach 函数中将这一部分代码封装起来。现在我们就在测试套件中创建这个函数，将其放在金丝雀测试的后面：

```
describe('util tests', function() {
  //……没有显示金丝雀测试……

  var util;

  beforeEach(function() {
    util = new Util();
  });
});
```

如果出现在测试套件中，beforeEach 函数就会在其他测试执行前被 Mocha 运行。同样，如果我们添加一个afterEach函数来执行一些清理操作，那么它就会在其他测试都执行完后再运行。beforeEach和afterEach函数是**三明治函数**，这也就是说，测试套件中的所有测试都在这两个函数之间执行。

在beforeEach函数中，我们将Util类的实例赋值给变量util。这样一来，每个测试都能在运行前创建一个全新的Util实例。

现在我们为之前提到过的f2c函数编写测试来验证其行为，将以下代码添加到test/util_test.js文件中的beforeEach函数的后面：

```
it('should pass if f2c returns 0C for 32F', function() {
  var fahrenheit = 32;

  var celsius = util.f2c(fahrenheit);

  expect(celsius).to.eql(0);
});
```

与金丝雀测试相比，这个测试的代码量更大。一般来说，测试遵循Arrange-Act-Assert（**准备–行动–断言**，3-As）模式[1]。将这3个部分用空行分隔可以使得代码更加清晰。Arrange部分设置测试时需要使用到的数据。Act部分执行被测代码。Assert部分验证执行结果。

尽管每个测试都有这3个部分，但要保持测试简短。如果测试代码行数较多，那么就意味着测试的设计以及后续的代码设计可能会很糟糕。

使用3-As模式

除了非常简单的测试，请遵循Arrange-Act-Assert模式，且每一部分用空行分隔。

在这个测试中，我们将32赋值给变量fahrenheit。然后我们执行了需要进行测试的函数。最后，我们用断言验证执行结果是否符合预期。

我们运行了一下这个测试，且该测试没有通过——红字、绿字、重构是TDD中的魔咒。我们先编写一个不会通过的测试，然后编写最少的代码使得它通过，最后通过重构让代码更加完善。

首先确认测试没有通过及其无法通过的原因。在少数情况下，测试一经编写就能通过，而无须修改代码，这可能是因为现有的代码已经符合预期了。在这种情况下，需要仔细检查代码，确保代码的确实现了预期的功能。

接着我们编写最少的代码让这个测试通过。打开src目录下的源码文件util.js。输入以下代码。

```
module.exports = function() {
  this.f2c = function() {
```

---

① http://c2.com/cgi/wiki?ArrangeActAssert

```
    return 0;
  };
};
```

exports是module中的一个对象，返回到加载文件的require函数的调用者。在util.js文件中，我们创建了一个函数，确切来说是一个构造函数，它代表一个JavaScript类。f2c是这个类中的函数，且被调用时只返回0。这个结果足以让我们编写的测试通过。

我们运行这个测试来验证待测的f2c函数是否符合预期。执行npm test命令，并查看它提供的反馈：

```
...
> mocha
  util tests

    ✓ should pass this canary test

    ✓ should pass if f2c returns 0C for 32F

  2 passing (7ms)
```

至此，编写的两个测试都通过了。我们已经快速进行了热身。现在再来编写一个测试。

2.1.5　验证另一个数据

当输入值为32华氏度时，上一个测试验证了函数的返回结果符合预期。显然，我们可以向这个函数传递任意数值作为参数，但无法将每一个可能的取值都测试一遍。一个良好的自动化验证应该选取一组数量较少但足够覆盖测试的数据作为候选值。我们选用50来验证f2c函数的结果。现在我们在util_test.js的测试套件中添加第三个测试。

```
it('should pass if f2c returns 10C for 50F', function() {
  var fahrenheit = 50;

  var celsius = util.f2c(fahrenheit);

  expect(celsius).to.eql(10);
});
```

除了接收的参数值和预期的结果不同，这个测试与上一个测试没有什么差别。运行这个测试后会发现并没有通过，这说明f2c函数目前的实现不能达到预期的结果。

```
...
> mocha
  util tests

    ✓ should pass this canary test

    ✓ should pass if f2c returns 0C for 32F
```

```
    1) should pass if f2c returns 10C for 50F

2 passing (13ms)
1 failing

1) Util test should pass if f2c returns 10C for 50F:

    AssertionError: expected 0 to deeply equal 10
    + expected - actual

    -0
    +10

    at Context.<anonymous> (test/util_test.js:29:24)

npm ERR! Test failed.  See above for more details.
```

　　测试不通过时，Mocha会提供给我们大量的信息，从而让我们看到是哪里出现了问题。这些信息非常重要，在改进代码时，我们可以用这些信息修复代码中的bug或者回退代码。在这个示例中，Mocha清楚地告诉了我们是哪里失败了，即期望接收到的值是10，而实际接收到的却是0。我们在util.js中修改f2c函数，从而让这个测试通过：

```
module.exports = function() {
  this.f2c = function(fahrenheit) {
    return (fahrenheit - 32) * 5 / 9;
  };
};
```

　　我们给这个函数增加了一个参数，并修改了函数体。修改完成后，再次运行测试并验证其结果。

　　测试驱使我们真正实现了这个方法。但它同时也带来了一些问题。这个函数能否处理零下温度呢？目前我们所验证的都是整数，那这个函数能否正确处理小数呢？如果愿意，你可以花几分钟多写几个测试，尝试一下你感兴趣的那些值。

　　在我们创建的第一个测试套件中，一共有3个测试，其中包括金丝雀测试。编写测试的流程并不是机械化的，而是需要严谨的思考和分析。在编写测试时，我们需要牢记以下几点。

- ❑ 编写测试时需要考虑以下几个原则。首先，测试和测试套件都应该职责单一。如果一组函数是密切相关的，那么就将它们的测试放在同一个套件中，否则就将它们放在不同的套件中。另外，就像编写函数和类时要重视代码质量一样，我们也需要注意测试代码的质量。
- ❑ 测试应该与代码相关，并验证代码的正确行为。我们编写的测试描述、表达并记录了代码的行为，但是我们需要确保这些行为本身是正确的。为了知道正确的行为是什么，程序员必须从业务分析师、领域专家、测试人员、产品负责人以及团队中的其他成员那里获得反馈。为了让测试贴合应用，程序员必须与团队中的其他成员沟通、协作。

　　至此，我们逐步改善了测试和源码。现在我们来看看整个测试文件：

tdd/sample/test/util_test.js

```
var expect = require('chai').expect;
var Util = require('../src/util');

describe('util tests', function() {
  it('should pass this canary test', function() {
    expect(true).to.be.true;
  });

  var util;

  beforeEach(function() {
    util = new Util();
  });
  it('should pass if f2c returns 0C for 32F', function() {
    var fahrenheit = 32;

    var celsius = util.f2c(fahrenheit);

    expect(celsius).to.eql(0);
  });

  it('should pass if f2c returns 10C for 50F', function() {
    var fahrenheit = 50;

    var celsius = util.f2c(fahrenheit);

    expect(celsius).to.eql(10);
  });
});
```

我们再来看一下通过这些测试的代码：

tdd/sample/src/util.js

```
module.exports = function() {
  this.f2c = function(fahrenheit) {
    return (fahrenheit - 32) * 5 / 9;
  };
};
```

我们已经初步了解了项目的创建、所需的工具、测试的编写，以及测试的运行。我们也看到了测试运行后反馈的结果，包括成功的和失败的示例。接下来我们关注一下如何用测试驱动设计。

2.2   正向测试、反向测试和异常测试

在编写代码前先写测试是一门技术。刚开始看起来可能很难，但经过不断的练习就能渐渐熟练起来。测试先行的优势是可以带来更加模块化、高内聚、低耦合的设计。

先编写测试，我们就能设身处地从代码使用者的角度思考问题。因此，我们能从一开始就以代码使用者的视角设计代码。这种方式确保我们设计的每一个函数都是由一系列测试驱动的。最

先编写的几个测试有助于形成函数的接口，接口可是函数的"外表"。之后的测试用于形成函数的具体实现或者说函数的"内在"。

我们来探讨一下应该从哪里着手，以及在测试驱动代码设计时要进行什么类型的测试。

无论是创建服务器端代码还是客户端代码，决定从哪里开始都不是件容易的事。一旦克服惰性，开始行动起来，编写测试就会变得容易多了。从编写一个相当简单的测试开始，不需要立刻让它以完美的状态呈现。注意，不要挑选获取、设置状态那种不重要的函数，而要从一个有趣的行为着手。考虑一个有用且有趣的函数或代码单元，但不要太复杂，然后将其作为你要第一个编写测试的函数。

关注行为而非状态

避免为获取、设置状态的函数编写测试。从有趣的、有用的行为开始编写。在这个过程中对那些必要的状态进行设置和获取。

当你开始设计一个函数时，先设想一下需要使用什么类型的测试来验证这个函数。进行增量开发的良好方式是通过一系列正向测试、反向测试以及异常测试来驱动开发。我们来研究一下这3种测试类型。

- **正向测试**：当前置条件满足时，验证代码的结果确实符合预期。
- **反向测试**：当前置条件或者输入不符合要求时，代码能优雅地进行处理。
- **异常测试**：代码在应该抛出异常的地方正确地抛出了异常。

这3种类型的测试将贯穿本书。在思考测试时，要让这些测试保持FAIR，即**快速**（fast）、**自动化**（automated）、**独立**（isolated）和**可重复**（repeatable）。

- 快速的测试意味着快速反馈。如果测试耗时较长，那么你可能就不会经常运行它了。
- 测试最主要的作用就是验证代码，我们已经在上一章中讨论过为什么要自动化验证而非手动验证。
- 独立的测试可以以任意顺序执行，而且你可以选择运行一部分测试或所有测试。在运行一个测试时不需要先运行任何其他测试，否则就太脆弱，也太浪费时间了。
- 最后，测试应该是可以重复的。无须进行手动或耗时的设置、清理操作就能多次运行测试。

在使用测试改进设计的过程中，我们需要始终确保所有测试都能通过，这样我们就不用中断手头的工作来检查之前修改代码导致的问题。

使用测试改进应用

每一个测试都应该能让我们用一点额外的功能来改进代码。

经过一些练习，你很快就能找到编写测试的舒适节奏——创建一个良好的测试，最低限度地编写或者修改一些代码让这个测试以及其他现有的测试通过。

现在你已经对测试类型有所了解了，我们练习一下用测试驱动服务器端代码的设计。

2.3 设计服务器端代码

为了实践测试驱动设计的概念，我们将为服务端代码编写测试，驱动其代码设计，以验证一个给定的字符串是否为回文。这是一个非常简单的问题，可以让你慢慢熟悉测试驱动设计的流程，而不会一下子被复杂的问题搞得晕头转向。一旦掌握了基本原则，你就能为处理后面章节中的复杂问题做好充分准备了。

近几年来，服务器端JavaScript地位卓越，Node.js成为了事实上的服务器端运行环境。它不仅是个出色的部署平台，从测试性角度来看也非常具有吸引力。我们用一个示例来探讨一下如何测试在Node.js上运行的JavaScript代码。

我们要设计一个函数来检查给定的字符串是否为回文。这个问题相当简单，几乎所有的程序员都可以立刻编写出代码，但作为练习，我们还是先为它编写测试。

2.3.1 从测试列表开始

在敲打键盘之前，先将想到的一些正向测试、反向测试和异常测试用简短的语句写在一张纸上。在你编写代码的过程中，这个**测试列表**也将不断得到改进，你会不断想到新的测试，这个列表就是快速记录这些测试的最佳工具。

花几分钟简要地写下一些测试。不要写得太长，这是为了避免过度分析。这个列表不需要尽善尽美。一旦我们克服惰性，行动起来，就能有所进展。

> **小乔爱问：**
> **为什么要将测试列表记在一张纸上？**
>
> 我们生活在一个数字化时代，那么为什么不用电子工具来记录呢？比如智能手机、wiki 等。
>
> 纸张仍然有一些很重要的好处。使用纸张记录想法非常快捷。当编写代码和测试时，你常常会突然想到一些边界测试。快速将其记录下来是非常重要的，而要想记录想法，没有什么比纸和笔更快的了。而且你不会因为切换窗口或工具而分心。使用纸张记录测试列表的另一个好处是，去除废弃的测试、检查已完成的测试都是毫不费力的。此外，在紧张的编程过程中，将新的测试添加到列表中，然后一一将它们标记为完成也是非常激励人心的。

以下是几个初始测试，将它们写在一张纸上：

❑ mom是回文
❑ dad是回文
❑ dude不是回文

这是个很好的开端。这些测试使用简单的数据作为函数的参数。我们可以随时添加更多的测试，在进行测试–开发的过程中，我们常常会自然而然地想到一些测试。

2.3.2 回文项目

首先我们需要创建一个项目。为了节省时间，你无须运行npm init从头创建项目，可以直接使用已经创建好的package.json文件。

将目录切换至工作空间中的tdd/server/palindrome。在这个项目中，我们将使用到Mocha、Chai和Istanbul。

我们先来看一下package.json文件，它已经在tdd/server/palindrome目录下了。

tdd/server/palindrome/package.json

```json
{
  "name": "palindrome",
  "version": "1.0.0",
  "description": "",
  "main": "index.js",
  "directories": {
    "test": "test"
  },
  "scripts": {
    "test": "istanbul cover node_modules/mocha/bin/_mocha"
  },
  "author": "",
  "license": "ISC",
  "devDependencies": {
    "chai": "^3.5.0",
    "istanbul": "^0.4.4",
    "mocha": "^3.0.1"
  }
}
```

我们用npm命令将这个项目要用到的程序包安装到你的系统上：

```
npm install
```

这条命令会读取package.json文件，然后自动下载devDependencies中列出的程序包。在这个示例中，它会安装Mocha、Chai和Istanbul，我们已经见过了前两个工具，Istanbul主要用于评估代码覆盖率。

你可能会思考，为什么我们还要再次安装Mocha和Chai呢？这是因为它们都是特定于当前项目的开发工具，且都在当前项目的node_modules目录下。当切换到一个新项目时，你必须为这个新项目安装这些工具。好在执行npm init命令时，如果它发现当前项目已经安装了这些文件，那么它就会略过安装步骤。不要将其他项目中的node_modules目录复制到当前项目，这么做经常会导致问题，使用这些工具可能会报错，白白浪费时间。我们可以为每个项目单独安装这些工具来避免这些问题。

另外，在test命令中调用的是istanbul而非mocha。作为代码覆盖率评估的一部分，该工具会运行自动化测试。但是，我们没有让它直接运行mocha命令，而是让它运行_mocha。这是由Mocha对进程方面叉形指令的复杂性导致的[①]。好在这些看起来很复杂的命令都很好地隐藏在程序包文件中，我们要做的就是执行npm test来运行测试。

新项目已经准备好了，我们首先要做的就是验证所有的程序包都安装到位了。正如你所想，为此我们需要编写一个金丝雀测试。这个项目已经包含了所需的目录结构和空的源码文件、测试文件。打开tdd/server/palindrome/test目录下的palindrome-test.js文件，输入以下代码：

tdd/server/palindrome/test/palindrome-test.js
```
var expect = require('chai').expect;

describe('palindrome-test', function() {
  it('should pass this canary test', function() {
    expect(true).to.be.true;
  });
});
```

我们将这个测试套件命名为palindrome-test，并在其中编写了金丝雀测试。执行npm test命令，以验证测试可以通过。

现在我们可以为回文函数编写第一个测试了。

2.3.3　编写正向测试

现在来实现测试列表上的第一个测试，将其添加到palindrome-test.js文件的金丝雀测试后。

```
var expect = require('chai').expect;
var isPalindrome = require('../src/palindrome');

describe('palindrome-test', function() {
  it('should pass this canary test', function() {
    expect(true).to.be.true;
  });

  it('should return true for argument mom', function() {
    expect(isPalindrome('mom')).to.be.true;
```

① https://github.com/gotwarlost/istanbul/issues/44#issuecomment-16093330

```
  });
});
```

我们在文件的最上方添加了对require的一个调用，以加载src目录下的空源码文件palindrome.js。这个新添加的测试在参数为mom时应该返回true，这有助于我们梳理出目前正在设计的函数的接口。而且一旦这个函数实现了，则每次运行这个测试时，这个函数都能返回预期的结果。为此，这个测试调用isPalindrome()函数，向它传递字符串'mom'，然后断言其结果为true。

这个测试只有一行代码，但它其实做了3件事。为了更清楚地了解测试的结构，我们将这行代码分解成3行：

```
var aWord = 'mom';

var result = isPalindrome(aWord);

expect(result).to.be.true;
```

这正揭示了测试的3个部分——Arrange、Act和Assert，即我们之前所讨论的3-As模式。对于简单的测试用例，一行代码就绰绰有余了。但如果一个测试有多个参数，或者需要验证更多的内容，那么我们就不能将它们都挤在一行。测试的可读性是非常重要的，这种情况下宁可让代码冗长些。

第一个正向测试已经写好了，但不要急于实现代码。使用初始测试驱动函数的接口设计，以便让代码更具表现力和可读性。进行尝试或者修改函数名看看能否让它看起来更直观——返回值可以是其他类型的吗？一旦确定接口，你就可以为这个函数编写最简单的实现代码了。

打开工作空间中的src/palindrome.js文件，输入以下代码，这是初次尝试的代码。

```
module.exports = function(word) {
  return true;
};
```

这段实现代码非常简单，事实上微不足道。但这样很好，如果你在此时将实现代码控制在最小限度，那么你就能将注意力放在函数的接口上，包括它的名称、它的参数、它的返回值类型等，而不是过早关心它的具体实现。

这个函数的参数名是word，但在你编写这段代码时，我们可以考虑一下输入是否可以不是一个单词，而是多个单词或一个句子呢？这个问题的答案完全取决于业务需求和应用。我们需要和同事、其他程序员、测试人员，以及业务分析师讨论这个问题。

测试驱动开发并非一连串机械化的步骤。测试应该通过一系列的问题来影响代码设计，帮助我们逐渐深入当前问题的细节，并引导我们编写接口和实现代码来满足需求。

让测试驱动设计

测试应该能够让我们将想到的问题提出来，帮助发现细节，然后在这个过程中梳理出代码的接口。

假设业务分析师确认输入可能会包含多个单词，我们不能让这种情况成为漏网之鱼，因而要
在测试列表上增加几个测试：

- ☑ √ mom是回文
- ☐ dad是回文
- ☐ dude不是回文
- ☐ ⇒mom mom是回文
- ☐ ⇒mom dad不是回文

我们应该将参数名由word修改为phrase。一旦进行了修改，马上运行测试，确保金丝雀测
试和新加的测试都能通过。

现在我们可以继续编写下一个测试了。"mom是回文"这个测试已经通过了，你可能在想是
否还应该测试一下"dad"这个单词。使用多个值验证代码的行为是否正确是个很好的想法。在
所有可能的取值中，至少那些选择的值都能通过测试，这能给我们很大的信心。

回到palindrome-test.js文件，添加另一个正向测试：

```
it('should return true for argument dad', function() {
  expect(isPalindrome('dad')).to.be.true;
});
```

你可能会想要在之前的测试中添加另一个断言，而不是像上面这样编写一个新的测试。但不
要这么做。当修改代码时，我们希望能快速得知修改带来的影响。如果将多个**独立的**断言放在一
个测试中，那么一个断言的失败会阻止后面断言的执行。这样就会阻碍我们看到修改带来的影响。
只有解决失败的断言后，我们才能知道这个测试中的下一个断言的执行情况。这与编译器在第一
个报错处停止类似。修复所有隐藏的错误是非常漫长且令人沮丧的。

避免在一个测试中放置多个独立的断言

 每个测试都应该尽量少包含几个断言。避免将多个独立的断言放在一个测试中。

这并不是说一个测试永远不能包含多个断言。例如，如果一个函数要修改一个人的姓和名，
那么就务必要使用两个断言来确保姓和名均正确。在这个示例中，这两个断言密切相关，并不是
互相独立的。另一方面，在一个测试中用两个断言来验证两组姓名就不太明智了，因为第一组姓
名和第二组姓名并不相关。

这个新加的测试也能通过，因为这个方法之前的实现仍然很适用。我们运行这些测试以确认
这3个测试都能通过。

现在我们在palindrome-test.js中编写下一个测试，即测试列表中dude这条。

```
it('should return false for argument dude', function() {
  expect(isPalindrome('dude')).to.be.false;
});
```

这个测试断言，如果入参不是一个回文，那么函数就会返回false。运行后你将看到这个测试没有通过，而错误信息清楚地告诉了我们哪个测试失败了。

```
palindrome-test

  ✓ should pass this canary test

  ✓ should return true for argument mom

  ✓ should return true for argument dad

  1) should return false for argument dude

  3 passing (6ms)
  1 failing

  1) palindrome-test should return false for argument dude:
     AssertionError: expected true to be false
      at Context.<anonymous> (test/palindrome-test.js:20:39)

...coverage details not shown...
```

是时候改进代码来通过这个测试了，我们要用更为实际的代码替换之前毫无建树的实现。修改palindrome.js文件中的palindrome函数：

```
module.exports = function(phrase) {
  return phrase.split('').reverse().join('') === phrase;
};
```

修改完成后，运行测试，确认这4个测试都可以通过。继续编写测试列表中剩下的两个测试，但记住一次一个，保持"测试–编码–运行"这样的循环。

```
it('should return true for argument mom mom', function() {
  expect(isPalindrome('mom mom')).to.be.true;
});
```

```
it('should return false for argument mom dad', function() {
  expect(isPalindrome('mom dad')).to.be.false;
});
```

运行这6个测试的结果如下：

```
palindrome-test

  ✓ should pass this canary test

  ✓ should return true for argument mom

  ✓ should return true for argument dad
```

```
✓ should return false for argument dude

✓ should return true for argument mom mom

✓ should return false for argument mom dad

6 passing (6ms)
```

...coverage details not shown...

到目前为止，我们编写的测试验证了代码在正常情况下可以良好运行。接下来我们思考一些反向测试的用例。

2.3.4　编写反向测试

在编写代码和测试时，我们经常会想到一些边界情况、非法输入和可能导致程序出错的一些其他情况。我们应该将这些想法都写在测试列表上，而不是立刻为这些情况编写代码。

在编写这个回文函数时，你可能会考虑入参是一个空字符串或空白字符的情况。我们要将这些想法都记录下来：

☐ ……
☐ ✓ mom dad不是回文
☐ 空字符串不是回文
☐ 一个只包含两个空白字符的字符串不是回文

空白字符和空字符串是否应该被视为回文呢？这个问题以及类似问题的答案取决于应用和其他因素。不管结论是什么，测试要服务于你的决定，并在整个生命周期中验证代码符合这样的预期。

测试是文档的一种形式

 测试是文档的一种形式。不同于传统的文档或技术规范，测试是鲜活的文档，用于验证代码的每一次修改。

如果将来想要修改边界测试的处理方式，那么我们必须修改相关的测试。相较于这些测试带来的长远利益，这些代价实在微不足道。

我们要在palindrome-test.js文件中编写一个反向测试。

```
it('should return false when argument is an empty string', function() {
  expect(isPalindrome('')).to.be.false;
});
```

执行这个测试可以看到它失败了。我们需要修改isPalindrome函数来满足新的需求。打开

palindrome.js文件修改其中的isPalindrome函数：

```
module.exports = function(phrase) {
  return phrase.length > 0 &&
    phrase.split('').reverse().join('') === phrase;
};
```

新添加的条件要求入参长度大于0，这样就能让上面这个反向测试通过了。但这可能仍然无法满足第二个反向测试。我们将这个反向测试添加到palindrome-test.js中。

```
it('should return false for argument with only two spaces', function() {
  expect(isPalindrome('  ')).to.be.false;
});
```

执行的结果同样是失败的。需要再次修改isPalindrome函数以满足需求。我们在palindrome.js文件中对该函数进行编辑。

```
module.exports = function(phrase) {
  return phrase.trim().length > 0 &&
    phrase.split('').reverse().join('') === phrase;
};
```

这次我们不是直接检查入参的长度，而是先执行trim操作，然后再检查长度。这样就能让目前所有的测试通过了。

思考一下其他的边界条件和入参的不同形式，如多个空格、大小写混合的字符串，以及标点符号等。针对这些情况的正确行为应该是什么呢？用测试表达这些情况，然后修改实现代码让这些测试通过。

既然已经有好几个测试来验证代码的行为了，你可以尝试用能想到的其他方式来修改isPalindrome函数的实现，目前它是用reverse()函数来实现的。试试你的想法，然后执行这些测试验证修改后的实现能否满足需求。

除了正向测试和反向测试，我们还必须验证代码是否能够正确抛出异常。下面我们就来探讨一下异常测试。

2.3.5 编写异常测试

JavaScript是动态的、灵活的，这意味着它很强大，但同时也很容易出错。例如，在没有传入参数的情况下调用isPalindrome函数会怎么样呢？代码能处理这个问题吗？JavaScript将导致运行时行为不正确还是直接报错呢？我们必须好好思考这类情况，而且要让程序能最大程度地应对这些情况。

如果缺少入参，我们可以返回false、抛出异常，或者播放一段悲伤的音乐……无论你的决定是什么，请使用测试将其表达出来。如果决定抛出异常，那么就用一个异常测试来表达你的意图。

只有当代码以预期的方式失败时，异常测试才应该通过，否则不通过。在这个回文问题上，我们决定，在没有传递参数时抛出一个参数非法的异常。我们先在palindrome-test.js文件中编写测试。

```
it('should throw an exception if argument is missing', function() {
  var call = function() { isPalindrome(); };
  expect(call).to.throw(Error, 'Invalid argument');
});
```

我们将isPalindrome函数的调用放在另一个函数里，并将后者赋值给变量call。在之前的测试中，我们直接在测试中调用isPalindrome函数，然后验证其结果。但这里我们不能这么做，因为测试会由于代码抛出的异常而出错。好在expect函数并不局限于只接收数值，它也可以将函数作为参数。如果传递的是一个数值，那么expect就会检查这个值是否与指定的预期值相符。如果传递的是一个函数，那么expect就会调用这个函数，并检查任何可能抛出的异常。如果函数抛出了throw子句中指定的异常，那么expect就会让测试通过，否则就会报告测试失败。

在这个测试中，断言捕获到被测代码抛出了一个消息为'Invalid argument'的Error——throw的第一个参数是异常的类型，第二个参数是可选的，可以是一个字符串或正则表达式，用来验证错误消息是否符合预期。如果你想要匹配错误消息中的特定字符串，可以使用字符串进行精确匹配；如果想要匹配某种文本模式，则使用正则表达式。

为了让这个异常测试通过，我们必须修改isPalindrome函数：

```
module.exports = function(phrase) {
  if(phrase === undefined)
    throw new Error('Invalid argument');

  return phrase.trim().length > 0 &&
    phrase.split('').reverse().join('') === phrase;
};
```

代码首先检查入参是否为undefined，如果是，则抛出一个指定了错误消息的Error。

执行这些测试，确认经过上面的修改后，这些测试现在都能通过。

```
palindrome-test

  ✓ should pass this canary test

  ✓ should return true for argument mom

  ✓ should return true for argument dad

  ✓ should return false for argument dude

  ✓ should return true for argument mom mom

  ✓ should return false for argument mom dad
```

```
  ✓ should return false when argument is an empty string

  ✓ should return false for argument with only two spaces

  ✓ should throw an exception if argument is missing

9 passing (11ms)
```

`...coverage details not shown...`

所有的正向测试、反向测试、异常测试都通过了。在这些测试的帮助下，我们一步步用最少的代码满足了这些测试中设定的需求。在改进代码的过程中，新的测试帮助我们逐渐深入设计细节，而已有测试则确保代码仍能满足之前的需求。这样的反馈能让我们坚信代码在每次修改后都能正确运行。此外，任何有关代码改进的建议都能立刻得到尝试，这些测试会告诉我们这些建议是否值得保留。

2.4 评估服务器端代码覆盖率

代码覆盖率报告非常有价值。它能快速标识出哪些代码没有被测试覆盖到。Istanbul是一个非常出色的JavaScript代码覆盖率工具。它能监测到是否每行代码都执行了，以及执行了多少次。它同时提供了行覆盖率和分支覆盖率。

实际的代码覆盖率数值（比如80%或90%）并不那么重要。这些数值就像用来衡量健康状况的胆固醇数值，即糟糕的数值会引起注意，但看到良好的数值也不要太过高兴。比起这个数值，看看哪行代码没有被测试覆盖到更有价值。同时，确保在修改代码时覆盖率数值没有降低。

我们将使用Istanbul来评估isPalindrome函数的代码覆盖率。工作空间中的package.json文件已经引用了Istanbul包，当执行npm install时，它就会被安装。每次执行测试时，都会生成等待查看的覆盖率报告。

执行npm test命令时，你可以看到与以下类似的输出，即测试结果和覆盖率详情。

```
palindrome-test

  ✓ should pass this canary test
              ...
  ✓ should throw an exception if argument is missing

9 passing (10ms)


============================ Coverage summary ============================
Statements   : 100% ( 4/4 )
Branches     : 100% ( 4/4 )
Functions    : 100% ( 1/1 )
Lines        : 100% ( 4/4 )
=========================================================================
```

最上面的这部分报告来自于Mocha。底部显示了覆盖率的详细情况。你可以打开coverage/

lcov-report目录下的index.html文件来查看详尽的报告（见下图）。

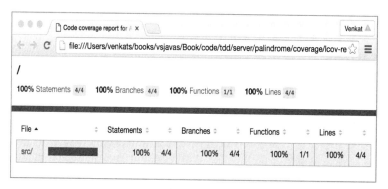

最顶层的视图显示代码覆盖率非常好。点击src链接，然后再点击其中的源码文件来查看行覆盖率报告（见下图）。

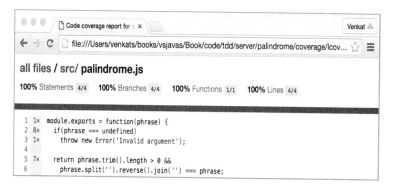

每一行旁边的数字表示的是该行执行的次数。如果某一行没有被任何测试覆盖到，那么这一整行都会被标为红色，而非仅仅数字为绿色。因为只有一个异常测试，所以throw这行被标为1。

假设我们没有编写异常测试，但代码有抛出异常，那么覆盖率报告就会是如下所示。

虽然我们都想要相信自己的代码得到了充分的测试，但是人总有疏忽。我们可以依靠代码覆盖率工具来发现没有被测试到的代码。

虽然覆盖率报告非常有用，但也不要过于依赖它。报告中红色高亮显示的代码行可以清楚地告诉我们哪些代码没有经过测试，但是标为绿色的那些代码并不意味着得到了充分的测试。例如，去除反向测试后再执行，报告仍然都是绿色的，只是代码行旁边的数值变低了，这是因为正向测试已经覆盖了代码中的每一个条件，所以覆盖率报告不会显示缺少测试。

虽然覆盖率报告并不完美，而且不能仅凭这份报告来衡量应用的好坏，但我依然在大量使用它。以我的经验来说，每次发现未被覆盖的代码，都意味着糟糕的代码或者设计上的缺陷，从而需要加以重构。至于覆盖率报告不能捕捉到遗漏的测试这一点，可以通过代码审查来弥补。在我的项目中，我们不仅会审查代码，也会对测试进行审查，这有助于编写高质量的代码和测试。

我们已经为在Node.js上运行的代码编写了自动化测试，但实际上却连它的皮毛都还没接触到。在本书的后续章节中，你将学习如何测试更有代表性的服务器端代码，其中包括异步代码、有依赖关系的代码，以及在Express上运行的代码。

我们已经了解了如何为服务器端代码安装工具和编写测试。下面我们就来探讨一下客户端代码的测试。测试的结构和语法与之前服务端代码非常相似。但是，执行测试的环境和工具则大不相同。现在我们就来看看客户端代码的自动化测试。

2.5　为测试客户端代码做准备

要想验证客户端代码的行为，我们需要进行以下步骤：将代码和测试加载到不同的浏览器上、执行测试、断言预期结果，并生成执行报告。Mocha、Chai和Istanbul可以用来执行测试、进行断言、输出覆盖率报告，这些我们已经在上一个示例中有所了解了。要想将代码和测试自动加载到浏览器上，那么就要使用到Karma了。

Karma是一个轻量级的服务器，用于在不同的浏览器上管理测试的加载和运行。你可以告诉Karma想要使用哪些浏览器和测试工具，剩下的就交由Karma处理吧。

Karma能够以自动监测的模式运行，这意味着只要当前目录层级下的代码发生了改变，Karma就会自动重新执行测试。这是一个非常棒的特性。在测试–编程的短循环中，你无须花费额外的工夫来执行测试。只要保存当前文件，Karma就会注意到这个文件的变化，然后重新执行测试。

我们将为回文函数重新编写测试，这一次是在客户端浏览器上运行，而不是Node.js中。Karma负责在浏览器上加载测试和代码。在使用Karma前，我们首先要为这个客户端示例创建一个项目。

2.5.1　切换到客户端项目

服务器端项目只需要使用3个工具，但客户端项目就要多一些了。我们不会手动地一个个安装，而是将使用另一个已经创建好的package.json文件。

在你的工作空间中，切换到tdd/client/palindrome目录下，查看里面的package.json文件。

tdd/client/palindrome/package.json

```
{
  "name": "palindrome2",
  "version": "1.0.0",
  "description": "",
  "main": "index.js",
  "scripts": {
    "test": "karma start --reporters clear-screen,dots,coverage"
  },
  "author": "",
  "license": "ISC",
  "devDependencies": {
    "chai": "^3.5.0",
    "istanbul": "^0.4.4",
    "karma": "^1.1.2",
    "karma-chai": "^0.1.0",
    "karma-chrome-launcher": "^1.0.1",
    "karma-clear-screen-reporter": "^1.0.0",
    "karma-cli": "^1.0.1",
    "karma-coverage": "^1.1.1",
    "karma-mocha": "^1.1.1",
    "mocha": "^3.0.1"
  }
}
```

这里有一大堆依赖，但我们可以使用以下命令一口气将它们全部安装到你的系统上：

```
npm install
```

这里的依赖包括Mocha 、Chai和Istanbul，还有与这些工具进行交互的Karma的插件。chrome-launcher插件用于在谷歌的Chrome浏览器上运行测试。如果你想要使用Firefox等其他浏览器，那么要包含对应的插件。

你可能会对依赖列表中的`karma-clear-screen-reporter`的用处感到疑惑。如果你喜欢保持控制台干净，那么这个插件正合你意。当Karma重新执行测试时，在看到代码或测试发生改变后，它就会在上一次输出的测试结果后面显示新的输出结果。过多的输出内容看着实在令人难受，你必须从一堆输出中找到最新的那一次。`karma-clear-screen-reporter`正是用于解决这个问题的。它可以在Karma再次执行测试前清理控制台，这有助于你将注意力放在当前的测试结果上。

我们现在已经安装好了工具，还有最后一个步骤就能开始编写第一个测试了。我们需要对Karma进行一些配置，告诉它要用到哪些工具，以及要用到的文件在哪里。我们这就开始，同样，我们在这一节中手动配置以学习一下整个配置过程，但之后的示例将直接使用一个预创建的文件以节省时间。

2.5.2　配置 Karma

为了顺利完成任务，Karma需要知道一些事情。它需要知道你想使用的自动化工具、测试文件的路径、源码文件的路径，以及你想让它运行的其他工具（如覆盖率工具）。你需要在一个配置文件中提供这些信息。

如果没有指定文件名，那么Karma就会读取一个名为karma.conf.js的配置文件。在当前工作空间的tdd/client/palindrome目录下创建该文件。我们并非直接手动新建这个文件，而是使用以下命令创建，该命令可以提供我们想要的信息：

```
node node_modules/karma/bin/karma init
```

执行这个命令后，它会询问你想要使用的测试框架和浏览器。针对每个问题输入以下信息。

- ❏ 测试框架：默认提供Jasmine，按Tab键直到看见Mocha，然后按回车键。
- ❏ 是否使用Require.js：保持默认值'no'。
- ❏ 想要捕获的浏览器：选择Chrome，然后按回车键两次。
- ❏ 其他问题直接按回车键采用默认值。

执行完上述命令后，你就能在当前目录下看到一个名为karma.conf.js的文件。编辑这个文件，添加chai和源码文件的路径，如下所示：

tdd/client/palindrome/karma.conf.js
```
//...
//要使用的框架
//可用的框架：https://npmjs.org/browse/keyword/karma-adapter
frameworks: ['mocha', 'chai'],

//文件列表/浏览器中需要加载的模式
files: [
  './test/**/*.js',
  './src/**/*.js'
],
//...
```

在打开配置文件的状态下，查看browsers:设置：

tdd/client/palindrome/karma.conf.js
```
//启用这些浏览器
//可用的浏览器launchers：
//  https://npmjs.org/browse/keyword/karma-launcher
browsers: ['Chrome'],
```

虽然我们只指定了Chrome，但是你可以设置多个浏览器，Karma会在列出的每个浏览器上运行测试。要确保在这个列表中加上你想要使用的浏览器，以验证代码在这些浏览器上都能正常运行。

现在我们已经准备开始编写测试，并使用Karma来执行这些测试。

2.5.3   从金丝雀测试开始

在为服务器端代码编写测试时，我们已经使用过Mocha和Chai了。因为客户端测试也使用同样的工具，所以语法和之前服务器端测试很相似。主要的不同之处在于如何**请求**文件和执行测试。我们编写一个金丝雀测试来熟悉一下整个过程。

打开tdd/client/palindrome/test目录下的palindrome-test.js文件，输入以下代码：

tdd/client/palindrome/test/palindrome-test.js
```
describe('palindrome-test', function() {
  it('should pass this canary test', function() {
    expect(true).to.be.true;
  });
});
```

让这个客户端金丝雀歌唱吧——执行npm test命令来运行Karma。

只要几次按键，你就已经让Karma做了好几件事情：启动一个服务器；内部生成了一个HTML文件；加载配置文件中列出的JavaScript文件；启动配置文件中指定的浏览器；执行测试；报告结果。列举这些事情已经让我喘不过气来了，但Karma却毫不费力地完成了这么多事。之后它就忠实地等着你修改文件，以便重新执行测试。

执行了npm test命令后，你可以看到Chrome弹出来，并执行了测试。然后Karma就等着你修改源码或者测试代码。如果只想执行一次测试，并在执行完成后自动关闭浏览器，那么你可以在package.json文件的test命令中加一个--single-run选项：

```
"scripts": {
  "test": "karma start --reporters clear-screen,dots,coverage --single-run"
},
```

不管你用什么选项运行Karma，它都会报告测试运行的结果。报告中的dots会在每个测试运行时添加一个点号。如果有大量的测试需要运行，而你又像我一样急着知道一切是否运行正常，那这就是个非常有用的反馈了。这个金丝雀测试的执行结果如下所示：

```
.
Chrome 48.0.2564 (Mac OS X 10.10.5):
  Executed 1 of 1 SUCCESS (0.009 secs / 0.001 secs)
```

既然我们已经让这个金丝雀测试运作起来了，现在是时候为客户端回文函数编写测试了。

2.6   设计客户端代码

在浏览器上运行JavaScript代码带来了一些额外的挑战，你需要检查以下项。

❑ 代码在所有指定浏览器上都可以正常运行。
❑ 代码可以与服务器正常交互。

❑ 代码可以正确响应用户的命令。

很多方面都需要慎重考虑，本书后文会一一涉及这些问题。现在我们要向着这个目标迈出第一步——通过一个小小的示例，你将学习如何向一个浏览器加载代码，并运行多个自动化测试。

我们已经实现了在服务器端运行的isPalindrome函数和对应的测试。现在已经准备好为客户端实现同样的函数，它将运行在一个浏览器上。

打开工作空间中的tdd/client/palindrome/test/palindrome-test.js文件，将以下测试添加到金丝雀测试后面：

tdd/client/palindrome/test/palindrome-test.js
```
it('should return true for argument mom', function() {
  expect(isPalindrome('mom')).to.be.true;
});
```

这个测试与服务器端的很相似，唯一的不同之处就是少了加载isPalindrome函数的require语句。Karma和浏览器会合作负责这项工作。打开tdd/client/palindrome/src/palindrome.js文件，添加以下代码让该测试通过：

```
var isPalindrome = function(phrase) {
  return true;
};
```

同样，这与服务器端第一次的实现代码非常相似，只是用var isPalindrome =取代了modules.exports =，即一个普通函数取代了一个导出函数。

通常来说，我们使用<script>标签在HTML页面中导入JavaScript文件。Karma会为我们做这件事，因而我们无须费心来做。执行npm test，然后看着Karma将测试文件和源码文件加载到浏览器中并运行这些测试。

设计客户端isPalindrome函数时也需要保持一次一个测试。编写客户端测试的步骤与编写服务器端测试的步骤基本相同，同样需要循序渐进地修改客户端isPalindrome函数来满足测试的要求。虽然它的实现与服务器端的代码非常类似，但仍然是实践概念以及使用客户端工具的一个很好的练习。

在tdd/client/palindrome/test/palindrome-test.js文件中依次添加测试列表中的测试，完成后与以下代码进行比较：

tdd/client/palindrome/test/palindrome-test.js
```
describe('palindrome-test', function() {
  it('should pass this canary test', function() {
    expect(true).to.be.true;
  });

  it('should return true for argument mom', function() {
```

```
    expect(isPalindrome('mom')).to.be.true;
  });

  it('should return true for argument dad', function() {
    expect(isPalindrome('dad')).to.be.true;
  });

  it('should return false for argument dude', function() {
    expect(isPalindrome('dude')).to.be.false;
  });

  it('should return true for argument mom mom', function() {
    expect(isPalindrome('mom mom')).to.be.true;
  });

  it('should return false for argument mom dad', function() {
    expect(isPalindrome('mom dad')).to.be.false;
  });

  it('should return false when argument is an empty string', function() {
    expect(isPalindrome('')).to.be.false;
  });

  it('should return false for argument with only two spaces', function() {
    expect(isPalindrome('  ')).to.be.false;
  });

  it('should throw an exception if argument is missing', function() {
    var call = function() { isPalindrome(); };
    expect(call).to.throw(Error, 'Invalid argument');
  });
});
```

同样，完成tdd/client/palindrome/src/palindrome.js文件的修改，然后与以下代码比较一下：

tdd/client/palindrome/src/palindrome.js
```
var isPalindrome = function(phrase) {
  if(phrase === undefined)
    throw new Error('Invalid argument');

  return phrase.trim().length > 0 &&
    phrase.split('').reverse().join('') === phrase;
};
```

执行npm test来运行这些测试，观察测试都通过了的运行结果。

```
.........
Chrome 48.0.2564 (Mac OS X 10.10.5):
  xecuted 9 of 9 SUCCESS (0.017 secs / 0.003 secs)
```

Mocha报告所有的测试都在Chrome浏览器上通过了。如果你是增量编写的这些代码，并且得到了预期的结果，那么击掌庆祝吧。大胆继续，反正没人看到的。

2

Karma简化了客户端代码的测试，但需要提醒的是，在创建文件时，一定要确保JavaScript文件所在的目录不包含空白字符。比如，在路径c:\my projects\palindrome...中，my和projects之间有一个空格，这就是个很糟糕的目录名，会导致Karma在某些操作系统上无法正常运行，而且不会提供任何有用的错误消息。

我们已经为客户端编写和运行了测试，接下来学习一下覆盖率报告。

2.7　评估客户端代码覆盖率

我们使用了Istanbul来评估服务器端代码的覆盖率，现在也可以用它来评估客户端的代码。客户端项目的package.json文件已经包含了需要用到的工具：Istanbul和必要的Karma插件。此外，test命令也已经指定了每次运行测试时都要生成覆盖率报告。我们所要做的就是查看这个覆盖率报告，基本是这样的。我们还需要稍微调整一下tdd/client/palindrome目录下karma.conf.js文件中的配置：

```
tdd/client/palindrome/karma.conf.js
//在提交给浏览器之前处理匹配的文件
//可用的预处理器:
//    https://npmjs.org/browse/keyword/karma-preprocessor
preprocessors: {
  '**/src/*.js': 'coverage'
},

//测试结果使用的reporter
//可能的值: 'dots','progress'
//可用的reporters: https://npmjs.org/browse/keyword/karma-reporter
reporters: ['progress', 'coverage'],
```

我们在preprocessors属性中添加了需要评估覆盖率的源码文件的路径，另外还修改了reporters属性，以告诉Karma使用coverage报告。

保存karma.conf.js文件后执行npm test。当Karma运行时，Istanbul会检测源码，评估其代码覆盖率，然后生成报告。查看它创建的coverage目录，进入以你运行测试的浏览器命名的那个子目录，在这个示例中是Chrome，然后用你最喜欢的浏览器打开index.html文件（见下图）。

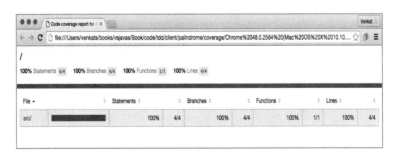

顶层视图显示代码覆盖率良好。像查看服务器端代码覆盖率时所做的那样，点击src链接，然后导航至源码文件来查看每一行代码的覆盖率报告（见下图）。

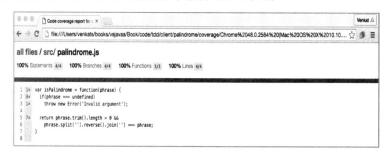

总体来说，获得覆盖率报告花不了多少工夫。在测试驱动开发的过程中，让你的团队查看一下覆盖率报告是轻而易举的事情。

2.8   小结

自动化测试有助于回归。在编写代码前先写测试，而不是先写代码后写测试，这么做的好处是，测试有助于完善代码设计。模块化、高内聚、低耦合的代码才能自动化验证。

我们在本章中探讨了测试驱动设计，学习了如何使用Mocha、Chai、Karma和Istanbul来编写测试、运行测试，同时也查看了覆盖率报告。我们用同样的工具为服务器端代码和客户端代码编写了测试。测试本身没多大区别，最大的区别就是如何引入待测函数。当开始编写特定于服务器端和客户端的代码时，就会有所改变了。

对接收一个参数再返回一个值的函数进行测试是非常容易的，但这并不是我们需要处理的唯一类型的代码。我们通过本章学习了一些基础知识，并将在下一章中和异步函数打交道。

第 3 章

异步测试

JavaScript库包含着大量的异步函数。例如，为了读取一个文件，将文件名给fs库，稍后它就会返回数据或者错误消息。同样，与服务交互也涉及异步函数，我们是不可能避开异步函数的。我们来探讨一下异步函数的自动化测试。

为异步函数编写和执行自动化测试是具有挑战性的。同步函数被调用时会挂起，等待操作全部完成才返回。而异步函数则不会，它的执行结果稍后会由回调函数或promise对象返回。要想为异步函数编写自动化验证，仅凭上一章中学到的知识是不够的，你需要学习更多的技术。

现在我们将注意力放在异步函数的测试上，暂时将测试优先的想法放在一边。这么做能帮助我们专注地为异步函数编写测试的细节。我们将为在Node.js和浏览器上运行的代码编写测试。为此，我们将为一个已经编写好的异步函数编写测试。在下一章开始讨论测试优先的方法时，你在本章中所学的内容就很有帮助了。

要想验证异步函数，你必须处理好两个问题。首先，因为调用异步函数后不会立刻返回结果，所以你必须让测试等待通过回调函数或者promise对象显示的结果。其次，你必须决定要等多久，即设置超时。如果时间设得太短，那么测试就会过早地失败；而如果设得太长，那么又会在函数停止响应时等待过久。这些问题看起来很让人头疼，但一些工具和技巧能有效地帮助你处理这些挑战。

我们先探讨如何测试使用回调的异步函数；然后再讨论使用promise对象的函数。现在开始吧。

3.1　服务器端回调

同步函数被调用时会挂起，直到得到结果或者预期的操作全部完成。而异步函数则不会这样。异步函数的调用者通常会发送一个或多个回调函数作为额外的参数，然后继续执行后面的语句。完成处理后，使用回调的异步函数最终会调用一个或多个回调函数。异步函数正是通过这些回调函数间接地将结果返回给调用者。从测试的角度来看，函数的不同特性带来了一些挑战。

同步函数的测试会自动等待结果的返回。但测试异步函数时，因为调用是非阻塞的，所以必须让测试等待一段时间。但休眠或者延迟执行是不够的。这会使得测试运行缓慢，而且也无法确保能在延迟的这段时间内得到响应。因此，我们需要一种可靠的机制来测试这些函数。我们将通过一个示例来探讨这个问题。

　　我们将要测试的函数会读取一个给定的文件，然后返回这个文件的行数。这个函数现在还没有测试，我们将一起为它编写测试。

　　就像我们在测试同步函数时所做的那样，首先为这个异步函数编写一个测试。你将通过这个示例了解到为什么异步测试需要不同的测试方式。接着我们再来编写一个合适的异步函数测试，并且让这个测试通过。最后我们再为它编写一个反向测试。现在开始吧。

3.1.1　一次天真的尝试

　　像为同步函数编写测试那样，首先我们试着给异步函数编写类似的测试。这个练习能让你熟悉一下被测代码，并让你了解为什么需要为异步测试采用不同的测试方式。

　　通过将工作空间中的目录更改为tdjsa/async/files，切换 至files项目。我们在这个项目中还是使用Mocha和Chai。通过在当前项目的路径下执行npm install命令，安装这两个工具，这是我们进入一个新的项目目录所要做的常规操作，然后就可以在该目录下看到一个package.json文件。

　　查看src/files.js文件中的代码，你可以在这个文件中看到一个接收文件名的函数，这个函数最终通过回调来返回该文件的行数或者错误消息。

```
async/files/src/files.js
var fs = require('fs');

var linesCount = function(fileName, callback, onError) {
  var processFile = function(err, data) {
    if(err) {
      onError('unable to open file ' + fileName);
    } else {
      callback(data.toString().split('\n').length);
    }
  };

  fs.readFile(fileName, processFile);
};

module.exports = linesCount;
```

我们就用之前为同步函数编写测试的方式来为这个函数编写测试。打开当前files项目中的test/files-test.js空文件，输入以下代码：

```
var expect = require('chai').expect;
var linesCount = require('../src/files');

describe('test server-side callback', function() {
  it('should return correct lines count for a valid file', function() {
```

```
//良好的尝试，但这实际上并没有什么作用
  var callback = function(count) {
    expect(count).to.be.eql(-2319);
  };
  linesCount('src/files.js', callback);
});
});
```

我们想要验证linesCount函数是否正确返回了给定文件的行数。为此，我们需要传递一个文件名作为其参数。很难判断哪些文件在不同的系统上都存在，但函数的源码文件肯定是存在的，因此我们就用这个文件名作为linesCount函数的参数。

在files-test.js的顶部，我们加载了源码文件，并且将这个文件中的函数赋值给了变量linesCount。该测试调用linesCount函数，将源码文件的文件名传递给该函数，并注册了一个回调函数。在这个回调函数中，断言接收到的count参数值为-2319。我们知道行数值不可能是负数，显然这个测试无法通过。如果一切正常，那么这个测试应该报告失败，但我们很快就能看到发生了什么。

执行npm test命令以运行该测试。它通过了！我们能看到以下的输出内容：

```
test server-side callback

  ✓ should return correct lines count for a valid file

1 passing (5ms)
```

从自动化的观点来看，没有什么比测试结果有误更糟糕的了。测试应该是高度确定的，而且只能因为正确的理由而通过。这个测试调用linesCount函数，传递了一个文件名和一个回调函数，然后就立刻退出了，没有让Mocha等待回调函数的执行。因此，这个测试并没有等到回调函数中的断言执行完成。当执行路径中没有断言时，测试失败是件好事，但正如你所见，不是这样的。

我们需要告诉Mocha，当测试退出测试函数时，不要认为该测试已经结束了。在能够判断测试是否通过前，我们需要一个工具来等待回调函数及其断言的执行。

还记得测试的步骤吗？先编写失败的测试，然后再编写最少的代码让这个测试通过。这个示例能让你巩固这个步骤。我们先来编写一个不通过的测试。

3.1.2　编写异步测试

使用Mocha编写的测试可以包含一个用来标识测试结束的参数。当一个测试退出执行时，Mocha会等待这个标识以确定测试是否真的结束了。如果在接收到该标识之前断言就失败了，或者在指定的时间内没有接收到该标识，那么Mocha就会报告测试失败。

我们修改一下之前的测试，让退出测试并不意味着测试结束。

```
it('should return correct lines count for a valid file', function(done) {
  var callback = function(count) {
    expect(count).to.be.eql(-2319);
  };

  linesCount('src/files.js', callback);
});
```

不同于之前的测试，这个测试接收了一个参数，你可以随意对该参数进行命名，但命名为done是非常符合逻辑的。当测试真正结束时，这是通知Mocha的一种方式。换句话说，如果一个函数带有参数，那么在执行完这个函数后，Mocha并不会断定测试结束。相反，它会通过这个参数的标识来确定测试是否结束。无论被测函数是同步的还是异步的，都能用这个方式来验证回调函数中的结果。

运行这个测试，并看着它"毁于一旦"：

```
test server-side callback
  1) should return correct lines count for a valid file

0 passing (9ms)
1 failing

1) test server-side callback
  should return correct lines count for a valid file:

    Uncaught AssertionError: expected 15 to deeply equal -2319
    + expected - actual

    -15
    +-2319

    at callback (test/files-test.js:8:27)
    at processFile (src/files.js:8:7)
    at FSReqWrap.readFileAfterClose [as oncomplete] (fs.js:404:3)
```

为了让该测试通过，我们将回调函数中的-2319改为15。敏锐的你可能会抗议道："等等，如果更改了文件，那这个测试不就失败了吗？"是的，确实如此，但现在我们只需要将注意力放在"异步"这一点上，本书后面的章节会讨论其他方面。修改为正确值之后的回调函数如下所示：

```
it('should return correct lines count for a valid file', function(done) {
  var callback = function(count) {
    expect(count).to.be.eql(15);
  };

  linesCount('src/files.js', callback);
});
```

这个值应该可以通过，但再次执行npm test时，Mocha的报告如下：

```
test server-side callback
  1) should return correct lines count for a valid file

0 passing (2s)
```

```
1 failing

1) test server-side callback
  should return correct lines count for a valid file:
    Error: timeout of 2000ms exceeded.
      Ensure the done() callback is being called in this test.
```

虽然回调函数中的断言通过了，但这个测试在2秒后还是失败了，2秒是默认的超时时限。这是因为这个测试没有通知Mocha自己已经结束了。为了修复这个问题，我们要在回调函数的最后添加一句done()。稍后你将看到如何修改默认的超时时限。修改后的测试如下所示：

```
it('should return correct lines count for a valid file', function(done) {
  var callback = function(count) {
    expect(count).to.be.eql(15);
    done();
  };

  linesCount('src/files.js', callback);
});
```

再次运行npm test，这次可以看到测试通过了，而且是因为合理的原因而通过的。

```
test server-side callback

  ✓ should return correct lines count for a valid file

1 passing (7ms)
```

我们再编写一个异步测试来练习一下。这次我们编写一个反向测试。

3.1.3　编写一个反向测试

刚才的测试只覆盖了函数接收到正确的文件路径的情况。我们还需要验证函数接收到无效的文件路径的情况。现在我们就为此编写一个测试，在test/files-test.js文件中输入以下代码：

```
it('should report error for an invalid file name', function(done) {
  var onError = function(error) {
    expect(error).to.be.eql('unable to open file src/flies.js');
    done();
  };
  linesCount('src/flies.js', undefined, onError);
});
```

第二个测试向被测函数传入了一个错误的文件名，即传入了flies而不是files。该测试认定这个错误命名的文件不存在。这样的测试很让人头疼，因为它们很脆弱，如果依赖条件发生了变化，那么测试就会失败。同样，我们会在后面章节中探讨如何解决这个问题。

linesCount函数的第二个参数是undefined，因为它不会使用这个参数。第三个参数是个回调函数，用于验证错误信息的细节。同样，这个测试接收done参数，并且回调函数通过这个参数标识测试结束。运行测试，Mocha应该会报告测试成功。

```
test server-side callback

  ✓ should return correct lines count for a valid file

  ✓ should report error for an invalid file name

2 passing (8ms)
```

 小乔爱问：

3-As模式同样适用于异步测试吗？

2.3.3 节中提到过，良好的测试遵循 3-As 模式。异步测试也不例外。Arrange 部分之后是 Act 部分，但 Assert 部分包含在回调函数中。虽然看上去可能不怎么明显，但整个测试流程仍然遵循 Arrange、Act 和 Assert 的顺序。

Mocha依赖它自己的测试函数中的参数来获知异步函数是否完成执行。你已经了解了如何测试在服务器端运行的异步函数，现在来看看如何测试客户端的异步函数。在这个过程中，你将学到更多的技巧。

3.2   客户端的回调函数

和服务器端一样，很多客户端库也要依赖回调。尽管客户端的异步函数在浏览器上运行，但验证其行为的方式并没有很大的不同。你同样可以使用测试服务器端异步函数时所学的技术。

我们还是通过一个示例来学习客户端异步函数的测试，这个示例使用**定位API**获取用户的当前位置。示例项目位于工作空间中的tdjsa/async/geolocation目录下。该项目使用到了Mocha、Chai、Karma，以及Karama用来与其他工具和浏览器进行交互的插件。完整的工具列表可以在当前项目的package.json文件中查看到。同样，花一点点时间在当前项目目录下运行npm install命令，以安装这些工具。

被测代码在src/fetch.js中，我们快速看一下这段代码：

async/geolocation/src/fetch.js
```
var fetchLocation = function(onSuccess, onError) {
  var returnLocation = function(position) {
    var location = {
      lat: position.coords.latitude, lon: position.coords.longitude };
    onSuccess(location);
  };
  navigator.geolocation.getCurrentPosition(returnLocation, onError);
};
```

定位API是异步的，因为从基站或GPS卫星获取位置信息并不是即时的。如果一切顺利，

fetchLocation函数会获取到当前位置的经纬度。

首先，fetchLocation函数将onError参数传给了getCurrentPosition函数。其次，它为成功的场景注册了自己的回调函数，在该函数中对收到的响应进行处理以获取需要的值，并将其传给onSuccess回调。

为这个函数编写的正向测试与为linesCount函数编写的很类似。但我们需要增加超时时限，因为获取位置信息很可能需要更长的时间。如果还是采用默认的2秒，那么测试很可能在收到响应前就超时了。我们将超时值设为10秒或者说10 000毫秒。在当前项目的test/fetch-test.js文件中输入以下代码：

```
async/geolocation/test/fetch-test.js
describe('fetch location test', function() {
  it('should get lat and lon from fetchLocation', function(done) {
    var onSuccess = function(location) {
      expect(location).to.have.property('lat');
      expect(location).to.have.property('lon');
      done();
    };

    var onError = function(err) {
      throw 'not expected';
    };

    this.timeout(10000);

    fetchLocation(onSuccess, onError);
  });
});
```

在调用fetchLocation函数之前，我们适当地增加了超时的值。在onSuccess回调函数中验证是否接收到预期值，然后调用done函数以通知测试完成。如果调用的是onError回调函数，而不是预期的onSuccess，那么测试就会报告失败。

要想运行这个测试，我们需要启动Karma。项目中已经提供了便于你使用的karma.conf.js文件。执行npm test命令以启动Karma，它会将所有的工具加载到浏览器中，并运行测试。

Karma会启动Chrome，Chrome打开后会询问你是否允许它获得你的当前位置（见下图）。

立刻点击Allow按钮。Karma会关闭浏览器，然后报告测试通过，只要你在10秒内按下按钮，而且API能够在这段时间内获取到位置，那么这就是很有可能的。

```
Chrome 48.0.2564 (Mac OS X 10.10.5):
  Executed 1 of 1 SUCCESS (6.017 secs / 6.011 secs)
```

这个测试既教给了我们一些好东西，也教给了我们一些不太好的东西。

好的方面是，它教会了我们如何为客户端的异步函数编写和执行测试。它阐述了为什么要设置超时时限以及如何设置。此外，它还演示了在单次运行的模式（single-run mode，我们在package.json文件的npm test命令中所要求的）下，Karma是如何启动和关闭Chrome这类浏览器的。

坏的方面是，这个测试和本章上一个测试都暴露了依赖的问题。fetchLocation的测试实际上是手动的，因为它需要你允许定位API获取位置。此外，如果你拒绝了这个请求或者没有在给定时间内作出回应，那么测试就会失败。如果API无法获取到位置，那么测试也会失败。最后，与之前的测试相比，这个测试很耗时。换句话说，即使没有修改代码，一个原先可以通过的测试也可能因为种种原因而无法通过，这听起来非常荒谬。如果自动化测试偶尔会失败，那就说明这个测试设计得很糟糕。

本章的两个示例可以帮助你了解如何为异步函数编写测试。然而，必须重构代码以充分利用自动化测试。在下一章中，你将学习如何进行重构，以及如何正确地处理依赖。

回调是异步函数最传统的方式，但promise对象在JavaScript中也占有一席之地。接下来我们来看看如何为它们编写测试。

3.3   测试 promise

现在我们探讨一下如何为在Node.js上运行的代码中的promise编写测试。可以用同样的技术对使用promise的客户端代码进行测试。我们先对promise做个简单介绍，然后再为它编写测试。

3.3.1   对promise的简单介绍

在编写测试之前，我们先来了解一下promise的工作原理。我保证这只是个很简短的介绍。

异步函数传统上使用的是回调。但是这种方式有一些弊端。回调必须在异步函数响应前被注册。例如，在使用XMLHttpRequest的实例时，如果在调用send函数前没有给onreadystatechange属性注册回调函数，那么可能会导致一些事件丢失。此外，回调函数很难编写。如果回调函数还需要调用其他异步函数、注册其他回调函数，那么代码就会相当冗长和繁琐。

promise就不存在这样的问题，这正是它流行起来的原因之一。使用promise的函数会立刻向调用者返回一个Promise对象，之后就通过Promise对象来响应调用者。

比起回调，promise可以更清晰地表达异步的含义。以下这张图显示promise通过一系列的函数调用进行了链式调用。

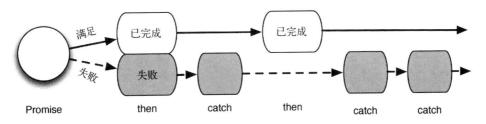

使用promise的代码可能会形成then、catch调用链。根据promise是已完成还是失败，选择走上面那条或者下面那条路径。如果Promise是已完成的，那么then函数中**已完成**部分则会将成功值作为Promise对象传递给调用链中的下一个接收者。另一方面，如果Promise是失败的，那么就会调用一系列catch函数，将失败原因在调用链中传递下去。then函数中的**失败部分**是可选的。[①]

3.3.2 promise异步测试的类型

现在我们将注意力放在返回promise对象的函数的测试上。即使函数返回Promise对象，但这个函数的任务可能并没有完成——好吧，它是**异步的**。测试这类函数必须要等到这个promise对象变为已完成或失败状态。

Mocha这样的工具为测试返回promise对象的函数提供了专门的功能。Mocha的异步测试有两种方式。

(1) 测试接收done参数，该参数用于表示测试结束。

(2) 测试返回一个Promise对象来表示最后的测试已经结束。

第一种方式可用于测试使用回调的异步函数和返回promise对象的函数，第二种方式显然是针对返回promise的函数。

---

① 以下是有关promise的一些说明。Promise对象只有3种状态，即未完成（pending）、已完成（resolved）和失败（rejected）。这3种状态的变化途径只有两种，即从"未完成"到"已完成"和从"未完成"到"失败"。promise构造函数接收一个函数作为参数，该函数有两个参数：resolve和reject。它们是两个函数，resolve函数的作用是将Promise对象的状态从未完成变为已完成，在异步操作成功时调用，并将其结果作为参数传递出去；reject函数将Promise对象的状态从未完成变为失败，在异步操作失败时调用，并将报出的错误传递出去。Promise实例生成后，可以用then函数分别指定已完成状态和失败状态的回调函数，失败状态的回调函数可以省略。在then函数中返回另一个Promise就能进行链式调用。——译者注

函数中的promise和测试中的promise

我们关注的是返回promise对象的函数的测试。任何的JavaScript测试工具都能用来测试这样的函数。也有些工具提供了从测试返回promise对象的功能。

通过一个示例，我们将介绍为返回promise对象的函数编写测试的几种不同的方式，然后探讨一下每种方式的利弊。

3.3.3　返回promise对象的函数

将之前看到过的linesCount函数的修改版作为示例，我们尝试为返回promise对象的函数编写测试。首先我们需要一个新的项目，将目录切换至tdjsa/async/promises，然后进入promises项目。在这个项目中，除了已经很熟悉的Mocha和Chai，我们还要用到新的包chai-as-promised，稍后会对其进行介绍。执行npm install命令，安装这些工具。

项目中已经包含了一个返回Promise对象的函数了。查看src/files.js文件中的内容。该函数计算一个文件中的行数，这与之前的版本很相似，但这里使用了promise对象而非回调。

```
async/promises/src/files.js
var fs = require('fs-promise');

module.exports = function(fileName) {
  var onSuccess = function(data) {
    return promise.resolve(data.toString().split('\n').length);
  };

  var onError = function(err) {
    return promise.reject(new Error('unable to open file ' + fileName));
  };

  return fs.readFile(fileName)
          .then(onSuccess)
          .catch(onError);
};
```

这个函数需要fs-module模块，不过不用担心，它已经包含在package.json文件中的dependencies部分了。在执行npm install命令时，这个模块以及其他的依赖模块都会被安装到项目中。

之前的fs模块中的函数使用回调。而fs-promise模块中的函数虽然在功能上和fs模块中的函数相同，但它们返回Promise对象，而不是接收回调函数。我们来看一下以上的代码是如何使用fs-promise模块的。

我们从下往上阅读promises/src/files.js文件中的函数。在该函数的末尾，我们将指定的文件名传递给 fs-promise 模块的 readFile 函数。一经调用，这个函数就会立刻返回一个 Promise 对象。当最终读取该文件时，readFile 函数会将文件内容传给作为 then 的参数被注册的函数，此示例中是 onSuccess 函数。如果读取时遇到问题，那么就会调用 catch 中注册的函数，此示例中是 onError 函数。onSuccess 函数计算文件行数，并将其封装在另一个 Promise 对象中进行返回。onError 函数则将详细的错误信息封装在 Promise 对象中返回。

3.3.4　使用 done() 进行测试

我们可以用之前测试使用回调的异步函数的方式来测试返回 promise 对象的函数。先为返回 promise 对象的 linesCount 函数编写一个正向测试。我们将在测试中使用 done 参数。

编辑 test/files-test.js 文件，输入以下代码：

```
async/promises/test/files-test.js
var expect = require('chai').expect;
var linesCount = require('../src/files');

describe('test promises', function() {
  it('should return correct lines count for a valid file', function(done) {
    var checkCount = function(count) {
      expect(count).to.be.eql(15);
      done();
    };

    linesCount('src/files.js')
      .then(checkCount);
  });
});
```

该测试定义了一个 checkCount 函数，以便对 count 值进行验证，然后通知 Mocha 测试结束。最后调用被测代码，并且在 then 函数中注册 checkCount 函数，如果 linesCount 返回的 promise 是已完成状态的，则调用 checkCount 函数。

执行 npm test 命令。如果 linesCount 函数中创建的 Promise 对象是已完成状态，并且结果传给了 checkCount 函数，那么测试就会通过。但如果这个 Promise 对象是失败的，那么测试就会失败。

返回 promise 对象的函数优于返回回调的函数，其中原因之前已经讨论过了。因此，我们期望在编写测试时也是如此。但是，与之前使用回调的函数的测试相比，以上这个测试并没有什么特别之处，好在这是可以改进的。接下来我们就来研究具体怎么让 promise 的测试更优雅。

3.3.5　返回 promise 的测试

从测试中返回 Promise 对象可以让该测试更简洁、更易读。如果测试返回 Promise，那么

Mocha就会在宣布测试结束前等着该Promise对象成为已完成状态或失败状态,一般是在超时之前。在test/files-test.js文件中再添加一个测试,我们体会一下返回Promise对象的测试。

async/promises/test/files-test.js
```
it('should return correct lines count - using return', function() {
  var callback = function(count) {
    expect(count).to.be.eql(15);
  };

  return linesCount('src/files.js')
          .then(callback);
});
```

这样就好一些了。没有done参数,并且验证结果的函数也更简洁了一些。能够在测试中返回一个Promise对象,并且Mocha知道要如何处理它,这是非常棒的。我们还可以借助另一个库让测试更加简洁。

3.3.6   使用chai-as-promised

除了返回被测函数返回的Promise对象,测试还可以对被测函数最终是否以预期响应结束执行进行断言。为此我们需要使用到一个专门用来测试promise的库chai-as-promised。

chai-as-promised库扩展了Chai的流式API,提供了一些函数来验证promise对象的响应。要想使用这个模块,我们首先要在测试文件test/files-test.js中添加以下代码:

async/promises/test/files-test.js
```
require('chai').use(require('chai-as-promised'));
```

use 函数用eventually属性扩展了Chai的函数。我们将使用chai-as-promised语法expect...to.eventually.eql取代之前的expect...to.be.eql。现在添加一个测试来查看eventually的特性。

async/promises/test/files-test.js
```
it('should return correct lines count - using eventually', function() {
  return expect(linesCount('src/files.js')).to.eventually.eql(15);
});
```

eventually属性巧妙地简化了测试,让测试看起来更加直观。eventually实际上捆绑了一个Promise对象,如果expect中的表达式与eql中的值相符,该Promise对象就会变成已完成状态,否则就会是失败的,导致测试失败。

3.3.7   结合eventually和done()

从测试中返回Promise对象是个很好的方法,但并非所有的测试工具都提供了这种功能。如果你使用的测试工具完全不知道promise的存在,或者你更喜欢不返回Promise的方式,那么可以结合eventually和done参数来测试那些返回promise对象的函数。我们尝试再添加一个测试：

async/promises/test/files-test.js

```
it('should return correct lines count - using no return', function(done) {
  expect(linesCount('src/files.js')).to.eventually.eql(15).notify(done);
});
```

这也比第一个测试要简洁多了。

3.3.8 为promise编写反向测试

至此，测试验证了linesCount函数成功执行的情况。当然，Promise在有些情况下也会失败，我们同样需要对这种情况进行测试。

如果向linesCount函数传入一个无效的文件名，那么Promise就会被置为失败，然后返回。我们添加一个新的测试，并传入一个错误的文件名：

async/promises/test/files-test.js

```
it('should report error for an invalid file name', function(done) {
  expect(linesCount('src/flies.js')).to.be.rejected.notify(done);
});
```

rejected属性会等待Promise对象变成失败状态。如果promise是已完成状态或者超时了，那么测试就会失败。如果达到预期，那么notify就会通知测试完成。

正如对eventually所做的那样，我们也可以不使用notify，而是直接返回Promise对象。选择你喜欢的方式就可以了。

以上示例只能验证Promise变成了失败状态，但验证是否传递了正确的错误消息同样很重要。为此我们可以用rejectedWith来代替rejected，具体代码如下所示：

async/promises/test/files-test.js

```
it('should report error for an invalid file name - using with',
  function(done) {
  expect(linesCount('src/flies.js'))
    .to.be.rejectedWith('unable to open file src/flies.js').notify(done);
    });
```

结合了chai-as-promised库的Mocha使得promise的测试变得相当简洁和直观，无论是成功的还是失败的。

执行npm test命令，确认我们编写的所有测试都通过了，其输出如下：

```
test promises

  ✓ should return correct lines count for a valid file

  ✓ should return correct lines count - using return
```

```
✓ should return correct lines count - using eventually

✓ should return correct lines count - using no return

✓ should report error for an invalid file name

✓ should report error for an invalid file name - using with
```

6 passing (12ms)

看起来很不错，但如果你要测试的是个比较耗时的函数，那会怎么样呢？Mocha默认的超时时限是2秒，如果Promise在这段时间内没有改变状态，那么测试就会失败。如果想为函数提供更多的执行时间，那么你可以使用之前提到过的timeout函数。

3.4 小结

我们在本章前进了不少。你学习了如何为服务器端和客户端的异步函数编写自动化验证。本章中介绍的这些工具提供了相对简单的方式来等待异步函数调用回调函数或者通过Promise对象来响应。但问题是，由于依赖的存在，这些测试很难进行自动化，你将在下一章中学习如何解决这类问题。

第4章 巧妙处理依赖

依赖无处不在，代码与远程服务通信、读写文件、更新DOM、获取用户位置等都需要使用依赖。就像税收一样，依赖提供了价值，但可能会带来负担。因此，要将它们控制在最小限度。从自动化测试的角度来看，依赖非常令人头疼。它们会让测试变得不确定、脆弱、耗时，以及难以处理，我们在上一章中遇到的问题只是冰山一角。

良好的设计对解决依赖问题至关重要。你可以使用一些技术对依赖进行解耦和替代，以便让测试得以自动化、具有确定性，并可以快速运行。在本章中，首先你将学习如何尽可能去除依赖。如果依赖是内部的，那么就要使用一些测试替身替代它们，这些替身包括fake、stub、mock和spy。

虽然测试替身很有用，但需要谨慎使用。如果不够小心，很容易陷入泥潭。记住这些警示之言，然后我们来探讨一些解耦技术。我们将为一个有着复杂依赖的问题编写自动化测试。

4.1 问题以及 spike 解决方案

首先我们来看个小问题，这个问题中包含了一些很关键的依赖。我们要创建一个带有Locate Me按钮的HTML页面。当用户点击该按钮时，一个JavaScript函数会调用定位API来获取用户的位置。如果成功，那么程序就会在谷歌地图上显示该位置。如果失败，那么HTML页面上就会显示一个错误消息。

这个问题本身并不难，但是要考虑清楚如何对它进行自动化测试可能并不是那么容易。专注于编写测试可能会碰到很多令人困惑的问题，比如从哪里着手、要测试什么、我们实际要编写什么……如果理不清头绪，可以借助spike解决方案。

我们建立一个快速原型，以找出一种可行的解决方案。一旦编写的代码运行起来，并且更深入地了解了如何为这个问题编写代码，我们就能重新开始，用测试驱动开发。

4.1.1 转移到 spike 项目

我们要用工作空间中的spike项目来创建一个spike，切换至tdjsa/tackle/spike目录。为了节省时间，我们直接使用其中的index.html文件，该文件中的代码如下所示：

tackle/spike/index.html

```html
<!DOCTYPE html>
<html>
  <head>
    <title>Locate Me</title>
  </head>
  <body>
    <button onclick="locate();">Locate Me</button>
    <div id="error"></div>
    <script src="src/locateme.js"></script>
  </body>
</html>
```

这个HTML文件包含了一个按钮，该按钮注册了一个onclick事件来调用locate函数。其中还有一个id为error的div元素。最后该文件引用了src目录下的locateme.js文件。

在这个练习中，你的任务是实现src/locateme.js文件中的locate函数。工作空间提供了一个空文件供你使用。首先调用navigator.geolocation.getCurrentPosition函数，从返回的位置信息中获取经度和纬度，定义一个供谷歌地图使用的URL，然后将该URL赋值给window.location。如果获取地理位置失败，那么就在id为error的DOM元素中设置一条错误消息。

先不要编写任何测试。只要关注这个原型。花几分钟进行spike。

完成后，查看当前项目目录下的package.json文件。dependencies部分引用了http-server包，我们将使用这个轻量级的Web服务器来部署当前目录下的文件。启动这个服务器的命令已经包含在package.json文件的scripts部分中了。该服务器被指定使用8080端口。如果该端口在你的系统中已经被占用，那么你可以换一个端口号，比如8082。执行npm start命令以启动该服务器，然后打开浏览器，并访问http://localhost:8080。点击Locate Me按钮来验证你刚刚编写的代码是否成功。花点时间修复一下代码中的错误。毕竟我们几乎总是会犯错的。

4.1.2 从 spike 中获得见解

完成后，你可能会想要将自己创建的代码与以下代码进行对照：

```javascript
//这是一个创建于原型期间的蛮力示例
var locate = function() {
  navigator.geolocation.getCurrentPosition(
    function(position) {
      var latitude = position.coords.latitude;
      var longitude = position.coords.longitude;

      var url = 'http://maps.google.com/?q=' + latitude + ',' + longitude;
      window.location = url;
    },
    function() {
      document.getElementById('error').innerHTML =
        'unable to get your location';
```

```
    });
};
```

这个原型为我们提供了一些有用的启发。

- ❑ getCurrentPosition是一个异步函数。我们需要为它注册两个事件处理器，一个在成功时调用，一个在失败时调用。
- ❑ 当接收到错误时，我们需要进行DOM操作，获取div元素来设置详细的错误消息。
- ❑ 我们需要从接收到的position中提取出latitude和longitude的值，然后用这两个值拼接一个供谷歌地图使用的URL。
- ❑ 设置window对象的隐式变量location属性，这会导致浏览器重定向。
- ❑ 这段代码就像一大碗意大利面，我们需要为自动化测试创建更为模块化的设计。

记住，代码是否具有可测试性是个设计问题，设计糟糕的代码是难以测试的。如果可以的话，解决依赖问题的第一步应该是尽可能去除依赖。如果函数中的依赖是内部的，那么就要通过依赖注入构建松耦合的代码。你可以使用测试替身来取代真实的对象或函数。我们将使用这个示例来学习和应用这些设计技巧。

4.2　模块化设计

我们在进行spike时将所有功能都写在了locate函数中，在spike阶段这么做完全没有问题，这样我们就可以将注意力放在手头的问题上。但是，最后上线的代码就不能这么编写了。承担了大量工作的函数通常违背了单一职责原则（single responsibility principle）[1]，这些函数具备低内聚、高耦合的特性。这样的代码通常耗时又难以维护，而且很难对其行为进行快速验证。

我们需要将之前的代码分成好几个小函数，使其更加模块化、更具可测试性。我们设想一下这些函数，让每个函数具有单一的职责和最少的依赖（见下图）。

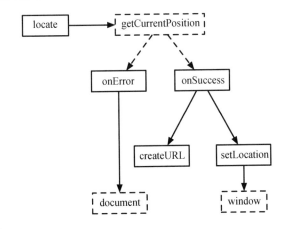

---

[1] https://en.wikipedia.org/wiki/Single_responsibility_principle

虚线框中的是外部依赖，实线框中的则是我们要为这个示例问题编写的代码。实线箭头代表对一个函数的直接调用，虚线箭头代表异步调用。从这张图的底部查看，`createURL`函数只有"用给定的经纬度创建URL"这一个职责。`setLocation`函数则将给定的URL赋值给浏览器提供的`window`对象的`location`属性。`onError`函数会更新DOM以显示错误消息。`onSuccess`函数从一个给定的位置信息中提取经度和纬度，并且将之后的操作交给它所依赖的函数。最后，`locate`函数的唯一职责是，为`geolocation`的`getCurrentPosition`函数注册`onSuccess`和`onError`函数。

我们将为上述的每一个函数编写自动化测试，以验证它们的行为。完成以下的一系列步骤后，你就会知道如何处理依赖了。同时，我们也将为目前这个问题实现一个能完全自动化测试的版本。

4.3　尽量分离依赖

依赖在整个问题中占据了很重要的作用。看看之前的spike，自动化测试的实现看起来毫无希望。但是我们前面设想过的模块化设计就不同了。编写自动化测试的第一步就是确定一个或多个不具有内部依赖的函数。这些函数应该成为自动化测试的起点。

查看之前的spike发现，URL的创建在正中间，即在从`position`中获取`latitude`和`longitude`之后，在将该URL赋给`location`之前。从测试的角度来看，除了要验证是否正确创建了URL，还必须检查代码是否妥善处理了各种错误。但是这样的测试很难进行，因为创建URL的代码混在了依赖和其他代码之间。事实上，在创建URL这件事上，我们并不用关注它需要的值是从哪里来的，也不用关心创建后的URL要给谁用。只要接收到需要的值，那么我们就可以轻轻松松地创建URL，并将其返回。这就是`createURL`函数从一堆依赖中分离出的单一职责。

测试一段没有依赖的代码相对比较容易。只要用给定的参数调用被测函数，然后验证其结果是否符合预期就可以了。我们现在就用测试来驱动`createURL`函数的开发。

尽量去除依赖

　　处理依赖的第一步就是尽可能去除被测代码中的依赖。抽取函数，并将最少的数据作为参数传给它。

4.3.1　结束 spike，准备自动化测试

现在将spike项目放在一边，转移到locateme项目，后者位于工作空间中的tdjsa/tackle/locateme目录下。我们希望spike项目保持独立，与测试驱动设计的代码分开。locateme项目包含以下文件和目录：

```
index.html
karma.conf.js
```

```
package.json
src/
test/
```

index.html是我们在spike项目中看到的文件的副本。karma.conf.js文件会为Karma的运行加载所有必要的插件。package.json文件包含了所有的依赖包，你对其中一些已经很熟悉了：Mocha、Chai和一些Karma插件。此外，其中还包含了4个与Sinon相关的新包，但现在先忽略它们。本章后面会介绍它们的作用。

src目录下有一个空的locateme.js文件供你使用。test目录中也已经准备了几个空的测试文件供你练习。

执行npm install，以便为这个项目安装所有的依赖包。完成后，我们开始编写第一个测试。

4.3.2 测试 creatURL

creatURL函数唯一的职责就是接收latitude和longitude作为参数，然后返回一个用于谷歌地图的URL。它的代码就像是一个已经喂饱的婴儿，照料它是件很容易的事情。作为第一个测试，我们向这个函数传递两个有效值作为参数，并验证返回的URL是否正确。

打开当前项目下的test/create-url-test.js文件，创建一个测试套件，然后编写这第一个测试。

tackle/locateme/test/create-url-test.js

```
describe('create-url test', function() {
  it('should return proper url given lat and lon', function() {
    var latitude = -33.857;
    var longitude = 151.215;

    var url = createURL(latitude, longitude);

    expect(url).to.be.eql('http://maps.google.com?q=-33.857,151.215');
  });
});
```

这个测试套件的名称表明，我们在这个套件中只需要关心createURL函数的测试。这个测试用有效的latitude和longitude值来调用被测函数，然后验证该函数返回的URL符合谷歌地图的要求。

现在，我们在src/locateme.js文件中编写最少的代码让上面的测试通过。

tackle/locateme/src/locateme.js

```
var createURL = function(latitude, longitude) {
  return 'http://maps.google.com?q=' + latitude + ',' + longitude;
}
```

这个新建的createURL函数仅仅返回一个格式化的字符串，并将给定的参数放在了合适的位置。

执行npm test命令以启动Karma并运行该测试。确认测试通过。让Karma继续在后台运行，它急切地等着我们编写下一个测试。

不能因为一个测试通过就对一段代码充满自信，我们再来编写另一个正向测试。还是打开test/create-url-test.js文件，在上一个测试后面添加第二个测试。

tackle/locateme/test/create-url-test.js
```js
it('should return proper url given another lat and lon', function() {
  var latitude = 37.826;
  var longitude = -122.423;

  var url = createURL(latitude, longitude);

  expect(url).to.be.eql('http://maps.google.com?q=37.826,-122.423');
});
```

这个测试只是向被测代码传递了一组不同的值，并对其返回的值进行验证。不用修改被测代码就能让这个测试通过。现在我们编写一个反向测试。

花时间将创建URL的代码从其他代码中抽取出来已经体现出价值了，现在可以很容易地为各种场景编写测试。例如，如果没有向该函数传入经纬度，那么会怎么样呢？我们将为这个场景编写测试，但在此之前，我们应该先确定什么样的反馈在这种场景下才是合适的。

如果没有传递纬度，那么我们可以抛出一个异常、调用另一个函数、发发牢骚，或者就只是返回一个空字符串，等等。思考用各种可能的方式来处理这种情况。在真实的项目中，我们可以和领域专家、业务分析师、测试人员、同事，甚至是算命先生讨论这种情况。对于这个项目，挑一个你觉得最好的方式就可以了。返回一个空字符串看起来不错。很少会发生丢失值的情况，就算真的发生，当URL设为空字符串时，浏览器也不会跳转到其他URL。我们为未定义的latitude值编写一个测试。

tackle/locateme/test/create-url-test.js
```js
it('should return empty string if latitude is undefined', function() {
  var latitude = undefined;
  var longitude = 188.123;

  var url = createURL(latitude, longitude);

  expect(url).to.be.eql('');
});
```

为了让这个测试通过，我们需要在createURL函数中检查latitude值，如果它是未定义的，那么就返回一个空字符串。你可以自己动手试一下，然后继续下一个测试，检查longtitude。

tackle/locateme/test/create-url-test.js
```js
it('should return empty string if longitude is undefined', function() {
  var latitude = -40.234;
```

```
var longitude = undefined;

var url = createURL(latitude, longitude);
expect(url).to.be.eql('');
});
```

再次修改createURL函数，让这个新的测试通过。

```
var createURL = function(latitude, longitude) {
  if (latitude && longitude)
    return 'http://maps.google.com?q=' + latitude + ',' + longitude;
  return '';
};
```

至此，我们用自动化测试驱动了这一小段代码的设计，并且去除了它的依赖。查看命令行窗口，确认Karma报告4个测试都通过了。createURL函数从依赖的束缚中解脱出来了，但是其他几个函数还需要我们的帮助。是时候处理下一个函数及其相关的依赖了。

看一下4.2节中的设计图，所有等待实现的函数都有依赖。接下来我们将为setLocation函数进行测试和设计。

4.4 使用测试替身

测试替身是代替真正依赖的对象，从而让自动化测试可以进行。测试替身就相当于电影特技演员，因为采用真人太过昂贵或者无法实现，所以就用替身来代替。你将通过setLocation函数学习测试替身。

setLocation函数很简单。它接收一个供谷歌地图使用的URL，然后将它传给window对象的location属性，从而让浏览器跳转到谷歌地图，并在地图上显示出用户的当前位置。代码很容易编写，但是测试看上去并不容易。

我们不想在浏览器中打开HTML页面，然后调用setLocation函数查看浏览器是否跳转到了指定的页面，这并不是自动化的。我们可以编写一个在金字塔顶端的UI层测试。但之前已经讨论过了，如果可以对较低层次的代码编写测试，那么我们就应该这么做。

现在的问题是，我们要设置浏览器提供的window对象的location属性，设置完成后，它会向该页面发送请求。我们关心的是如何对其进行自动化测试，并且要在较低的层次上进行。

事实上，我们并不需要真实地对此进行测试。我们的目的不是测试浏览器是否对一组位置数据作出了响应，而是验证setLocation函数正确设置了一个window对象的location属性。没错，是"一个"window对象，而不是"特定"的window对象。我们稍后会讨论这是什么意思。可以将页面跳转的全部行为的测试分为3个部分。

(1) 如果设置了window.location，那么浏览器就会跳转到指定的URL。如果对新的浏览器或者一个浏览器的新版本存有疑问，那么我们可以单独为其编写测试来加以验证。

（2）如果一个window对象传递给了setLocation函数，那么我们可以测试该函数将location属性设置给了这个给定的window对象。JavaScript并不关心你给它什么对象，你可以给对象设置任何属性。因此，不使用真正的window对象也可以测试这一点。

（3）我们可以单独测试"特定的"、正确的window对象从调用setLocation函数的地方传递给了该函数。

跳过第一点，因为我们相信浏览器已经都得到了充分的测试。我们马上对第二点进行测试。至于第三点，我们准备放到设计onSuccess函数时再讨论。

要想为setLocation编写测试，我们需要一个window对象，但不需要是真正的window对象，事实上就不应该是。window对象的location属性是以一种很特殊的方式实现的，为它编写非UI层的自动化测试几乎是不可能的。为了避免这个问题，我们将使用一个测试替身。

测试中用来代替依赖的测试替身有几种不同的类型：fake、stub、mock和spy。我们先花点时间了解一下这些类型，以及它们之间的区别。

这4种测试替身都用来代替依赖，在测试期间，被测代码会与其中一种替身进行交互，而不是与真实的依赖进行交互。

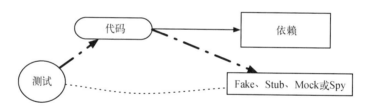

Martin Fowler在他的博文"Mocks Aren't Stubs"[①]中清楚地阐述了每种测试替身的用途。

□ fake：适用于测试但不能用于生产环境的实现。例如，在测试时，要与真实的信用卡服务进行交互是不切实际的，因为没有人愿意在每次运行测试时都被扣费。在测试中以一个假的服务来代替，你就能快速得知代码与该服务交互的结果，确定是否正确处理了成功和失败的情况。信用卡处理服务提供了两个服务，真的用于生产环境，假的用于测试。

□ stub：它并不是真正的实现，但被调用时可以快速返回预设数据。它能用来验证依赖（stub）返回（预设的）结果后代码的行为。另外，它也能用于验证被测代码是否正确更新了依赖对象的状态。为一个依赖创建一个大规模的stub并不是一个好的选择。在需要的地方定制stub以便让测试可以通过，不要在每个测试中都创建小的stub。

□ mock：与stub类似，mock也可以返回预设数据。但它对交互进行跟踪，如调用的次数、调用的顺序。mock可以测试交互，帮助验证被测代码和依赖之间的交互。

———————————
① http://martinfowler.com/articles/mocksArentStubs.html

❑ spy：与其他3种不同，spy可以代理真实的依赖。在硬编码或者选中部分进行模拟的同时，spy还可以与真实的服务进行交互。当在测试期间与真实的服务交互，而我们又想对交互进行验证或者对选择的部分进行模拟时，spy是很有用的。

根据碰到的依赖，你会用到这4种测试替身中的一种。stub可用于验证状态，mock可用于验证行为。换句话说，如果你想要检查被测代码是否为它的依赖对象设置了正确的状态，那么就可以使用stub。如果你想要验证被测代码是否以正确的顺序对它的依赖对象调用了正确的方法，那么就可以使用mock。

在本章剩余部分中处理依赖问题时，我们会使用到stub、mock，偶尔也会用到spy。我们已经知道测试替身是什么，也知道了它们的用处，现在可以运用它们为setLocation函数编写自动化测试了。

4.5　依赖注入

依赖注入是用测试替身代替依赖的一种流行、通用的技术。不是被测代码请求依赖，而是依赖被注入，我们这个行业喜欢新奇的单词，**依赖注入**的意思就是依赖在调用时作为参数传递。我们以setLocation函数为例学习一下这个技术。

我们之前讨论过，setLocation函数应该给一个window对象的location属性设值。如果为window对象注入（即传递）一个stub，那么原本很复杂的测试就会变得比较简单了。现在我们就为setLocation编写一个这样测试。

打开工作空间中的locateme项目中的test/setlocation-test.js文件。我们在这个文件中添加一个名为setLocation test的新测试套件，顾名思义，这个测试套件只关注setLocation函数的测试。我们在这个新的测试套件中编写一个新的测试。

```
tackle/locateme/test/setlocation-test.js
describe('setLocation test', function() {
  it('should set the URL into location of window', function() {
    var windowStub = {};
    var url = 'http://example.com';
    setLocation(windowStub, url);

    expect(windowStub.location).to.be.eql(url);
  });
});
```

这个测试先创建了一个空的JSON对象，并将其赋给windowStub变量。接着它调用了被测代码setLocation函数，并传递了两个参数：之前定义的stub和一个URL。最后，该测试断言这个stub的location属性设置正确。

代替依赖对象的windowStub是个stub，而不是mock，这是因为测试想要知道调用被测函数后这个依赖对象的状态。

　　现在是时候编写必要的代码让这个测试通过了。打开src/locateme.js文件，在之前编写的createURL函数后面实现setLocation函数：

tackle/locateme/src/locateme.js

```
var setLocation = function(window, url) {
  window.location = url;
};
```

　　setLocation函数不仅简单，而且对其他细节一无所知。它真诚地认为"特定"的window对象传给了自己，然后忠实地将给定的url参数赋值给了这个window对象的location属性。它完全不知道这个url是假的，只用于测试，而它接收到的window对象则是一个stub，而不是真正的window对象。让我们擦干泪水，所有这些把戏都是为了大局，如果setLocation得知我们的意图，它也会理解并且支持我们的。

　　这个示例很好地向我们展示了将依赖外部化所带来的好处。在生产环境中，可以向目标函数传递真正的函数或对象以供它使用；在测试环境中，可以提供测试替身，这就是**依赖注入**实战。

为便于测试，注入依赖

深层依赖很难因为测试的目的而被替代。考虑将需要的函数或对象作为参数传递，而不是直接创建一个依赖对象或从全局引用获取。

4.6　交互测试

　　我们已经对createURL和setLocation函数进行了测试和实现。模块化设计图上还有3个函数需要测试和实现。选择locate函数作为下一个目标，因为我们将通过它来探讨一个至此还没接触过的技术，即交互测试。

　　我们目前所编写的测试都是经验测试（empirical test）。调用同步函数或异步函数，然后验证它是否返回预期值。但涉及依赖时，通常很难预测结果。例如，如果代码依赖一个返回芝加哥当前气温的服务，那么很难为它编写经验测试。交互测试更适合有依赖的代码。

　　函数的测试关注的是函数的行为，而不是该函数的依赖对象是否正确。你想知道的是，当函数的依赖对象成功执行时，函数的行为是怎样的，以及当依赖对象执行失败时，函数是否优雅地对此进行了处理。因此，代码真的无须在测试的过程中访问真正的依赖对象。就验证被测函数的行为来说，检查代码能够以正确的方式与依赖对象进行交互就足够了。

在经验测试和交互测试之间选择

如果结果是确定的、可预测的，而且很容易断定，那么就使用经验测试。

如果代码有很复杂的依赖关系，而且依赖让代码不确定、难以预测、脆弱或耗时，那么就使用交互测试。

我们将探讨为什么交互测试比经验测试更适合locate函数。我们的程序需要调用定位API的getCurrentPosition函数。之前的spike项目暴露出这个函数是异步的，需要花些时间来响应。不仅如此，响应还依赖于运行代码时我们的地理位置，以及服务响应当前位置的准确度。简而言之，我们无法准确地预测最终从getCurrentPosition函数获得的结果。因为不能依赖这个结果，所以采用经验测试就毫无意义了。

出于模块化的考虑，我们让locate函数调用getCurrentPosition，并注册onSuccess和onError这两个回调函数。我们的目的不是验证getCurrentPosition最终返回了正确的位置，我们并不是要测试getCurrentPosition函数。我们的关注点是测试locate函数的行为。该函数的职责是调用getCurrentPosition，并注册两个回调函数，这才是我们要测试的，其实也就是locate函数和getCurrentPosition函数的交互。

打开当前项目中的test/locate-test.js文件，添加一个新的测试套件和测试。

tackle/locateme/test/locate-test.js

```
describe('locate test', function() {
  it('should register handlers with getCurrentPosition', function(done) {

    var original = navigator.geolocation.getCurrentPosition;

    navigator.geolocation.getCurrentPosition = function(success, error) {
      expect(success).to.be.eql(onSuccess);
      expect(error).to.be.eql(onError);
      done();
    }

    locate();
    navigator.geolocation.getCurrentPosition = original;
  });
});
```

我们想要验证locate函数调用了getCurrentPosition函数，但不能在测试中让locate调用真正的定位函数，这样的测试会很耗时、无法预测，而且不确定。我们需要用测试替身stub或mock来代替getCurrentPosition函数。因为我们感兴趣的是locate函数是否调用了它的依赖函数，所以应该用mock而不是stub。

我们在测试setLocation函数时注入了依赖。这里也可以这么做，但是没这个必要。locate函数从window对象的navigator对象的geolocation属性得到getCurrentPosition函数。与

window对象的location属性不同，navigator的属性更容易模拟。我们在这个测试中就是这么做的。我们复制了原始的getCurrentPosition函数，然后用模拟的函数代替了它。最后，我们又用原本的函数替换了geolocation中的函数。

在模拟函数中检查传入的两个参数是否是对onSuccess和onError函数的引用。这两个函数以及locate函数目前还不存在，但我们很快就会编写它们。断言（即对expect的调用）是在模拟函数中的。如果locate函数没有调用getCurrentPosition，那么模拟函数中的断言永远不会执行。这种情况应该会导致测试失败。调用done()就是出于这个目的。如果locate调用了getCurrentPosition函数，并传递了预期的回调函数，那么测试就会通过。如果没有传递正确的参数，那么其中一个断言就会失败。如果locate没有调用getCurrentPosition，那么测试就会超时，因为done函数在这种情况下不会被调用，也就无法通知测试结束了。

是时候实现locate函数了，但该实现需要使用到onSuccess和onError函数，目前我们可以为这两个函数提供空实现。打开src/locateme.js文件，在之前的setLocation函数后面添加以下代码：

tackle/locateme/src/locateme.js
```
var locate = function() {
  navigator.geolocation.getCurrentPosition(onSuccess, onError);
};
var onError = function() {}
var onSuccess = function() {}
```

locate函数相当直观，它调用getCurrentPosition函数，然后传递测试期待的两个回调函数。我们为两个事件处理器函数提供了空实现作为临时的占位符。

我们看到了如何测试locate与其依赖之间的交互，而不是让locate函数调用真正的getCurrentPosition函数并检查返回的结果。这种方法的好处就是可以让测试变得快速，而且可预测。此外，我们不用处理是否允许浏览器获取用户位置的问题。

但还有一件不甚完美的事情，即开始测试时使用了一个模拟函数代替真正的函数，但最后又替换回来。这么做不但冗余，而且容易出错。接下来我们就要看看非常流行的mock框架Sinon是如何完美地解决这个问题的。

4.7　使用 Sinon 清理测试代码

为locate函数编写自动化测试的关键就是用一个测试替身来代替依赖。在test/locate-test.js的测试代码中，我们编写了一个mock，然后手动对getCurrentPosition函数进行了替换和还原。这种方式很快就会变得繁重、枯燥，而且让测试代码冗长且容易出错。

好的测试替身框架可以显著缓解这种痛苦。Sinon就是这么一种工具，它可以用于任何JavaScript测试工具。它简洁、快速，而且强大。在后面章节中对Node.js、Express和jQuery进行自动化测试时，你将看到这个工具是如何大放光彩的。现在我们使用Sinon来取代之前手动编写的测试替身。

4.7.1 安装 Sinon

Sinon是对目前使用的Karma、Mocha和Chai这一工具链的补充。Sinon提供了一些函数来创建不同类型的测试替身。此外，Sinon-Chai模块使得原本就很快速的Chai库得以用更直观的方式来验证测试替身的调用。

小乔爱问：

如何在Sinon测试替身和手写测试替身之间做选择？

在本书后面，你将看到有些示例使用 Sinon 来创建测试替身，而有些则直接手动编写。对于何时选择 Sinon，可以遵循以下几条建议。

- ❑ 手动创建测试替身很费劲。
- ❑ 设计和代码结构因为使用了测试替身而变得过于复杂。
- ❑ 使用 Sinon 能缩小测试规模。

简而言之，如果使用 Sinon 能带来真正的价值，那么就使用它。如果是很简单的情况，那么就毫不犹豫地编写自己的测试替身吧。

使用Sinon需要用到四个包：`sinon`、`sinon-chai`、`karma-sinon`和`karma-sinon-chai`。因为项目中的package.json已经在devdependencies节点中包含了这些包，所以当你执行npm install命令时，它们就已经安装到你的项目中了。

除了要安装这些包，我们还要告诉Karma使用它们。同样，当前项目中的karma.conf.js已经将这些都设置好了。打开karma.conf.js文件，注意以下这句告诉Karma要加载哪些插件的配置：

```
frameworks: ['mocha', 'chai', 'sinon', 'sinon-chai'],
```

4.7.2 初探 Sinon

Sinon可以让测试替身的创建非常简洁而快速。而且，如果我们选择用测试替身代替已有的函数，那么Sinon的`sandbox`可以简化恢复原函数的过程。

我们将通过一些代码片段来了解如何使用Sinon创建测试替身。

虽然可以使用`sinon`对象直接创建测试替身，但最好还是使用sandbox，因为后者可以保证对已有对象的所有修改都能恢复，这样可以确保当前测试不会影响到其他测试，也就是说测试是互相独立的。

使用Sinon的第一步是创建sandbox，如下所示：

```
var sandbox;

beforeEach(function() {
  sandbox = sinon.sandbox.create();
});
```

接着立刻在afterEach函数中还原所有的原始对象，消除测试替身的影响。

```
afterEach(function() {
  sandbox.restore();
});
```

我们有一个为Sinon创建的沙盒环境，接着探讨一下spy、stub和mock的创建和使用。

用spy函数为一个现有的函数创建spy。

```
var aSpy = sandbox.spy(existingFunction);
```

接着使用以下语句验证该函数是否被调用。

```
expect(aSpy.called).to.be.true;
```

用这种方式可以轻松地测试被测函数是否使用了existingFunction。Sinon-Chai模块可以让语法更为简洁。

```
expect(aSpy).called;
```

要想验证函数是否以特定的参数（假设这个参数是magic）被调用，可以按照以下方式编写：

```
express(aSpy).to.have.been.calledWith('magic');
```

我们再来看一下stub。假设要用一个stub来代替对util.alias('Robert')的调用：

```
var aStub = sandbox.stub(util, 'alias')
                .withArgs('Robert')
                .returns('Bob');
```

这段代码会为传递了指定参数Robert的alias函数创建一个stub，然后向调用者返回returns函数中传入的值。

最后，为以上函数创建一个mock：

```
var aMock = sandbox.mock(util)
                .expects('alias')
                .withArgs('Robert');
```

为了检查被测函数与该mock代替的依赖是否进行了交互，编写如下代码：

```
aMock.verify();
```

如果没有进行交互,那么verify调用就会失败,然后终止测试。

通过以上这些代码段,我们仅仅对Sinon提供的功能有了大概的了解,你将在本书的剩余部分中看到很多使用Sinon的示例。有关Sinon提供的函数,参见Sinon文档[①]和Sinon-Chai文档[②]。

4.7.3　使用 Sinon 的 mock 测试交互

你已经对Sinon及其用法有了一定的了解,现在我们使用Sinon来测试locate函数。首先,我们需要在执行测试前创建Sinon的sandbox。此外,我们还要在测试完成后将所有mock或stub的函数恢复为原始状态。进行这两个操作的最佳位置就是在beforeEach和afterEach这两个“三明治”方法中。因为可能有多个测试套件会用到这两个函数,所以我们不将它们放在某个特定的测试套件中,而是在一个独立于所有测试套件的外部文件中编写。这样当前项目中的所有测试套件就都可以使用它们了。

我们将上述两个操作写在一个名为sinon-setup.js的文件中。打开在locateme项目中预创建的空文件,添加以下与Sinon相关的代码:

```
tackle/locateme/test/sinon-setup.js
var sandbox;

beforeEach(function() {
  sandbox = sinon.sandbox.create();
});

afterEach(function() {
  sandbox.restore();
});
```

sandbox变量保存了Sinon沙盒对象的引用,可以通过这个变量在测试中获取stub、mock和spy。beforeEach函数会在每个测试执行前迅速创建并准备好一个沙盒。afterEach函数会撤销在测试中通过沙盒为依赖创建的stub或mock。

我们先回顾一下在test/locate-test.js文件中编写的locate函数:

```
tackle/locateme/test/locate-test.js
describe('locate test', function() {
  it('should register handlers with getCurrentPosition', function(done) {

    var original = navigator.geolocation.getCurrentPosition;

    navigator.geolocation.getCurrentPosition = function(success, error) {
      expect(success).to.be.eql(onSuccess);
      expect(error).to.be.eql(onError);
      done();
```

---

① http://sinonjs.org/docs/
② https://github.com/domenic/sinon-chai

```
    }
    locate();
    navigator.geolocation.getCurrentPosition = original;
  });
});
```

可以使用 Sinon 让这个测试更简洁、直观。我们可以删除测试代码中的第一行和最后一行，不再需要保存原始函数然后再进行恢复了，Sinon 会为我们做这项工作。我们可以用 Sinon 的 mock 函数来取代之前手动创建的模拟函数和其中的断言。在 test/locate-test.js 文件中修改之前编写的测试：

tackle/locateme/test/locate-test.js
```
describe('locate test', function() {
  it('should register handlers with getCurrentPosition', function() {
    var getCurrentPositionMock =
      sandbox.mock(navigator.geolocation)
            .expects('getCurrentPosition')
            .withArgs(onSuccess, onError);

    locate();

    getCurrentPositionMock.verify();
  });
});
```

mock 函数会用一个函数代替 geolocation 的 getCurrentPosition 函数，这个新函数将验证传递的参数是否与 withArgs 中指定的参数相符。在测试的最后，我们让 Sinon 创建的 mock 来验证是否按预期那样被调用了。

修改后的测试不仅简洁了不少，也更加直观了。更重要的是，因为不用手工对 mock 进行设置和恢复，所以这个版本更不容易出错。

4.7.4　使用 Sinon 的 stub 测试状态

在上一个测试中，我们探讨了 Sinon 中的 mock 的用法。现在我们来查看 Sinon 的 stub。记住，stub 用来测试状态，而 mock 更适合用来测试交互或行为。根据之前的设计图，我们还有两个函数要实现。接下来我们就通过 onError 函数来了解一下 Sinon 的 stub。

在 src/locateme.js 文件中，为了完成 locate 函数的实现，我们并没有真正地实现 onError 函数，因此它是个空函数。现在是时候以测试驱动开发的方式实现它了。

如果无法获取用户的当前位置，那么 getCurrentPosition 就会调用 onError 函数。其失败原因可能是用户不允许或者程序无法访问网络。在 spike 项目中，我们仅仅显示了消息 "unable to get your location"。但是良好的应用应该向用户提供足够相关而且有用的信息。事实上，在调用 onError 函数时，getCurrentPosition 函数会传递一个 PositionError 对象。这个对象包含了详细的错误信息，其中包含一条可读性很高的错误消息。我们来设计一下onError函数，让它在id为error的DOM元素上显示这条错误消息。

为了测试onError函数，我们需要传递PositionError的一个实例。但是onError函数只需要该对象中的message属性。不需要花工夫创建一个真正的PositionError实例，用一个有message属性的JSON对象来代替就足够了。向onError函数传递error对象后，该函数会请求id为error的DOM元素。因为在执行测试时并没有这么一个DOM元素，所以也需要模拟一个。

听起来很棒，我们这就为onError函数创建一个新的测试套件，并将其命名为onError test。该测试套件已经能够访问我们之前在test/sinon-setup.js文件中创建的Sinon对象了。在当前项目的test/onerror-test.js文件中输入以下代码。

tackle/locateme/test/onerror-test.js

```javascript
describe('onError test', function() {
  it('should set the error DOM element', function() {
    var domElement = {innerHTML: ''};
    sandbox.stub(document, 'getElementById')
           .withArgs('error')
           .returns(domElement);

    var message = "you're kidding";
    var positionError = { message: message };

    onError(positionError);
    expect(domElement.innerHTML).to.be.eql(message);
  });
});
```

domElement变量引用了一个简单的JSON对象，该对象代替了被测代码需要的DOM元素。getElementById函数的stub会检查该函数被调用时传入的id是否为error，如果确实如此，则将domElement返回给调用者。positionError是个轻量级的JSON对象，用于代替onError函数期望得到的PositionError实例。调用被测函数后，该测试就会对domElement这个JSON对象的状态进行断言，确认该对象中包含的错误消息就是传给onError函数的消息。

onError函数的实现非常简单。打开src/locateme.js文件，修改onError函数让以上测试通过。

tackle/locateme/src/locateme.js

```javascript
var onError = function(error) {
  document.getElementById('error').innerHTML = error.message;
};
```

这个函数从传入的参数中获取message属性，然后将值赋给id为error的DOM元素的innerHTML属性，该元素是通过document对象的getElementById函数获得的。

至此，我们已经探讨了Sinon的mock和stub。接下来将通过一个示例探讨Sinon的spy。

4.7.5   使用 Sinon 的 spy 拦截调用

在测试locate函数时，我们为getCurrentPosition函数创建了mock，这非常合理，因为在测试中调用真正的getCurrentPosition不太现实，而且我们想测试的是交互。在测试onError函数时，我们为getElementById函数创建了stub，因为我们希望该对象维持状态，而且渴望验证函数对它的依赖对象设置了什么值。有时依赖是良性的，被测代码调用它是完全可行的，但我们仍然只想测试交互。在这种情况下，使用mock固然可以，但使用spy更合适，因为它更容易。我们将对此进行进一步的探讨，并通过为最后的onSuccess函数编写测试来了解一下spy。

onSuccess函数会被getCurrentPosition函数调用，返回用户位置的详细数据。onSuccess函数的职责是从传入的position参数中获取经度和纬度，然后调用createURL函数获取URL，最后调用setLocation设置window对象的location属性。从中我们可以得知，onSuccess的主要工作就是与其他两个函数进行交互，所以对这个函数进行的测试应该是交互测试。可以用spy而不是mock来实现。我们来看看具体怎么操作。

打开test/onsuccess-test.js文件，加入一个新的测试套件，以及对onSuccess的第一个测试：

tackle/locateme/test/onsuccess-test.js
```
describe('onSuccess test', function() {
  it('should call createURL with latitude and longitude', function() {
    var createURLSpy = sandbox.spy(window, 'createURL');

    var position = { coords: { latitude: 40.41, longitude: -105.55 }};

    onSuccess(position);

    expect(createURLSpy).to.have.been.calledWith(40.41, -105.55);
  });
});
```

在这个测试中，我们首先为createURL函数创建了一个spy。这个spy只拦截和记录传给真正函数的参数。它不会阻塞或者绕过该调用。真正的函数仍然会执行，这对本示例而言很好。在测试的最后，我们验证被测函数是否将两个预期的参数值传递给了已经被spy替代了的依赖函数。

另外，我们在这个测试中将一个局部变量position传给了被测函数。position是一个带有coords属性的JSON对象，该属性包含latitude和longitude两个字段。之所以使用这种嵌套格式的数据，是因为定位API传递的真正的Position对象就是这样的格式：

```
▼ Geoposition
  ▼ coords: Coordinates
      accuracy: 65
      altitude: 118.00774383544922
      altitudeAccuracy: 10
      heading: null
      latitude: 35.89259034437128
      longitude: -78.84664329787185
      speed: null
    ▶ __proto__: CoordinatesPrototype
    timestamp: 1440203820558
  ▶ __proto__: GeopositionPrototype
```

　　在测试中，因为只需要被测函数所关心的数据，所以我们为position提供了最少的数据，但必须符合格式要求。

　　现在，我们编写最少的代码让这个测试通过。打开src/locateme.js文件，修改其中的空函数onSuccess：

tackle/locateme/src/locateme.js
```
var onSuccess = function(position) {
  var latitude = position.coords.latitude;
  var longitude = position.coords.longitude;

  createURL(latitude, longitude);
}
```

　　该函数从传入的position参数中取出latitude和longitude，然后将它们传递给createURL函数。这些代码是让上述测试可以通过的最少代码了。但是它还需要获取createURL的结果并传给setLocation函数。我们将为此编写一个测试。

　　onSuccess函数应该接收createURL返回的任何数据，并将该数据传给setLocation函数。因此，在当前这种情况下，createURL到底返回了什么并不重要。忽略了这一点后，我们就不用关心URL的格式了。相反，我们可以简单地让createURL函数作为stub返回一个预设的URL，这个测试中不需要调用真正的createURL函数。下面在test/onsuccess-test.js文件中添加另一个测试：

tackle/locateme/test/onsuccess-test.js
```
it('should call setLocation with URL returned by createURL', function() {
  var url = 'http://www.example.com';

  sandbox.stub(window, 'createURL')
         .returns(url);

  var setLocationSpy = sandbox.spy(window, 'setLocation');

  var position = { coords: { latitude: 40.41, longitude: -105.55 }};
  onSuccess(position);

  expect(setLocationSpy).to.have.been.calledWith(window, url);
});
```

　　在该测试中，我们首先创建了一个url，然后让createURL的stub在被调用时返回该url。然后我们为setLocation函数创建了一个spy，再次强调，即使真正的setLocation被调用了也没有关系。接着用与上一个测试相同的position作为参数调用onSuccess函数。最后，验证该spy是否以正确的参数被调用。

　　为了让这个测试和之前的测试可以通过，我们需要修改src/locateme.js中的onSuccess函数。

tackle/locateme/src/locateme.js
```
var onSuccess = function(position) {
  var latitude = position.coords.latitude;
  var longitude = position.coords.longitude;

  var url = createURL(latitude, longitude);
  setLocation(window, url);
};
```

保存文件，确认Karma报告测试通过。

此时，Karma应该报告我们目前编写的9个测试都通过了。

```
.........
Chrome 49.0.2623 (Mac OS X 10.10.5):
  Executed 9 of 9 SUCCESS (0.035 secs / 0.016 secs)
```

至此，我们已经做了很多事情，通过自动化测试进行了增量开发。接下来我们花几分钟回顾一下。

4.8　回顾与继续

这趟旅程源自想要为包含依赖的函数编写自动化测试。最终，不仅测试得以快速通过，而且比起spike项目，最后的设计也相当不错。现在我们花几分钟回顾一下编写的测试。

❑ test/create-url-test.js：我们从createURL函数开始编写测试，避免了处理任何依赖。

❑ test/setlocation-test.js：我们在这个文件中为setLocation函数编写了测试。因为该函数需要与window对象进行交互，所以我们用一个带有location属性的轻量级JSON对象模拟了window对象。

❑ test/sinon-setup.js：该文件用于创建和撤销Sinon的沙盒。

❑ test/locate-test.js：在这个文件中，我们编写了一个交互测试，以验证locate函数用正确的回调函数作为参数，调用了getCurrentPosition函数。我们先手动创建了一个mock，然后用Sinon的mock让测试代码更为简洁直观。

❑ test/onerror-test.js：对onError的测试让我们了解了用stub而非mock的场景。我们使用Sinon创建了这个stub。

❑ test/onsuccess-test.js：最后，通过对onSuccess的测试，我们了解了何时以及为何要使用spy而非mock。

这个示例相对比较容易，但包含了对DOM和定位API的复杂依赖。通过这个示例，我们了解了mock、stub和spy的用法。最终，我们不仅编写了自动化测试，还实现了高内聚、模块化和可读性高的代码。

我们再来快速查看一下之前创建的spike。如果你不想再看到这段代码，那也是无可厚非的。

tackle/spike/src/locateme.js
```
//这是一个创建于原型期间的蛮力示例
var locate = function() {
  navigator.geolocation.getCurrentPosition(
    function(position) {
      var latitude = position.coords.latitude;
      var longitude = position.coords.longitude;

      var url = 'http://maps.google.com/?q=' + latitude + ',' + longitude;
      window.location = url;
    },
    function() {
      document.getElementById('error').innerHTML =
        'unable to get your location';
    });
};
```

不要对这段代码过于苛刻，它让我们对需要处理的问题有所了解。这样的spike代码是完全没有问题的。但如果生产代码是这样的，那就真的令人沮丧了，问题是很多项目确实都是这样的。

现在查看一下对同样的问题自动化测试后编写的代码：

tackle/locateme/src/locateme.js
```
var createURL = function(latitude, longitude) {
  if (latitude && longitude)
    return 'http://maps.google.com?q=' + latitude + ',' + longitude;
  return '';
};

var setLocation = function(window, url) {
  window.location = url;
};

var locate = function() {
 navigator.geolocation.getCurrentPosition(onSuccess, onError);
};

var onError = function(error) {
  document.getElementById('error').innerHTML = error.message;
};

var onSuccess = function(position) {
  var latitude = position.coords.latitude;
  var longitude = position.coords.longitude;

  var url = createURL(latitude, longitude);
  setLocation(window, url);
};
```

这几个函数大部分都只有一行。所有的函数都很简短，而且只关注一件事。如果你还想对这段代码赞美一番，请随意发挥。

测试和设计永远是好朋友

自动化测试有助于创造良好的设计，良好的设计让代码更易于测试。设计"邀请"了自动化测试。

自动化测试带来了模块化、高内聚、松耦合和更清晰的设计。具有这些特征的设计使得编写自动化的测试成为可能。

测试通过了，但你可能会质疑被测代码是否真的能正常运行。你可能在心里说，"我相信，但这需要证明"。这么想说明你很敏锐。本书后面会讨论UI层测试。现在就先手动运行代码，这么做的目的与其说是验证，不如说是确认成功。当前locateme项目中的index.html文件与spike项目中的index.html文件完全相同，为了便于参考，以下附上它的代码：

---

tackle/locateme/index.html

```
<!DOCTYPE html>
<html>
  <head>
    <title>Locate Me</title>
  </head>
  <body>
    <button onclick="locate();">Locate Me</button>
    <div id="error"></div>
    <script src="src/locateme.js"></script>
  </body>
</html>
```

在locateme目录下，执行以下命令：

```
npm start
```

启动Web服务器：

```
> http-server -a localhost -p 8080 -c1

Starting up http-server, serving ./
Available on:
  http://localhost:8080
Hit CTRL-C to stop the server
```

如果你的系统支持右击显示终端或控制台窗口中的URL，那么利用这个功能在浏览器中打开该URL。否则就打开浏览器，输入http//localhost:8080以显示index.html（见下图）。

点击Locate Me按钮，允许浏览器访问位置，然后看着页面跳转到谷歌地图：

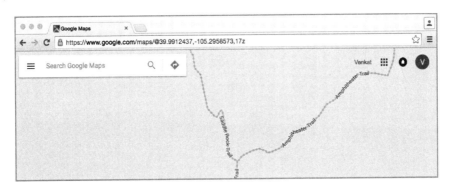

现在，关掉WiFi、拔掉网线，或者停掉你的拨号调制解调器（开个玩笑），再次访问http//localhost:8080，点击按钮后你会看到以下消息：

看到程序运行起来是很让人满足的。那么看到经过良好测试的、具有高质量代码的程序运行起来呢？会让人非常兴奋！

4.9　小结

我们在本章中处理了一些颇有难度的问题。依赖可以让测试变得相当困难。你学习了如何尽可能地分离依赖，将函数拆分为单纯处理运算，从而让函数更易测试。

在处理复杂的依赖时，首先要进行解耦，将依赖注入被测函数。然后在测试运行期间用测试替身代替依赖。通过为包含依赖的问题编写自动化测试，你学习了spy、stub和mock的用法。此外，你还学习了如何使用Sinon，以及相较于手动编写测试替身，使用Sinon带来的好处。

本书后面部分会使用到本章所学的技术，你也可以将它们运用在自己的项目中。在这个部分中，我们已经涉及了一些非常重要的基础知识，我们将在下一部分中进一步学习服务器端代码的测试。

Part 2

第二部分

真实的自动化测试

在这一部分中，我们将通过实际的示例，将第一部分中涉及的内容全部结合起来。你将学习测试驱动开发用 Node.js、Express、jQuery 和 AngularJS 编写的应用。大部分情况下，你无须启动 Web 服务器或者浏览器，这意味着快速而确定的反馈循环。

我们将探讨如何测试与数据库交互的模型、处理 URL 的路由、操作 DOM 的代码，以及用作 AngularJS 控制器的函数。我们还将编写端到端的集成测试，从 UI、控制器、路由、模型，直至数据库。

最后，我们将对测试驱动设计以及不同层次的测试进行讨论。

第 5 章

Node.js测试驱动开发 5

在第一部分中，我们探讨了编写自动化测试、验证异步函数行为，以及处理依赖的各种技术。现在我们要将它们结合起来，从头开始用测试驱动设计的方式实现一个完整的Node.js应用。

Node.js已经成为一个非常流行的服务器端JavaScript运行环境。它是一个非常强大的环境，而且用它编程十分有趣。但是，如何断定代码是否在各种情况下都能正常执行呢？这些情况包括需要各种输入、拥有不同的边界条件、出现网络故障或文件缺失等。你阅读本书的目的不是为了手动运行应用，然后一次次尝试不同的场景。通过利用测试来驱动设计，本章将一步步指导你创建一个实用的、功能完整的Node.js应用。

我们将创建一个输出多支股票价格的应用。构建这个应用分两个阶段：第一阶段构建一个单机应用；第二阶段对其进行扩展，提供网络功能。该应用从一个文件中读取股票代码列表，然后从雅虎财经获取每支股票的最新价格，最后将价格排序输出。该应用还将优雅地处理文件操作和网络访问可能导致的错误。

通过测试驱动开发一个完善的应用，你就能将所学到的这些技术用在自己的项目中。

5.1 从策略设计开始——适度即可

在昔日的瀑布流开发中，我们会进行大量的前期设计，并尝试在开始编程前就确定大量细节，但结果并不理想。如今是敏捷开发的天下了，但这是否就意味着不需要设计了呢？很遗憾，有些开发人员就是这么认为的，但事实并非如此。大量前期设计和基本不设计这两种极端都很危险、低效。

最好从策略设计（strategic design）开始，策略设计是高层次的设计，可以帮助我们只通过有限的细节来评估所要处理的整个问题，并让我们能够把握整体。这些细节并非一成不变。策略设计能让我们对复杂度有所了解，帮助我们找到详细设计中的重要部分，并指出编程的方向。

通过一些简短的策略设计步骤，我们就能得到更为详细的、战略性的设计，这种设计是融合在代码中的，需要我们在编写代码的同时不断思考。为此我们需要花费大量的时间和精力。在改进代码的过程中，测试将引导我们不断剖析设计细节。

现在我们开始为上述的股票应用进行策略设计。先概括程序的整体逻辑，或者说流程：读取一个文件，假设文件名为tickers.txt；获取每支股票的价格；最后输出结果。此外，程序还应该优雅地处理错误。我们用下图来表示这些细节。

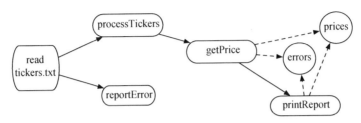

在上图中，实线表示函数调用，虚线表示更新变量的操作。该程序中的大部分操作都是异步的，整个流程形成了完美的函数管道，或者说函数链。read函数读取tickets.txt文件，并将读取文件时发生的错误传递给reportError函数。reportError函数输出详细的错误信息，然后退出程序。如果可以成功读取文件，那么read函数则向processTickers函数传递一个包含股票代码的列表。processTickers函数遍历该列表，并对每个股票代码调用getPrice函数。getPrice函数从Web服务器上获取股票价格，并将其存到prices集合中。如果获取数据时发生错误，则将详细的错误消息存放在errors集合中。处理完所有股票后，getPrice函数就会给printReport函数发出通知。一旦所有数据准备完毕，printReport函数就会输出股票价格或者错误信息。

策略设计已经完成，现在可以思考下一步了。一旦通过自动化测试和应用的运行得到有价值的反馈，我们就应该开始编写代码。在这个阶段的设计中，我们得到了5个函数。我们来粗略地为这些函数设计一些高层次的测试。

5.2 深入战略设计——测试优先

有了以上的初步设计，我们就能进入战略设计（tactical design）阶段了，也就是进行更细致的设计决策，并实现代码。我们将策略设计作为出发点，选取几个函数进行测试驱动设计。我们还将编写正向测试、反向测试和异常测试，并在该过程中逐渐细化设计。在编写函数的过程中，你将看到这个程序的设计和代码逐渐成形，一次一段代码。

首先我们列出测试。

5.2.1 创建初始测试列表

将想到的测试写在一张纸上，暂时无须担心是否正确：

❏ 如果文件有效，read函数调用processTickers函数
❏ 如果文件无效，read函数调用错误处理器
❏ processTickers为每支股票调用getPrice函数

❑ getPrice调用Web服务
❑ 如果Web服务响应成功，getPrice更新prices集合
❑ 如果Web服务响应失败，getPrice更新errors集合
❑ getPrice在最后调用printReport函数
❑ printReport对结果进行排序后输出

这些是一开始能想到的测试。当开始进行详细设计和代码实现时，会对它们进行修改。在编程的过程中，我们会不断想到一些新的测试，并将它们添加到测试列表中。当产生有关设计的新想法时（肯定会有的），将它们作为新测试添加到列表中。每完成一个测试，就给它标上记号。

从测试列表着手，但无须在这方面花费过多时间。写下能想到的那些测试后，就可以开始动手编写第一个测试了。不用遵循列表中的顺序，你可以挑自己满意的，同时既有趣又有用的。

5.2.2 编写第一个测试

我们将使用工作空间中的tdjsa/testnode目录下的stockfetch项目。切换到tdjsa/testnode/stock-fetch目录，打开其中的package.json文件，查看需要用到哪些模块。我们在这个项目中需要使用Mocha、Chai、Istanbul和Sinon。执行npm install命令，为项目安装这些工具。

现在我们开始编写第一个测试。先为printReport或者reportError编写测试并没有多大意义；read、processTickers或者getPrice函数更有意思，也更加重要。我们可以从中选择一个。这里我们选择read函数作为第一个要测试的对象，因为它在列表的第一行，而且从逻辑上考虑，它也是一个很好的起点。

我们决定从read函数开始，测试列表中的前两个测试看起来都很不错，但我们仍然需要从中选择一个。我们从第二个开始，即读取一个不存在的文件。

像之前那样，在编写测试前，我们还是在新项目中先编写一个传统的金丝雀测试。打开tdjsa/testnode/stockfetch/test目录下的stockfetch-test.js文件，输入以下代码：

```
testnode/stockfetch/test/stockfetch-test.js
var expect = require('chai').expect;

describe('Stockfetch tests', function() {
  it('should pass this canary test', function() {
    expect(true).to.be.true;
  });
});
```

执行npm test命令，确保该金丝雀测试可以通过，并确认该项目的整个环境准备好了。

现在我们对这个测试套件进行补充，加上对Sinon沙盒的创建和撤销。

testnode/stockfetch/test/stockfetch-test.js

```javascript
var expect = require('chai').expect;
var sinon = require('sinon');
var fs = require('fs');
var Stockfetch = require('../src/stockfetch');

describe('Stockfetch tests', function() {

  var stockfetch;
  var sandbox;

  beforeEach(function() {
    stockfetch = new Stockfetch();
    sandbox = sinon.sandbox.create();
  });

  afterEach(function() {
    sandbox.restore();
  });

  it('should pass this canary test', function() {
    expect(true).to.be.true;
  });
});
```

我们通过require引入了Sinon，以便轻松编写stub和mock。然后，在beforeEach函数中创建sandbox，在afterEach函数中还原或者说撤销stub或mock。

现在，我们为read函数编写测试，在"Stockfetch tests"测试套件中的金丝雀测试后面添加以下测试。

testnode/stockfetch/test/stockfetch-test.js

```javascript
it('read should invoke error handler for invalid file', function(done) {
  var onError = function(err) {
    expect(err).to.be.eql('Error reading file: InvalidFile');
    done();
  };

  sandbox.stub(fs, 'readFile', function(fileName, callback) {
    callback(new Error('failed'));
  });

  stockfetch.readTickersFile('InvalidFile', onError);
});
```

在编写这个测试时，我们进行了一些设计决策，其中包括异步、函数签名和函数名。在策略设计中，我们将该函数命名为read，但这里该函数有一个更为具体的名字：readTickersFile。

在对readTickersFile的第一个测试中，我们传入了一个无效的文件名和一个回调函数，并验证了该回调函数是否被调用。因为访问文件是异步操作，所以该测试必须等待回调函数执行完

成。我们可以在回调函数中调用done()来检查回调函数是否被执行。另外,我们还对
readTickersFile执行失败时的错误消息进行了验证。因为读取文件是很脆弱的操作,所以我们
不想依赖fs模块的readFile函数。因此,我们为readFile函数创建了一个stub,并向它的回调
函数传递了一个错误,表示接收到了一个无效文件。

测试已经编写完成,现在是时候实现readTickersFile函数了。在src目录下的空文件
stockfetch.js中编写以下代码:

```
var Stockfetch = function() {
  this.readTickersFile = function(filename, onError) {
    onError('Error reading file: ' + filename);
  };
};

module.exports = Stockfetch;
```

记住,第一批测试应该帮助我们梳理接口,后续测试应该帮助我们实现代码。因此,现在还
不用急着实现所有功能;我们只是想编写最少的代码让当前测试可以通过。因为这个程序要用到
一系列相关的函数,所以我们创建了Stockfetch类来包含它们。readTickersFile函数接收了
两个参数,但仅以同步的方式调用了其中的回调函数。尽管真正的实现会更复杂,但现在这些已
经足以让测试通过。接下来编写的测试会逐渐细化实现。

执行npm test命令以运行测试,输出如下所示:

```
Stockfetch tests

  ✓ should pass this canary test

  ✓ read should invoke error handler for invalid file

2 passing (9ms)
```

Mocha从test目录中找到测试文件,然后执行其中的测试套件。它报告金丝雀测试和
readTickersFile的反向测试都通过了。鼓掌!我们的应用在第一个测试的指引下活跃起来了。

5.2.3　编写一个正向测试

现在,我们编写第二个测试,以读取一个有效的文件并从中提取出股票代码。在思考这个测
试时,你可能会意识到,这个有效文件可能是空的或者包含的数据格式不正确。不要立刻将注意
力转移到这些问题上,先将它们写在测试列表中,这份列表会随着编程进程逐渐扩大,然后慢慢
缩小,但记住始终关注手头的测试。以下是更新后的测试列表,其中一个测试已经完成了,还有
两个测试是新添加的:

❏ ……
❏ ✓ 如果文件无效,read函数会调用错误处理器

- ❑ ……
- ❑ printReport对结果进行排序后输出
- ❑ ⇒ read函数处理空文件
- ❑ ⇒ read函数处理内容格式不符合预期的文件

现在回到我们准备编写的正向测试。思考readTickersFile函数在正常情况下的行为。如果接收到一个有效的文件，那么该函数应该读取该文件的内容，对其进行解析，然后将提取出来的股票代码列表传给函数链中的下一个函数：processTickers。

但回想一下单一职责原则。readTickersFile应该专注于一件事：读取文件。最好让readTickersFile委托另一个函数来完成解析工作，假设委托函数为parseTickers。因为我们现在还不想考虑解析的问题，所以先将它写在测试列表上：

- ❑ ……
- ❑ read函数处理内容格式不符合预期的文件
- ❑ ⇒ parseTickers接收一个字符串，返回一个股票列表

再次强调，还是将注意力放回手头的测试上，我们将根据当前的设计来实现测试。在stockfetch-test.js文件中编写该测试，将它添加在上述测试的后面：

testnode/stockfetch/test/stockfetch-test.js

```javascript
it('read should invoke processTickers for valid file', function(done) {
  var rawData = 'GOOG\nAAPL\nORCL\nMSFT';
  var parsedData = ['GOOG', 'AAPL', 'ORCL', 'MSFT'];

  sandbox.stub(stockfetch, 'parseTickers')
        .withArgs(rawData).returns(parsedData);

  sandbox.stub(stockfetch, 'processTickers', function(data) {
    expect(data).to.be.eql(parsedData);
    done();
  });

  sandbox.stub(fs, 'readFile', function(fileName, callback) {
    callback(null, rawData);
  });

  stockfetch.readTickersFile('tickers.txt');
});
```

现在的目标是实现readTickersFile函数，让它调用parseTickers和processTickers，但先不实现这两个函数。为了达到这个目的，我们在测试中为这两个函数创建了stub。

在这个测试中，我们为parseTickers和processTickers函数创建了stub。第一个stub是为特定的参数而创建的，该参数中的值就是我们传给readTickersFile函数的文件的内容。如果用这个值作为参数调用该stub，那么该stub就会返回一个解析后的包含股票代码的数组。第二个stub

是为processTickers函数创建的，我们断言该函数接收到的参数就是parseTickers的stub返回的数据。在该stub中，我们还调用了done()来通知异步回调执行完成。此外，我们还为readFile函数创建了与上一个测试类似的stub，但这次向它的回调函数传递的是rawData。最后，我们调用被测代码readTickersFile函数。因为这是个正向测试，不考虑失败的情况，所以不需要传递作为第二个参数的onError回调。

我们需要修改被测代码让该测试通过。现在我们编写最少的代码来确保这个新的测试和之前的反向测试都能通过。编辑stockfetch.js文件，如下所示：

```
var fs = require('fs');

var Stockfetch = function() {
  this.readTickersFile = function(filename, onError) {
    var self = this;

    var processResponse = function(err, data) {
      if(err)
        onError('Error reading file: ' + filename);
      else {
        var tickers = self.parseTickers(data.toString());
        self.processTickers(tickers);
      }
    };
    fs.readFile(filename, processResponse);
  };

  this.parseTickers = function() {};
  this.processTickers = function() {};
};

module.exports = Stockfetch;
```

我们对代码做了相当多的改进，以便新的测试可以通过。我们使用了fs模块的readFile函数，向它传递了一个文件名和一个作为回调的内部函数。如果该函数接收到错误，则调用onError回调；否则就将数据传递给尚未实现的parseTickers函数，我们已经在测试中为该函数创建了stub，在Stockfetch类中这还是个空函数。接着我们获取parseTickers的返回结果，并将其传递给尚未实现的processTickers函数。

因为我们现在关注的是readTickersFile函数的设计，所以不需要关心parseTickers和processTickers的实现。它们都还未在这段代码中实现，但测试已经为它们提供了必要的stub。一切都很完美。

我们不需要真正的tickers.txt文件，readFile函数的stub会假装读取了该文件，并返回预设值。运行测试并确认它们都通过了：

```
Stockfetch tests
```

　✓ should pass this canary test

　✓ read should invoke error handler for invalid file

　✓ read should invoke processTickers for valid file

3 passing (13ms)

这两个测试和之前的金丝雀测试都通过了。目前测试列表中还有九个测试。现在我们进行下一个测试。

5.3 继续设计

我们已经为readTickersFile函数提供了正向测试的代码实现，但在这一过程中，我们还在测试列表中添加了两个新的测试，处理文件可能为空或者文件内容格式错误的情况。接下来讨论这两个场景。

5.3.1 readTickersFile 的反向测试

在设计的这个阶段，readTickersFile函数调用parseTickers对文件内容进行解析，将其转换为一个包含股票代码的数组。如果文件为空，那么文件内容就是空的。在这种情况下，这个辅助函数应该返回一个空数组，我们将它写在测试列表中，确保在开始设计parseTickers函数时就可以处理这种情况。这引出的新问题是，如果内容不为空，而是一串空白字符呢？我们希望parseTickers在这种情况下也返回一个空数组。那么，空白字符的情况就不应该在readTickersFile中测试，而应该放在parseTickers中。修改测试列表，添加以下场景：

- ☐ ……
- ☐ parseTickers接收一个字符串，并返回一个股票列表
- ☐ ⇒ 如果文件内容为空，则parseTickers返回一个空数组
- ☐ ⇒ 如果文件内容只包含空白字符，则parseTickers返回一个空数组

我们回到readTickersFile函数的测试，为空文件的场景编写测试。因为已经为readFile函数创建了一个stub，所以不需要真的创建一个空文件。我们先在stockfetch-test.js文件中为该场景编写测试：

testnode/stockfetch/test/stockfetch-test.js
```
it('read should return error if given file is empty', function(done) {
  var onError = function(err) {
    expect(err).to.be.eql('File tickers.txt has invalid content');
    done();
  };

  sandbox.stub(stockfetch, 'parseTickers').withArgs('').returns([]);
```

```
sandbox.stub(fs, 'readFile', function(fileName, callback) {
  callback(null, '');
});

stockfetch.readTickersFile('tickers.txt', onError);
});
```

错误处理器验证readTickersFile是否发送了消息"invalid content"。当传递空数据给parse Tickers的stub时，它将返回一个空数组。创建完stub后调用被测函数。

测试可以对设计决策进行文档化。我们在这个测试中明确，如果parseTickers没有返回股票代码，那么readTickersFile就报告一个错误。修改stockfetch.js文件中的readTickersFile函数，以便该测试可以通过。

```
this.readTickersFile = function(filename, onError) {
  var self = this;

  var processResponse = function(err, data) {
    if(err)
      onError('Error reading file: ' + filename);
    else {
      var tickers = self.parseTickers(data.toString());
      if(tickers.length === 0)
        onError('File ' + filename + ' has invalid content');
      else
        self.processTickers(tickers);
    }
  };

  fs.readFile(filename, processResponse);
};
```

运行测试，确认至此编写的测试全部可以通过。

我们已经处理了文件为空的场景，但测试列表中还有一个有关文件内容的格式不正确的测试。如果要求parseTickers函数在这种场景下也返回一个空数组，那么readTickersFile函数目前的实现就已经足够了。不需要再为readTickersFile函数编写更多的测试了，但还需要为parseTickers添加一个测试。我们将它加入测试列表。

❑ ……
❑ ~~read函数处理内容格式不符合预期的文件~~
❑ parseTickers接收一个字符串，并返回一个股票列表
❑ 如果文件内容为空，则parseTickers返回一个空数组
❑ 如果文件内容只包含空白字符，则parseTickers返回一个空数组
❑ ⇒ parseTickers处理格式不符合预期的内容

测试列表中有关readTickersFile函数的所有测试都已经完成了，其中一个被删除了。现在

我们可以开始设计另一个函数了。readTickersFile依赖两个函数,我们在之前的测试中为这两个函数创建了stub。它们是很好的候选。

5.3.2 设计 parseTickers 函数

parseTickers不包含依赖,而且是个同步函数,因此验证它的行为非常简单。测试列表中有四个和它相关的测试,我们一个个地实现,然后在编写完测试后编写最少的代码让测试通过。完成后与以下代码进行比较。

```
testnode/stockfetch/test/stockfetch-test.js
it('parseTickers should return tickers', function() {
  expect(stockfetch.parseTickers("A\nB\nC")).to.be.eql(['A', 'B', 'C']);
});

it('parseTickers should return empty array for empty content', function() {
  expect(stockfetch.parseTickers("")).to.be.eql([]);
});

it('parseTickers should return empty array for white-space', function() {
  expect(stockfetch.parseTickers(" ")).to.be.eql([]);
});

it('parseTickers should ignore unexpected format in content', function() {
  var rawData = "AAPL \nBla h\nGOOG\n\n ";
  expect(stockfetch.parseTickers(rawData)).to.be.eql(['GOOG']);
});
```

第一个测试是正向测试,其余三个都是反向测试。该正向测试验证当接收到格式正确的字符串时,该函数会解析并返回股票代码。第二个测试验证入参为空时,函数返回空数组。第三个测试验证入参为一串空白字符时,函数返回空数组。

最后一个测试验证,当入参中的股票代码包含空格或空行时,函数会忽略它们。如果你想实现只要有一个股票代码的格式不正确就拒绝接收所有代码的话,可以修改测试和代码以符合你的需求。以下代码符合上述测试的需求,它是通过每一个测试增量开发的。

```
this.parseTickers = function(content) {
  var isInRightFormat = function(str) {
    return str.trim().length !== 0 && str.indexOf(' ') < 0;
  };
  return content.split('\n').filter(isInRightFormat);
};
```

这段代码取代了Stockfetch类中的parseTickers空实现。记得运行测试,确认所有测试都通过了。我们已经取得了不错的进展,接着设计下一个函数。

5.3.3　设计 processTickers 函数

在之前的设计中，我们让 readTickersFile 调用了 processTickers 函数，并向它传递股票代码的列表。而 processTickers 函数则为每一个股票代码调用 getPrice 函数。此外，还需要记录处理的股票代码数量以供后续使用。processTickers 函数不需要返回值，所以我们只需要用交互测试来验证该函数的行为。在 stockfetch-test.js 文件中添加以下测试：

```
testnode/stockfetch/test/stockfetch-test.js
it('processTickers should call getPrice for each ticker symbol', function() {
  var stockfetchMock = sandbox.mock(stockfetch);
  stockfetchMock.expects('getPrice').withArgs('A');
  stockfetchMock.expects('getPrice').withArgs('B');
  stockfetchMock.expects('getPrice').withArgs('C');

  stockfetch.processTickers(['A', 'B', 'C']);
  stockfetchMock.verify();
});

it('processTickers should save tickers count', function() {
  sandbox.stub(stockfetch, 'getPrice');

  stockfetch.processTickers(['A', 'B', 'C']);
  expect(stockfetch.tickersCount).to.be.eql(3);
});
```

在第一个测试中，我们为尚未实现的 getPrice 函数创建 mock，期望以 'A'、'B' 和 'C' 作为参数调用该函数。接着我们调用被测函数，验证 processTickers 函数是否如预期那样与 getPrice 进行交互。第二个测试检查 processTickers 是否将 tickersCount 设为作为参数传入的股票代码的个数。

processTickers 将会成为一个简单的循环。在 stockfetch.js 文件中编写该函数。

```
this.processTickers = function(tickers) {
  var self = this;
  self.tickersCount = tickers.length;
  tickers.forEach(function(ticker) { self.getPrice(ticker); });
};

this.tickersCount = 0;

this.getPrice = function() {}
```

除了实现 processTickers 函数，我们还定义了 tickersCount 属性，将它初始化为 0，并创建了 getPrice 空函数。

因为 readTickersFile 接收到股票代码后才会调用 processTickers，所以 processTickers 函数不需要反向测试。运行至此编写的所有测试，确认它们都可以通过。我们已经设计了三个函数，现在开始第四个。

5.4 创建 spike 以获得启发

下一个步骤是设计getPrice函数。该函数需要访问雅虎财经,以便为接收到的股票代码获取股票数据,然后对收到的数据进行解析以获取其价格,最后调用printReport函数。它还应该处理可能发生的错误。我们有大量工作要做,而且看起来涉及一些依赖。

这个函数非常复杂,恐怕大部分的程序员都无法一次完成,更别说先写测试了。我们需要改变方式。先创建一个spike,从中获得有关该函数的一些想法。

5.4.1 为 getPrice 创建 spike

思考一下getPrice函数的测试。这看起来是场苦战,因为要想弄清楚getPrice的完整实现是非常困难的。当实现不够明确时,**先写测试**是很困难的。当存有疑问时,应该在编写测试前先创建一个快速的、独立的spike。

我们可以通过spike获得很多有关实现的想法,比如,如何处理当前问题、如何解决依赖,以及所要测试的内容。

利用spike

通过创建spike进行学习,然后丢弃它,继续使用测试驱动开发。

为getPrice创建spike时,我们应该考虑3个不同的场景:对一个有效的股票代码的响应;对一个无效的股票代码的响应;网络连接丢失时的响应。我们将为该函数创建一个快速的、粗糙的、独立的spike,并将该spike保存在一个单独的目录下。

完成后,将你编写的代码与以下代码进行对照。

testnode/spike/getprice.js
```
//一个快速、粗糙的原型
var http = require('http');

var getPriceTrial = function(ticker) {
  http.get('http://ichart.finance.yahoo.com/table.csv?s=' + ticker,
    function(response) {
    if(response.statusCode === 200) {
      var data = '';
      var getChunk = function(chunk) { data += chunk; };
      response.on('data', getChunk);
      response.on('end', function() {
        console.log('received data for ' + ticker);
        console.log(data);
      });
```

```
    } else {
      console.log(ticker + ' - error getting data : ' + response.statusCode);
    }
  }).on('error', function(err) {
    console.log(ticker + ' - error getting data : ' + err.code);
  });
};
getPriceTrial('GOOG');
getPriceTrial('INVALID');
//断开网络后再尝试连接
```

虽然这个spike就是个"泥球"（就应该这样），但它达到了自己的目的，为我们提供了一些启发，并明确了一种可能的实现。这个spike帮助我们梳理了好几件事，其中包括如何处理响应，如何处理无效的股票代码，以及如何处理网络连接错误的情况。

5.4.2　设计 getPrice 函数

通过从上一个spike得到的启发，我们可以使用几个测试来替换测试列表中的一个测试，这几个测试包括对getPrice的3个测试，以及对处理器的两个测试：

- ❏ ~~getPrice调用Web服务~~
- ❏ getPrice用一个有效的URL作为参数调用http的get函数
- ❏ getPrice用一个响应处理器作为参数调用get函数
- ❏ getPrice为服务器访问失败的情况注册错误处理器
- ❏ 响应处理器收集数据，并更新价格集合
- ❏ 错误处理器更新错误集合

 小乔爱问：
我们不能采取简单的方式吗？

　　在为 getPrice 函数编写测试时，为什么不能只使用一个测试，而需要多个呢？毕竟现在的测试取决于函数的实现。如果我们决定改变实现方式，那么这些相关的测试也必须进行相应的修改，不是吗？

　　从长远来看，这种看似简单的方式并不真的那么简单。getPrice 依赖外部服务，我们无法预测这个外部服务会返回什么结果。此外，我们还必须处理无效的股票代码和连接失败的情况。这些详细的测试可以促使我们将 getPrice 与外部服务解耦，从而让代码更易于测试，而且更为健壮。在需要改变实现时修改测试的代价是非常小的，因为我们能确信代码始终在做正确的事。

getPrice的3个测试可以极大地让该函数模块化。我们编写这3个测试，然后再为该函数编写最少的代码，以便这些测试可以通过——依然遵循一次一个测试的原则。

我们从第一个测试开始，调用getPrice，验证是否以正确的URL调用了http的get函数。因为无法预测服务的实际返回结果，所以被测代码在测试时不应该直接与真实的服务进行交互。为了让测试更具确定性，应该使用一个测试替身代替真正的get函数。此外，我们应该编写一个交互测试。要想为http的get函数创建stub，我们需要使依赖外部化。一种方式是向getPrice传递http的一个实例作为参数。另一种方式是将http作为Stockfetch的属性，以便getPrice访问。第一种方式会加重getPrice调用者的负担，也就是已经完成设计的processTicker函数的负担。因此，我们采用第二种方式。在stockfetch.js中添加以下测试。

testnode/stockfetch/test/stockfetch-test.js

```
it('getPrice should call get on http with valid URL', function(done) {
  var httpStub = sandbox.stub(stockfetch.http, 'get', function(url) {
    expect(url)
      .to.be.eql('http://ichart.finance.yahoo.com/table.csv?s=GOOG');
    done();
    return {on: function() {} };
  });

  stockfetch.getPrice('GOOG');
});
```

因为http现在是Stockfetch的属性，所以很容易为该依赖创建stub。在http.get函数的stub中，我们验证getPrice用正确的URL调用了get函数。从spike中可以知道，get函数返回一个具有on属性的对象。因此，该stub返回一个JSON对象，该JSON对象只包含一个空的on函数。

现在我们实现getPrice函数，以便这个测试可以通过。在该函数中调用this.http.get，并向其传递正确的URL。编写更多测试后再来查看该函数的代码。一旦该测试通过，就继续下一个测试。

在编写下一个测试之前，需要先思考几件事情。注意getPrice的spike中传递给http.get的第二个参数。这个参数是一个匿名函数，接收从Web服务传来的数据，这是一项非常重要的工作。我们不想在测试和设计getPrice函数时就处理这个逻辑，我们需要模块化。

使用函数processResponse作为响应的处理器。getPrice需要注册该函数。我们为它编写如下测试。

testnode/stockfetch/test/stockfetch-test.js

```
it('getPrice should send a response handler to get', function(done) {
  var aHandler = function() {};

  sandbox.stub(stockfetch.processResponse, 'bind')
         .withArgs(stockfetch, 'GOOG')
         .returns(aHandler);
```

```
    var httpStub = sandbox.stub(stockfetch.http, 'get',
      function(url, handler) {
        expect(handler).to.be.eql(aHandler);
        done();
        return {on: function() {} };
      });

    stockfetch.getPrice('GOOG');
  });
```

在这个测试中，我们为processResponse的bind函数创建了stub，断言它接收到了正确的上下文对象（第一个参数）和股票代码（第二个参数）。如果bind接收到的参数符合预期，那么它就会返回一个代表bind调用结果的stub。接着，我们为http.get函数创建stub，并且在该stub中断言handler接收的就是bind返回的结果。要想让该测试通过，被测代码getPrice应该将接收到的股票代码通过bind函数绑定到processResponse函数，并且将它注册为http.get函数的处理器。继续实现getPrice函数，以便该测试可以通过。

processResponse函数会处理Web服务的正常响应结果和可能返回的错误。但如果一开始就无法访问服务，http就会更早地触发error事件。我们需要为此注册一个回调，编写一个测试来验证其行为。

testnode/stockfetch/test/stockfetch-test.js
```
it('getPrice should register handler for failure to reach host',
  function(done) {
  var errorHandler = function() {};

  sandbox.stub(stockfetch.processHttpError, 'bind')
        .withArgs(stockfetch, 'GOOG')
        .returns(errorHandler);

  var onStub = function(event, handler) {
    expect(event).to.be.eql('error');
    expect(handler).to.be.eql(errorHandler);
    done();
  };
  sandbox.stub(stockfetch.http, 'get').returns({on: onStub});

    stockfetch.getPrice('GOOG');
});
```

在该测试中，我们为错误处理器processHttpError的bind函数创建了一个stub，并为它设置了调用时的上下文对象和股票代码。这与上一个测试中的processResponse的bind函数非常类似。我们还为on函数创建了一个stub，并将其作为http.get的stub的返回值。当被测代码调用http.get()时，它的stub就会返回on函数。如果被测代码调用了on函数，那么它的stub就会验证是否已经注册了恰当的错误处理器。

修改getPrice函数让该测试通过。现在我们看一下该函数在stockfetch.js中的实现，该实现能让之前的3个测试都通过。

```
this.http = http;

this.getPrice = function(symbol) {
  var url = 'http://ichart.finance.yahoo.com/table.csv?s=' + symbol;
  this.http.get(url, this.processResponse.bind(this, symbol))
          .on('error', this.processHttpError.bind(this, symbol));
};
this.processResponse = function() {};
this.processHttpError = function() {};
```

记住，要在stockfetch.js的顶部添加以下代码以引入http模块。

```
var http = require('http');
```

花几分钟重温一下为getPrice编写的这几个测试，看看它们是如何验证getPrice的行为的。这需要思考，但不要被这些测试吓到，毕竟每个测试只有几行代码。一旦想明白，你就能马上掌握。

将这个用测试驱动开发的方式实现的getPrice函数与之前创建的spike进行比较。虽然现在的代码并没有实现spike中的所有功能（有一部分转移到其他函数中了），但现在的实现更加简洁、直观、模块化、高内聚，而且具有单一职责。此外，它将其余的细节委托给另外两个有待编写的函数来处理。这与spike在设计上有重大区别。

与spike中的设计相比，新的设计有一些很重要的优势。模块化的代码更易于使用自动化测试来验证。我们确实花了一些代价。编写这些测试需要花点工夫，但这项技能可以通过练习得到提升。此外，这些测试编写完成后可以通过快速反馈获益良多。

5.5　模块化以易于测试

spike中复杂的getPrice函数在stockfetch.js中只有寥寥数行，但spike中很重要的一部分还没有实现。我们继续进行模块化编程，让每一段代码具有单一职责，并且是高内聚、小范围的。

5.5.1　设计 processResponse 和 processError 函数

我们将注意力放在getPrice调用的两个新函数上。比起之前设计getPrice函数时的迷茫，现在我们可以更彻底地考虑清楚对这两个函数的测试。为它们添加以下几个测试。

- ❑ ……
- ❑ ✓ getPrice用有效的URL作为参数调用http的get函数
- ❑ ✓ getPrice用响应处理器作为参数调用get函数
- ❑ ✓ getPrice为网络访问失败的情况注册错误处理器
- ❑ ~~响应处理器收集数据，并更新price集合~~

　　❏ ~~错误处理器更新~~ `errors` ~~集合~~
　　❏ `processResponse` 用有效的数据作为参数调用 `parsePrice`
　　❏ 如果响应失败，`processResponse` 调用 `processError`
　　❏ `processHttpError` 用详细的错误信息作为参数调用 `processError`
　　❏ ……

　　我们为 `processResponse` 函数编写第一个测试。`processResponse` 有一些不确定的部分，即它必须注册一个 `'data'` 事件和一个 `'end'` 事件，前者用于收集来自HTTP响应的数据块，后者用于通知数据接收完成。数据接收完成后，`processResponse` 必须调用 `parsePrice` 函数。验证该行为的测试如下所示：

testnode/stockfetch/test/stockfetch-test.js

```
it('processResponse should call parsePrice with valid data', function() {
  var dataFunction;
  var endFunction;

  var response = {
    statusCode: 200,
    on: function(event, handler) {
      if(event === 'data') dataFunction = handler;
      if(event === 'end') endFunction = handler;
    }
  };

  var parsePriceMock =
    sandbox.mock(stockfetch)
          .expects('parsePrice').withArgs('GOOG', 'some data');

  stockfetch.processResponse('GOOG', response);
  dataFunction('some ');
  dataFunction('data');
  endFunction();

  parsePriceMock.verify();
});
```

　　在该测试中，我们获取了 `processResponse` 通过 `response` 对象的 `on` 事件注册的回调函数的引用。接着使用一些示例数据调用这些函数，模拟HTTP响应会话的行为。最后验证 `parsePrice` 在 `processResponse` 中以正确的模拟数据作为参数被调用了。

　　目前我们还不需要检查响应状态，只需要为 `response` 注册合适的事件处理器，并在触发 `end` 事件时调用 `parsePrice`。实现最少代码并运行测试，确保该测试可以通过。我们稍后再查看 `processResponse` 函数的代码。

　　继续 `processResponse` 的下一个测试，如果状态码不是200，则调用 `processError`。编写一个正向测试和一个反向测试，状态码分别为200和404。

testnode/stockfetch/test/stockfetch-test.js

```
it('processResponse should call processError if response failed',
  function() {
  var response = { statusCode: 404 };

  var processErrorMock = sandbox.mock(stockfetch)
                                .expects('processError')
                                .withArgs('GOOG', 404);

  stockfetch.processResponse('GOOG', response);
  processErrorMock.verify();
});

it('processResponse should call processError only if response failed',
  function() {
  var response = {
    statusCode: 200,
    on: function() {}
  };

  var processErrorMock = sandbox.mock(stockfetch)
                                .expects('processError')
                                .never();

  stockfetch.processResponse('GOOG', response);
  processErrorMock.verify();
});
```

在第一个测试中，我们将statusCode设置为404，并确认当processResponse被调用时，它可以按照预期调用processError。在第二个测试中，我们发送了表示成功返回的状态码，并确认没有调用错误处理器。可以通过上述测试的processResponse函数的代码如下所示。

```
this.processResponse = function(symbol, response) {
  var self = this;

  if(response.statusCode === 200) {
    var data = '';
    response.on('data', function(chunk) { data += chunk; });
    response.on('end', function() { self.parsePrice(symbol, data); });
  } else {
    self.processError(symbol, response.statusCode);
  }
};

this.parsePrice = function() {};

this.processError = function() {};
```

再次与spike中对应部分的代码进行比较，这里的实现清晰多了。

5.5.2　设计 processHttpError

还有一个函数没有完成。在getPrice函数中，如果网络访问出现问题，那么就要调用

processHttpError函数。我们还没有实现processHttpError函数。这个函数应该提取出详细的错误信息，然后将其传递给processError函数。我们为此编写一个测试。

testnode/stockfetch/test/stockfetch-test.js

```
it('processHttpError should call processError with error details',
  function() {
  var processErrorMock = sandbox.mock(stockfetch)
                                .expects('processError')
                                .withArgs('GOOG', '...error code...');

  var error = { code: '...error code...' };
  stockfetch.processHttpError('GOOG', error);
  processErrorMock.verify();
});
```

该测试确保processHttpError从error中取出code的值，并将它传给了processError函数。再次查看spike项目，确认该测试的预期结果。让该测试通过的代码非常简单。

```
this.processHttpError = function(ticker, error) {
  this.processError(ticker, error.code);
};
```

我们已经走了很长一段路，但完成该程序还需要几步。在此之前先休息一下，远离你的代码，稍作休息后再查看不仅可以让你喘口气，还能让你用一种全新的视角来看待问题。

5.5.3 设计 parsePrice 和 processError

parsePrice和processError必须更新共享的数据结构，并调用printReport函数。我们为此编写一些测试。虽然以下代码包含了多个测试，但你仍然要一次编写一个，实现最少的代码让该测试通过，完成后再继续下一个测试。

示例数据必须符合Web服务返回的格式，以供解析。因为有个spike，所以我们可以运行它得到一个示例，然后在测试中使用该数据，如下所示。

testnode/stockfetch/test/stockfetch-test.js

```
var data = "Date,Open,High,Low,Close,Volume,Adj Close\n\
2015-09-11,619.75,625.780029,617.419983,625.77002,1360900,625.77002\n\
2015-09-10,613.099976,624.159973,611.429993,621.349976,1900500,621.349976";

it('parsePrice should update prices', function() {
  stockfetch.parsePrice('GOOG', data);

  expect(stockfetch.prices.GOOG).to.be.eql('625.77002');
});

it('parsePrice should call printReport', function() {
  var printReportMock = sandbox.mock(stockfetch).expects('printReport');
```

```
    stockfetch.parsePrice('GOOG', data);
    printReportMock.verify();
});

it('processError should update errors', function() {
    stockfetch.processError('GOOG', '...oops...');

    expect(stockfetch.errors.GOOG).to.be.eql('...oops...');
});

it('processError should call printReport', function() {
    var printReportMock = sandbox.mock(stockfetch).expects('printReport');

    stockfetch.processError('GOOG', '...oops...');
    printReportMock.verify();
});
```

这些测试相当直观，通过这些测试的代码也很容易编写。我们在stockfetch.js中实现代码。

```
this.prices = {};

this.parsePrice = function(ticker, data) {
    var price = data.split('\n')[1].split(',').pop();
    this.prices[ticker] = price;
    this.printReport();
};

this.errors = {};

this.processError = function(ticker, error) {
    this.errors[ticker] = error;
    this.printReport();
};

this.printReport = function() {};
```

最后一步是设计并实现printReport函数。

5.6　分离关注点

测试列表上还有一个没有完成的测试，即"printReport对结果进行排序后输出"，这看起来非常适合作为策略设计的最后的测试。但查看一下目前设计的代码，这看起来是很大的一步。我们需要将它拆分为几个更具体的函数。"输出"和"排序"是两个独立的问题，良好的设计应该保持独立的部分互相分离。另外，我们不想让printReport在控制台上输出，最好是将数据返回给调用者，让调用者决定在哪里输出。我们将想到的这些测试写下来：

❑ ……
❑ ~~printReport对结果进行排序后输出~~
❑ 接收到所有响应之后，printReport返回价格或者错误信息

❑ 接收到所有响应之前，printReport不返回任何内容
❑ printReport根据股票代码对价格进行排序
❑ printReport根据股票代码对错误信息进行排序

5.6.1　设计 printReport

我们先实现前两个测试，之后再来看排序功能。

testnode/stockfetch/test/stockfetch-test.js

```
it('printReport should send price, errors once all responses arrive',
  function() {
    stockfetch.prices = { 'GOOG': 12.34 };
    stockfetch.errors = { 'AAPL': 'error' };
    stockfetch.tickersCount = 2;

    var callbackMock =
      sandbox.mock(stockfetch)
            .expects('reportCallback')
            .withArgs([['GOOG', 12.34]], [['AAPL', 'error']]);
    stockfetch.printReport();
    callbackMock.verify();
});

it('printReport should not send before all responses arrive', function() {
    stockfetch.prices = { 'GOOG': 12.34 };
    stockfetch.errors = { 'AAPL': 'error' };
    stockfetch.tickersCount = 3;

    var callbackMock = sandbox.mock(stockfetch)
                            .expects('reportCallback')
                            .never();
    stockfetch.printReport();
    callbackMock.verify();
});
```

第一个测试验证printReport是否用正确的数据作为参数调用了回调，第二个测试验证当股票还没有全部处理完成时，回调是否被调用了。在继续下一步之前，编写最少的代码让这两个测试通过。

5.6.2　设计 sortData

测试列表中的最后两个测试是要printReport函数对prices和errors进行排序。但仔细想想，在printReport函数中实现这个功能可能会导致代码重复。我们重新审视一下这些测试：

❑ ……
❑ ✓ 在接收到所有响应之前，printReport不返回任何内容
❑ **printReport根据股票代码对价格进行排序**

❑ printReport根据股票代码对错误信息进行排序

❑ printReport调用sortData，一次为prices，另一次为errors

❑ sortData根据股票代码对数据进行排序

是时候进行最后的测试了。

testnode/stockfetch/test/stockfetch-test.js

```
it('printReport should call sortData once for prices, once for errors',
  function() {
  stockfetch.prices = { 'GOOG': 12.34 };
  stockfetch.errors = { 'AAPL': 'error' };
  stockfetch.tickersCount = 2;

  var mock = sandbox.mock(stockfetch);
  mock.expects('sortData').withArgs(stockfetch.prices);
  mock.expects('sortData').withArgs(stockfetch.errors);

  stockfetch.printReport();
  mock.verify();
});
it('sortData should sort the data based on the symbols', function() {
  var dataToSort = {
    'GOOG': 1.2,
    'AAPL': 2.1
  };

  var result = stockfetch.sortData(dataToSort);
  expect(result).to.be.eql([['AAPL', 2.1], ['GOOG', 1.2]]);
});
```

在这两个简短的测试中，我们先验证printReport调用了两次sortData，接着验证ssortData完成了预期的工作。实现代码并不复杂，我们稍后再对其进行讨论。

```
this.printReport = function() {
  if(this.tickersCount ===
    Object.keys(this.prices).length + Object.keys(this.errors).length)
    this.reportCallback(this.sortData(this.prices),this.sortData(this.errors));
};

this.sortData = function(dataToSort) {
  var toArray = function(key) { return [key, dataToSort[key]]; };
  return Object.keys(dataToSort).sort().map(toArray);
};

this.reportCallback = function() {};
```

测试列表中的所有测试都完成了。我们从readTickersFile函数出发，依次实现了printReport需要的所有函数。测试已经全部通过，但还不能说这就算完成了，我们需要运行整个程序，查看控制台上的输出。

5.7　集成和运行

我们需要最后一个函数来集成其他函数，为此要进行一些集成测试。我们这就来编写集成测试。可以将这些测试写在 stockfetch-test.js 文件中。

```
it('getPriceForTickers should report error for invalid file',
  function(done) {
  var onError = function(error) {
    expect(error).to.be.eql('Error reading file: InvalidFile');
    done();
  };
  var display = function() {};

  stockfetch.getPriceForTickers('InvalidFile', display, onError);
});

it('getPriceForTickers should respond well for a valid file',
  function(done) {
  var onError = sandbox.mock().never();

  var display = function(prices, errors) {
    expect(prices.length).to.be.eql(4);
    expect(errors.length).to.be.eql(1);
    onError.verify();
    done();
  };

  this.timeout(10000);

  stockfetch.getPriceForTickers('mixedTickers.txt', display, onError);
});
```

第二个测试读取一个名为 mixedTickers.txt 的文件。因为这是一个集成测试，所以需要一个真实的文件，不能只是模拟文件访问。你可以直接使用工作空间中提供的文件，该文件的内容如下。

```
GOOG
AAPL
INVALID
ORCL
MSFT
```

新测试调用了一个集成函数 getPriceForTickers，该函数接收 3 个参数：一个文件名、一个显示价格和错误信息的回调函数，以及一个用来接收与文件访问相关的错误的回调函数。第一个测试验证该集成函数为其余代码绑定了合适的错误处理器。第二个测试验证该函数正确绑定了用来显示价格和错误信息的回调函数。在 stockfetch.js 文件中为 StockFetch 类添加该集成函数。

```
this.getPriceForTickers = function(fileName, displayFn, errorFn) {
  this.reportCallback = displayFn;
```

```
    this.readTickersFile(fileName, errorFn);
};
```

该函数的实现非常简单。运行测试，确保所有测试都可以通过。

```
Stockfetch tests
  ✓ should pass this canary test
  ✓ read should invoke error handler for invalid file
  ✓ read should invoke processTickers for valid file
  ✓ read should return error if given file is empty
  ✓ parseTickers should return tickers
  ✓ parseTickers should return empty array for empty content
  ✓ parseTickers should return empty array for white-space
  ✓ parseTickers should ignore unexpected format in content
  ✓ processTickers should call getPrice for each ticker symbol
  ✓ processTickers should save tickers count
  ✓ getPrice should call get on http with valid URL
  ✓ getPrice should send a response handler to get
  ✓ getPrice should register handler for failure to reach host
  ✓ processResponse should call parsePrice with valid data
  ✓ processResponse should call processError if response failed
  ✓ processResponse should call processError only if response failed
  ✓ processHttpError should call processError with error details
  ✓ parsePrice should update prices
  ✓ parsePrice should call printReport
  ✓ processError should update errors
  ✓ processError should call printReport
  ✓ printReport should send price, errors once all responses arrive
  ✓ printReport should not send before all responses arrive
  ✓ printReport should call sortData once for prices, once for errors
  ✓ sortData should sort the data based on the symbols
  ✓ getPriceForTickers should report error for invalid file
  ✓ getPriceForTickers should respond well for a valid file (1181ms)

27 passing (1s)
```

真是相当长的一段旅程。所有测试都可以通过固然很好，但我们还想查看程序的运行和输出的结果。我们编写一个驱动程序来运行代码。打开当前项目中的src/stockfetch-driver.js文件，输入以下代码。

---

testnode/stockfetch/src/stockfetch-driver.js

```
var Stockfetch = require('./stockfetch');

var onError = function(error) { console.log(error); };

var display = function(prices, errors) {
  var print = function(data) { console.log(data[0] + '\t' + data[1]); };

  console.log("Prices for ticker symbols:");
  prices.forEach(print);

  console.log("Ticker symbols with error:");
```

```
    errors.forEach(print);
};
```

```
new Stockfetch().getPriceForTickers('mixedTickers.txt', display, onError);
```

这段代码和前面的集成测试并没有太大不同，只不过这次是输出到 console 上，而非以编程的方式对其响应结果进行断言。使用以下命令运行该驱动程序。

```
node src/stockfetch-driver.js
```

查看输出结果。当然，根据当前的市场价和网络情况，运行结果可能会和以下输出有所不同。

```
Prices for ticker symbols:
AAPL    105.260002
GOOG    758.880005
MSFT    55.48
ORCL    36.529999
Ticker symbols with error:
INVALID 404
```

我们采用测试驱动开发的方式来设计这个应用，看到这么做的成果让人很满意。接着我们再来看一下代码覆盖率。

5.8　回顾代码覆盖率和设计

总共有 27 个测试对代码设计造成了影响。因为是先编写测试的，所以每一行代码的行为都会被一个或多个测试验证。可以通过查看代码覆盖率报告加以证实，之后再讨论设计是如何逐步改进的。

5.8.1　评估代码覆盖率

得益于 Istanbul，每次执行 npm test 时，该命令都会对覆盖率进行评估。如果想要知道创建覆盖率报告的具体命令，可以查看 package.json 文件中 scripts 下的 test 命令，你可以找到以下这条命令。

```
istanbul cover node_modules/mocha/bin/_mocha
```

查看执行 npm test 命令时输出的覆盖率报告：

```
  Stockfetch tests
...
  27 passing (1s)
=============================== Coverage summary ===============================
Statements   : 100% ( 59/59 )
Branches     : 100% ( 10/10 )
Functions    : 100% ( 19/19 )
Lines        : 100% ( 55/55 )
================================================================================
```

如果想要查看行覆盖率报告，可以在浏览器中打开 coverage/lcovreport/index.html。

与 stockfetch-test.js 中的 307 行代码相比，stockfetch.js 中的源码只有 96 行。测试和源码的比例是3：1，这是相当典型的。例如，我所在的公司开发的一个电子系统的比例就是3.9：1。

测试/代码比例

在测试驱动开发的应用中，一般3~5行测试代码对应1行源码。

除了集成测试，其他测试都可以快速运行，具有确定性，而且不需要网络连接，为验证代码行为是否符合预期提供了快速反馈。虽然这两个集成测试依赖网络连接，但得益于编写方式，它们同样具有确定性。接下来我们将探讨通过测试驱动开发得到的设计。

5.8.2 代码设计

这个示例的测试和代码都是增量开发的，很难从某一段代码看出整体的设计。下载测试文件[①]和源码文件[②]的电子版，花点时间研究一下。

我们从策略设计开始，参见5.1节中的设计图。该设计为我们指明了最初的方向，通过初始的几个高质量测试，我们得以将初始想法转化为详细设计。每一个函数都是模块化的、高内聚的，而且只做一件事。在整个开发过程中，我们运用了很多设计原则，其中包括单一职责原则、避免重复原则、高内聚、低耦合、模块化、关注点分离、依赖注入，等等。我们将最后得到的设计以图表的方式展示出来，如下所示。

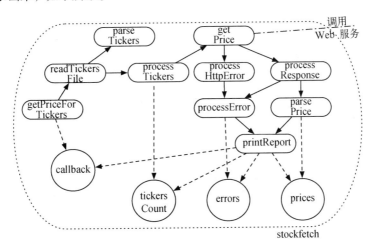

将战略设计图和策略设计图进行比较。虽然战略设计图具有更多的细节和更为模块化的函数，但你可以看到策略设计中的原始函数（`readTickersFile`、`processTickers`、`getPrice`

---

① https://media.pragprog.com/titles/vsjavas/code/testnode/stockfetch/test/stockfetch-test.js

② https://media.pragprog.com/titles/vsjavas/code/testnode/stockfetch/src/stockfetch.js

和printReport)的形式都得到了增强。在战略设计的过程中,这些函数的接口得到了显著改进。设计过程中还出现了一些新的辅助函数,其主要作用是让代码更为内聚、模块化,更重要的是让代码具有可测试性。

这比只修改代码耗时多了。但我们都知道只修改代码的后果,即会导致代码难以维护。投入时间创建高质量的代码后,需要添加新功能或修复bug时就能得到更好的回报。无须手动运行每一段代码来检查其行为是否符合预期。快速反馈等于巨大的信心和灵活性。

5.9　提供 HTTP 访问

我们编写的在Node.js上运行的这个程序是一个单机程序。为它提供HTTP访问的功能也是比较容易的。

我们创建一个基本的Web访问,即单个路由'/',以便接收一个格式为?s=SYM1,SYM2的GET请求。以下代码段从HTTP请求中获取请求字符串,并将一些工作委托给之前设计的Stockfetch。在当前项目的src/stockfetch-service.js文件中输入以下代码。

testnode/stockfetch/src/stockfetch-service.js

```
var http = require('http');
var querystring = require('querystring');
var StockFetch = require('./stockfetch');

var handler = function(req, res) {
  var symbolsString = querystring.parse(req.url.split('?')[1]).s || '';

  if(symbolsString !== '') {
    var stockfetch = new StockFetch();
    var tickers = symbolsString.split(',');

    stockfetch.reportCallback = function(prices, errors) {
      res.end(JSON.stringify({prices: prices, errors: errors}));
    };

    stockfetch.processTickers(tickers);
  } else {
    res.end('invalid query, use format ?s=SYM1,SYM2');
  }
};

http.createServer(handler).listen(3001);
```

为了运行该服务,在命令行窗口输入以下命令:

```
node src/stockfetch-service.js
```

接着在浏览器中输入http://localhost:3001?s=GOOG,JUNK,AAPL,查看输出结果。

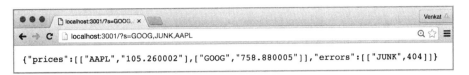

这段输出显示了有效股票代码的价格以及无效代码的错误消息。但是，`Stockfetch`是完全自动化的，可这一小段代码呢？

要想编写自动化测试，你必须用另一种方式来设计stockfetch-service.js文件中的代码。首先，将handler函数转移到一个独立的文件中加以分离，以便测试。测试将验证该函数是否处理了各种请求字符串，如空请求或者没有带股票代码的请求等。为了对此进行测试，我们需要为req和res创建stub。接下来，测试可以验证该函数是否与`Stockfetch`进行了正确的交互，我们需要将`Stockfetch`作为参数传递。最后，我们可以测试该文件是否通过`http.createServer`函数注册了handler函数。上述方式可以用于测试这段代码，但事实上典型的Web应用会使用不同的HTTP请求方式（如**GET**、**POST**、**DELETE**）和多路由（如`/`、`/stocks`等）。如何系统地测试所有的方法和路由呢？我们将在下一章中使用Express解答这些问题。

5.10 小结

本章综合了之前章节的内容。通过一个实际的示例，我们练习了如何测试驱动一个完整的Node.js应用——从策略设计出发，直到详细的战略设计和实现。

可以看到，编写测试是一项运用良好设计原则的工作。最终的成果就是简洁、模块化、高内聚而且易维护的代码。我们还探讨了何时以及如何创建spike，及其带来的好处，尤其是在还不清楚如何通过测试来驱动开发时。现在，你可以运用本章所学的技术为后端服务编写自动化测试了。但在现实中，编写功能完善的、支持多路由或多端点的Node.js应用是非常繁琐的。为此你可能会使用Express这样的工具。你将在下一章中学习如何为使用Express的Web应用编写自动化测试，包括为路由以及各种HTTP请求方式编写测试。

第6章
Express测试驱动开发

Express是个轻量级的Web开发框架，可以让Node.js应用的编写变得非常快捷。Express的使用允许你不编写用来读取和渲染HTML文件的代码。此外，你无须解析请求字符串，也不需要手动向处理器函数映射URL路径或路由。你只需要进行一些必要的配置，Express框架会为你完成剩下的工作。

Express能做这么多事固然很好，但使用Express编写的代码编写自动化测试并不总是很清晰。这是因为在收到请求时，Express会调用合适的路由函数，并在该函数完成执行后向客户端返回响应。处理请求的代码并不是直接在应用代码中调用的，而是在请求到达时由Express调用的。我们就是想要为这些代码编写运行快速、易于重复的自动化测试。

此外，路由函数经常调用与数据库进行交互的模型函数。在这种情况下，我们希望验证模型函数正确执行了自己的逻辑，并且正确地与数据库进行了交互。

你将在本章中学习创建MongoDB数据库，并对其进行测试。你还将学习如何设计与数据库进行交互的模型函数，以便在测试时为其创建stub。掌握了对模型的自动化测试后，你将学习如何验证路由函数的行为。利用这些技术，你很快就能为自己的Express应用进行彻底的自动化测试和验证。

6.1 为可测试性设计

有了Express这样好用的框架后，编写和运行应用就变得很容易了。但这些框架似乎让编写代码变得太过容易，以致于测试的编写就不那么直观了。正如我们之前所说，可测试性是一个设计问题。通过细心地构建代码，我们可以对Express应用进行完整的自动化测试。接下来我们查看一个示例。

维护成本是开发成本的一部分

 Express这类框架减少了编写代码的时间和成本。对于修改代码来说，自动化验证也有同样的作用。为了减少整体的开发成本，我们希望可以同时降低编写代码的成本和维护的成本。

我们将通过测试驱动开发的方式用Express编写一个TO-DO应用。这个应用很小，这样我们就能将注意力放在学习自动化测试上。该应用将维护一个任务列表以及它们的预期完成日期。它将通过以下的HTTP方法之一响应对/tasks路由的请求。

- ❑ GET：返回一个包含数据库中所有任务的列表。
- ❑ GET：接收一个id，并返回该id代表的任务。
- ❑ POST：向数据库添加一个任务。
- ❑ DELETE：从数据库中删除一个指定id的任务。

首先我们进行高层次的设计。

6.1.1　创建策略设计

我们需要使用一个文件（tasks.js）来注册路由，并使用一个模型文件（task.js）以包含与数据库进行交互的函数。我们将使用MongoDB进行持久化操作，该数据库中包含一个名为tasks的集合，该集合用于保存符合以下格式的任务。

```
{'name': string, 'month': number, 'day': number, 'year': number}
```

只有模型会依赖数据库，路由应该对持久层一无所知。这个想法很好，但还不够。最好避免模型和数据库的紧密耦合。这是因为如果模型直接依赖数据库，那么要想对模型函数进行自动化测试就会变得相当困难。为了避免这个问题，需要采用依赖注入的方式将模型从真实的数据库连接中解耦。这样一来，应用就可以连接到生产环境数据库，而测试则可以连接到测试数据库。听起来很复杂，但这其实很容易。

下图显示了整体的策略设计。

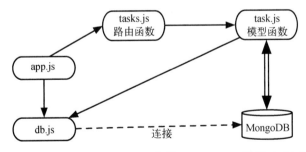

当应用启动时，app.js中的代码将调用db.js中的connect()函数来创建生产环境的数据库连接。在测试期间，因为不会引入app.js文件，所以需要时我们会在测试用例中引入db.js来创建测试环境的数据库连接，我们将在进行战略设计时进一步讨论这个问题。简而言之，我们将在应用启动或者测试运行时创建合适的数据库连接。

当/tasks接收到Web请求时，Express会调用tasks.js中注册的合适的回调函数。路由函数会根据具体操作来调用task.js中对应的模型函数。模型会从db.js中获取预设的数据库连接，从而与数据库进行交互。

接着我们进行战略设计。

6.1.2 通过测试创建战略设计

我们需要设计3个文件或者说3组函数：db.js中的数据库连接函数；task.js中的模型函数；tasks.js中的路由函数。app.js主要是由Express生成的，只需要进行一些小改动。我们先创建一份初始测试列表，其中包含正向测试、反向测试和异常测试。将能想到的测试都写在一张纸上。以下是列举的一些测试。

- ❏ db：get在数据库初始状态下返回null
- ❏ db：close将数据库连接设为null
- ❏ db：close将关闭已存在的数据库连接
- ❏ db：如果接收到一个有效的数据库名称，那么connect会设置数据库连接
- ❏ db：如果没有传递数据库名称给connect，那么该函数会返回一个错误
- ❏ task：all返回tasks集合中的任务数组
- ❏ task：get返回一个给定id的任务
- ❏ task：如果id无效，则get会返回{}
- ❏ task：add向tasks集合添加一个任务
- ❏ task：如果输入无效，那么add会返回错误信息
- ❏ task：delete会删除一个给定id的任务
- ❏ task：如果找不到给定id的任务，那么delete会返回错误信息
- ❏ task：稍后继续

我们已经拥有了一些初始测试，现在可以利用测试来设计细节并实现代码了。

6.2 创建 Express 应用并运行金丝雀测试

在编写测试之前，我们需要为这个Express应用做些准备，安装需要使用的模块，其中包括MongoDB。工作空间中已经提供了一个预先创建好的项目目录，这是使用Express生成器[①]创建的。切换到tdjsa/testexpress/todo目录，并查看其中的package.json文件。开发依赖包括Mocha、Chai、Sinon和Istanbul，这些都是我们可以预料到的与测试相关的模块。

因为这个应用要使用到MongoDB，所以我们还需要MongoDB模块，这是在package.json文件的dependencies部分中指定的。执行npm install命令，以安装该项目需要的所有依赖工具。

此外，我们还需要真正的数据库。如果还没有安装MongoDB，你需要下载[②]并将它安装到自

---

① http://expressjs.com/en/starter/generator.html
② https://www.mongodb.org/downloads

已的系统上。在这个示例中，我们将使用tdjsa/testexpress/todo目录下的db目录来存放数据库，工作空间中已经提供了这个db目录。一旦完成安装，使用以下命令启动MongoDB。

```
mongod --dbpath db
```

保持mongod守护进程为运行状态，你可以将命令行窗口放在一边。如果你已经在系统上运行了一个作为派生进程的守护进程，那么可以跳过这些步骤，直接使用原来的进程。

测试文件位于todo目录下的test/server目录。我们从编写金丝雀测试开始这个项目的自动化测试，在test/server目录下的db-test.js文件中输入以下代码。

testexpress/todo/test/server/db-test.js
```
var expect = require('chai').expect;

describe('db tests', function() {
  it('should pass this canary test', function() {
    expect(true).to.be.true;
  });
});
```

再次查看当前项目中的package.json文件，但这次的关注重点是test命令：mocha --watch --recursive test/server。--watch选项请求Mocha在检测到文件发生改变时重新运行测试。--recursive选项遍历所有子目录，本示例为server目录，目前server的子目录中没有任何测试，但很快就会有了。

6.3 设计数据库连接

在应用启动时，app.js会调用connect函数来创建数据库连接。其余的代码则会调用get函数获取连接。close函数用于关闭连接。在正常的执行过程中，应用可能不会使用到close函数，数据库连接是在启动时创建的，并在应用的运行期间始终保持连接。但因为可能需要在测试时确保连接池中的连接全部正常关闭，所以我们仍然需要设计该函数。现在我们通过测试来设计这些函数，从get函数开始。测试列表表明，第一个测试需要验证get函数在默认情况下返回null。我们这就在db-test.js文件中编写一个测试来对此进行验证，在金丝雀测试的后面添加以下代码。

testexpress/todo/test/server/db-test.js
```
it('get should return null connection by default', function() {
  expect(db.get()).to.be.null;
});
```

该测试调用db的get函数。为此我们需要请求db.js文件，将以下代码添加在db-test.js文件的顶部。

testexpress/todo/test/server/db-test.js
```
var db = require('../../db');
```

接着我们要实现最少的代码让该测试通过。在todo目录下的db.js文件中添加以下代码。

testexpress/todo/db.js

```
module.exports = {
  connection: null,

  get: function() { return this.connection; },
};
```

保存该文件后，Mocha应该就会报告前两个测试都通过了。

我们再来设计close函数。测试列表中有两个与close相关的测试。我们从第一个开始，打开db-test.js文件，输入以下代码。

testexpress/todo/test/server/db-test.js

```
it('close should set connection to null', function() {
  db.close();
  expect(db.connection).to.be.null;
});
```

该测试验证调用了close后connection被设为了null。要想该测试可以通过，我们要在db.js文件中创建一个名为close的函数，并将它添加在get函数后面。

testexpress/todo/db.js

```
close: function() {
    this.connection = null;
},
```

现在我们编写有关close的第二个测试。

testexpress/todo/test/server/db-test.js

```
it('close should close existing connection', function(done) {
  db.connection = { close: function() { done(); } };
  db.close();
  expect(db.connection).to.be.null;
});
```

第二个测试进一步验证了close函数真正关闭了数据库连接，而不是仅仅将它设为null。为了避免依赖真正的连接，在测试中为该连接的close函数创建了stub。

修改db.js中的close函数，以便上述两个测试可以通过。

testexpress/todo/db.js

```
close: function() {
  if(this.connection) {
    this.connection.close();
    this.connection = null;
  }
},
```

如果指定一个有效的数据库名称，那么connect函数应该正确地连接到数据库。因为用来连接MongoDB数据库的MongoClient的connect函数是个异步函数，所以需要对connect函数进行异步测试。以下是验证该函数行为的正向测试。

testexpress/todo/test/server/db-test.js

```
it('connect should set connection given valid database name',
  function(done) {
    var callback = function(err) {
      expect(err).to.be.null;
      expect(db.get().databaseName).to.be.eql('todotest');
      db.close();
      done();
    };

    db.connect('mongodb://localhost/todotest', callback);
});
```

该测试以数据库名todotest作为参数调用connect函数，然后等待回调函数的执行。测试在回调函数中验证err是否为空，并验证get返回的数据库连接对象是否正确。为了实现connect函数，记得在db.js文件的顶部引入mongodb模块。

testexpress/todo/db.js

```
var MongoClient = require('mongodb').MongoClient;
```

现在我们来实现connect函数。

```
connect: function(dbname, callback) {
  var self = this;

  var cacheConnection = function(err, db) {
    self.connection = db;
    callback(null);
  }

  MongoClient.connect(dbname, cacheConnection);
}
```

这是很直观的。思考一下反向测试，测试列表中有一个验证无效数据库名的测试。但仔细一想，不仅仅是数据库名可能会无效。比如，本应该名为mongodb的schema名称也可能有误。这两种场景都要测试，先从错误的schema开始。

在该测试中，我们以错误的schema名badschema取代正确的mongodb。如果传递了一个错误的schema名，那么MongoClient的connect函数就会抛出一个异常。我们让connect函数捕获该异常，并通过回调函数传递详细的错误信息。验证该行为的测试如下所示。

testexpress/todo/test/server/db-test.js

```
it('connect should reject invalid schema', function(done) {
  var callback = function(err) {
```

```
    expect(err).to.be.instanceof(Error);
    done();
  };

  db.connect('badschema://localhost/todotest', callback);
});
```

为了让该测试通过，我们将 try-catch 语句块放在 MongoClient.connect(...) 的调用中，在 catch 语句块中调用 callback，并将捕获的异常作为参数传给 callback。该测试通过后，我们就可以继续下一个反向测试——不传入数据库名，然后验证代码返回了一个错误。

testexpress/todo/test/server/db-test.js

```
it('connect should reject invalid name', function(done) {
  var callback = function(err) {
    expect(err).to.be.instanceof(Error);
    done();
  };

  db.connect('mongodb', callback);
});
```

以下是可以让 3 个测试通过的完整的 connect 函数的实现。

testexpress/todo/db.js

```
connect: function(dbname, callback) {
  var self = this;

  var cacheConnection = function(err, db) {
    self.connection= db;
    callback(err);
  };

  try {
    MongoClient.connect(dbname, cacheConnection);
  } catch(ex) {
    callback(ex);
  }
}
```

我们已经在 db.js 文件中设计函数来创建数据库连接。connect 函数将被 app.js 文件用于连接数据库，而 get 函数将被模型函数用于访问数据库。close 函数将被与数据库相关的测试用于在测试完成后关闭连接，该函数是专为自动化测试而编写的。接下来我们开始为模型设计函数。

从头开始为可测试性而设计

记住，使用自动化验证来谨慎地进行设计。构建代码以便测试能够做到 FAIR，即快速、自动化、独立以及可重复。

6.4 设计模型

只有与模型相关的函数才会与数据库进行交互。我们需要4个函数：all函数用于从数据库获取所有的任务；get函数用于获取指定id的任务；add函数用于添加一个任务；delete函数用于删除一个任务。我们在测试列表中确定了与这些函数相关的几个测试。在编写测试之前，我们需要在新文件task-test.js中建立数据库连接。

因为模型函数需要对数据库进行更新，所以如果我们不够小心的话可能会出现重复测试的问题。假设我们要向一个空数据库添加一个任务。现在我们可以验证当前的记录数为1。如果再次运行，那么该测试就会失败，因为记录数不再是1了。同样，运行一个删除任务的测试也会导致测试失败，因为数据在第一次运行时已经被删除了。为了解决这个问题，我们需要使用测试固件（test fixture），beforeEach和afterEach函数是为每个测试设置和清除这些数据的最佳位置。此外，我们不需要为每个测试重复创建数据库连接，只需要在before函数中初始化一次即可，该函数会在测试套件中的第一个测试之前运行一次。

采取实用主义的方式

从简洁的角度来看，模型在测试时不应该与数据库交互。在本书中，我们采取一种实用主义的方式，更多地关注编写具有确定性、运行快速的测试。如果需要一定的依赖才能达到这一目标，那就这么做。但如果依赖会妨碍我们实现该目标，那就应该隔离该依赖。

6.4.1 建立数据库连接和测试固件

在编写第一个模型测试前，我们先为测试编写一些设置代码。

testexpress/todo目录下的models目录中有一个空文件task.js。此外，test/server/models目录下提供了一个空文件task-test.js。

编辑task-test.js文件以添加设置函数。

```
testexpress/todo/test/server/models/task-test.js
var expect = require('chai').expect;
var db = require('../../../db');
var ObjectId = require('mongodb').ObjectId;
var task = require('../../../models/task');
describe('task model tests', function() {
  var sampleTask;
  var sampleTasks;

  before(function(done) {
    db.connect('mongodb://localhost/todotest', done);
  });
```

```
  after(function() {
    db.close();
  });
});
```

before函数会在所有测试运行前创建数据库连接。after函数则在最后一个测试结束后关闭
该连接。这在Mocha以watch选项运行时非常有用，它会让数据库只在需要时保持连接状态。

除了之前的设置函数，我们还需要几个其他函数。在task-test.js的after函数后面添加这些函
数，并观察它们做了些什么。

testexpress/todo/test/server/models/task-test.js

```
var id = function(idValue) {
  return new ObjectId(idValue);
};

beforeEach(function(done) {
  sampleTask = {name: 'a new task', month: 12, day: 10, year: 2016};

  sampleTasks = [
    {_id: id('123412341240'), name: 'task1', month: 10, day: 5, year: 2016},
    {_id: id('123412341241'), name: 'task2', month: 11, day: 2, year: 2016},
    {_id: id('123412341242'), name: 'task3', month: 12, day: 8, year: 2016},
  ];

  db.get().collection('tasks').insert(sampleTasks, done);
});

afterEach(function(done) {
  db.get().collection('tasks').drop(done);
});
```

task-test.js中的after函数后面的id函数是个辅助函数，用于创建MongoDB所需要的id。我
们在beforeEach函数中创建了一些示例任务，并将它们插入数据库的tasks集合中。afterEach
函数则在每个测试的最后清除该集合。这两个函数共同协作，确保每一个测试都能获取到一份全
新的数据。有了这些设置后，重新运行测试就相当容易了。

beforeEach函数还使用了一个单独的预设任务来初始化sampleTask变量。这对测试add函
数很有帮助，我们将在all和get函数之后对其进行设计。

6.4.2　设计 all 函数

在task-test.js文件中完成设置后，我们开始为all函数编写测试。

testexpress/todo/test/server/models/task-test.js

```
it('all should return all the tasks', function(done) {
  var callback = function(err, tasks) {
    expect(tasks).to.be.eql(sampleTasks);
```

```
    done();
  };

  task.all(callback);
});
```

该测试向task.all函数传递了一个回调，并在该回调中验证get获取了数据库的tasks集合
中的所有任务。现在，我们在task.js文件中实现all函数，以便上述测试可以顺利通过。

testexpress/todo/models/task.js
```
var db = require('../db');
var ObjectId = require('mongodb').ObjectId;

var collectionName = 'tasks';

module.exports = {
  all: function(callback) {
    db.get().collection(collectionName).find().toArray(callback);
  },
};
```

该函数通过MongoClient的数据库连接进行了异步调用。它获取tasks集合，使用find函数
执行查询，并要求返回一个数组。一旦MongoDB完成查询，它就会调用一个回调函数。all函数
将接收到的回调函数作为参数传递给toArray函数，因此，MongoClient实际上会直接将响应发
送给all函数的调用者。

查看以watch模式运行的Mocha的输出，确保包括db-test.js中的测试在内的所有测试都通过
了。db-test.js位于test/server目录下，而task-test.js则在test/server/models目录下，但因为有
--recursive选项，所以Mocha会运行这些测试。

如果可以想到有关all函数的一些反向测试，那么就编写出来，然后对all函数进行适当修
改。完成后我们接着设计get函数。

6.4.3 设计 get 函数

all函数返回tasks集合中的所有数据，而get函数只会返回指定id的任务。如果没有找到，
则返回null。记住，因为MongoClient的函数是异步的，所以模型函数全部都是异步的。

以下是为get函数编写的第一个测试。

testexpress/todo/test/server/models/task-test.js
```
it('get should return task with given id', function(done) {
  var callback = function(err, task) {
    expect(task.name).to.be.eql('task1');
    expect(task.month).to.be.eql(10);
    done();
  };
```

```
  task.get('123412341240', callback);
});
```

该测试传递了一个有效的id，并验证返回值与测试固件中的一个预设任务相同。以下是可以
让上述测试通过的get函数的实现代码。

testexpress/todo/models/task.js
```
get: function(taskId, callback) {
  db.get().collection(collectionName)
    .find({'_id': new ObjectId(taskId)}).limit(1).next(callback);
},
```

完成这项工作的代码很简短。all函数调用find函数时没有传入参数，而这里则传入了指定
对象的id，之后使用limit函数将结果限定为单个。

现在我们编写第二个测试。

testexpress/todo/test/server/models/task-test.js
```
it('get should return null for non-existing task', function(done) {
  var callback = function(err, task) {
    expect(task).to.be.null;
    done();
  };

  task.get(2319, callback);
});
```

这个测试传递了一个随机id值，即该值不在预设数据中，然后验证返回结果为null。我们
快速确认一下该测试以及之前的所有测试都可以通过。

接下来继续为add函数编写测试。

6.4.4　设计 add 函数

不同于之前的函数，add函数依赖用户输入的数据。一旦涉及用户输入，我们就需要更多的
错误检查。如果输入的数据是合法的，那么add函数应该生成一个任务，并将它插入数据库，否
则就应该返回错误信息。因为一个任务包含多个参数，所以多个地方可能会出现错误。我们需要
检查每个参数都是合法的，但这就出现一个问题了。

如果可能，最好是在客户端执行检查。这样更快，而且只需要更少的服务器传送。但仍然需
要在服务器端进行检查，因为发送到服务器的数据可能会绕过客户端的检查。但是，复制代码是
一种很疏忽的行为。我们需要在服务器端和客户端共享校验代码，以维护良好的设计。

保持数据验证代码DRY

避免在客户端和服务器端复制任何校验代码。复制代码会增加代码维护和错误修复的成本。

我们就采用这种方式来设计校验代码。如果数据校验只需要在服务器端进行，那么就在add函数中执行；如果数据校验需要在服务器端和客户端都进行，那么就在validateTask函数中执行，这种情况是很常见的，服务器端和客户端会共享该函数。我们将在完成模型函数的测试后再讨论validateTask函数。目前，我们所要验证的就是add函数是否正确调用了validateTask。

现在，我们对于如何设计add函数已经有了相当不错的想法。从正向测试开始，接着进行反向测试，最后是对新任务的校验。

1. 从正向测试开始

现在开始设计add函数。首先来看一下正向测试。

testexpress/todo/test/server/models/task-test.js
```
it('add should return null for valid task', function(done) {
  var callback = function(err) {
    expect(err).to.be.null;
    task.all(function(err, tasks) {
      expect(tasks[3].name).to.be.eql('a new task');
      done();
    });
  };

  task.add(sampleTask, callback);
});
```

在这个测试中，我们需要验证两件事情：第一，add函数没有返回任何错误；第二，数据真的添加到数据库中了。为此，我们在传递给add函数的回调中验证err参数为null。接着，我们调用all函数来检查新的任务是否出现在数据库中。

现在编写最少的代码让该测试可以通过。在task.js的add函数中添加以下代码。

testexpress/todo/models/task.js
```
add: function(newTask, callback) {
    db.get().collection(collectionName).insertOne(newTask, callback);
},
```

在add函数中，我们获取数据库连接，并调用insertOne函数，向该函数传递newTask和callback参数。insertOne函数会向数据库插入指定任务，然后调用callback以通知操作完成。确保保存task.js文件后Mocha就会报告所有测试都通过了。

2. 编写反向测试

现在我们着重关注 add 函数的一系列反向测试。首先，我们要检查一下重复的任务不能添加到数据库中。因为客户端上的数据随时可能过期，所以可以只在服务器端验证。

```
testexpress/todo/test/server/models/task-test.js
var expectError = function(message, done) {
  return function(err) {
    expect(err.message).to.be.eql(message);
    done();
  };
};

it('add should return Error if task already exists', function(done) {
  sampleTask = sampleTasks[0];
  delete sampleTask._id;
  task.add(sampleTask, expectError('duplicate task', done));
});
```

expectError 是一个辅助函数，用于检查是否接收到正确的错误消息，并通知测试完成。该测试尝试向数据库添加一个已存在的任务，并验证该请求优雅地失败了。修改 add 函数，以便该测试可以通过。

```
testexpress/todo/models/task.js
add: function(newTask, callback) {

  var found = function(err, task) {
    if(task)
      callback(new Error('duplicate task'));
    else
      db.get().collection(collectionName).insertOne(newTask, callback);
  };

    db.get().collection(collectionName).find(newTask).limit(1).next(found);
},
```

我们改进了 add 函数以满足新测试的需求。获取数据库连接后，在调用 find 函数前先检查传入的任务是否已经存在。新的内部函数 found 用作 find 函数的回调函数。如果查询到这个任务，则该函数会以错误消息 "duplicate task" 为参数调用 callback。如果没有查询到，则执行插入操作。

这个测试考虑到了重复任务的情况，但还有很多其他地方可能会出错。我们接着来看看任务校验。

3. 校验新任务

任务名可能会缺失，或者日期参数可能会出错。这些字段的校验应该在客户端和服务器端都进行。这项任务应该委托给 validateTask 函数。我们编写一些测试来检查 add 函数是否正确调用了 validateTask 函数。现在开始编写第一个测试。

如果add函数直接依赖validateTask，那么很难使用stub或者mock来代替后者。我们将采用依赖注入的方式解决这个问题。包含模型函数的task对象可以拥有一个validate属性，该属性用于引用validateTask函数。这样一来，使用测试替身代替该引用就容易多了。我们这就来看看具体如何操作。

首先，我们编写一个测试来验证validate属性是否引用了validateTask函数。

testexpress/todo/test/server/models/task-test.js
```
it('task.validate should refer to validateTask', function() {
  expect(task.validate).to.be.eql(validateTask);
});
```

同样，记得为包含validateTask函数的文件添加require。

testexpress/todo/test/server/models/task-test.js
```
var validateTask =
  require('../../../public/javascripts/common/validate-task');
```

要想上述测试可以通过，我们需要在task.js中给task添加validate属性。

testexpress/todo/models/task.js
```
validate: validateTask,
```

我们需要使用validateTask函数，但还不打算实现它，因为需要为它编写测试，而现在我们又正在测试与task相关的模型函数。先修改task.js文件，引入包含validateTask函数的文件。

testexpress/todo/models/task.js
```
var validateTask = require('../public/javascripts/common/validate-task');
```

接着在todo/public/javascripts/common/validate-task.js文件中用以下临时代码代替validateTask的实现。

testexpress/todo/public/javascripts/common/validate-task.js
```
var validateTask = function(task) {
  return true;
}
(typeof module !== 'undefined') && (module.exports = validateTask);
```

该文件将由服务器端和客户端共享。客户端不会使用require来获取其他文件中的函数，而是通过window对象来获取。对module和exports的检查可以让该代码同时在服务器端和客户端都适用。你可以随意使用自己喜欢的技术来共享代码。

validateTask的实现目前是临时的，当我们为它编写测试以对其进行逐步改进时，它会对任务进行校验。

现在回到add函数的测试上，当给定一个新任务时，验证add函数是否调用了validate。

testexpress/todo/test/server/models/task-test.js

```
it('add should call validate', function(done) {
    validateCalled = false;

    task.validate = function(task) {
        expect(task).to.be.eql(sampleTask);
        validateCalled = true;
        return validateTask(task);
    };

    task.add(sampleTask, done);

    expect(validateCalled).to.be.true;

    task.validate = validateTask;
});
```

该测试为validate属性创建了一个spy。该spy断言validate所引用的函数被调用了，而且其参数就是传递给add函数的任务。首先，该spy通过设置validateCalled标记来标识自己被调用了，并返回validateTask函数的调用结果。然后，该测试调用add函数，向它传递一个示例任务和一个空的回调函数。接下来，通过检查validateCalled标记来验证validateTask函数是否真的被调用。最后，使用validateTask函数的原始引用取代spy。修改add函数以通过该测试。只在传入的任务数据合法时才调用find。

testexpress/todo/models/task.js

```
if(this.validate(newTask))
    db.get().collection(collectionName).find(newTask).limit(1).next(found);
```

这是传入的任务合法时的情况，我们还需要测试传入的任务非法时的情况，也就是validateTask返回false的情况。我们为此编写一个测试。

testexpress/todo/test/server/models/task-test.js

```
it('add should handle validation failure', function(done) {
    var onError = function(err) {
        expect(err.message).to.be.eql('unable to add task');
        done();
    };
    task.validate = function(task) { return false; };

    task.add(sampleTask, onError);

    task.validate = validateTask;
});
```

该测试为validate属性创建了stub，并返回false来模拟传入的任务为非法时的情况。接着测试断言传递给add函数的回调中接收到了正确的错误消息。我们需要在add函数中编写else部分，以便该测试可以通过。

testexpress/todo/models/task.js
```
if(this.validate(newTask))
  db.get().collection(collectionName).find(newTask).limit(1).next(found);
else
  callback(new Error("unable to add task"));
```

为添加新任务设计代码要比之前的操作花费更多的精力。接下来我们来看一下整段代码。

4. 回顾add函数

我们使用几个测试编写了add函数。现在回过头看一下add函数的完整代码。

testexpress/todo/models/task.js
```
add: function(newTask, callback) {

  var found = function(err, task) {
    if(task)
      callback(new Error('duplicate task'));
    else
      db.get().collection(collectionName).insertOne(newTask, callback);
  };

  if(this.validate(newTask))
    db.get().collection(collectionName).find(newTask).limit(1).next(found);
  else
    callback(new Error("unable to add task"));
},
```

add函数的作用非常重要，我们编写的测试完整地验证了它的行为。现在我们来设计最后一个模型函数——delete。

6.4.5 处理 delete 函数

delete函数接收一个任务id，然后删除该id对应的任务。我们为该函数编写一个正向测试和几个反向测试。先从正向测试开始。

testexpress/todo/test/server/models/task-test.js
```
it('delete should send null after deleting existing task', function(done) {
  var callback = function(err) {
    expect(err).to.be.null;
    task.all(function(err, tasks) {
      expect(tasks.length).to.be.eql(2);
      done();
    });
  };
  task.delete('123412341242', callback);
});
```

该正向测试可以验证delete函数是否删除了存在的数据，以及是否通过回调函数返回null。
在回调函数中，对all函数调用的响应验证了数据库中的任务数量比最初设置的少了一个。在
task.js文件中添加以下代码，以便该测试可以通过。

testexpress/todo/models/task.js
```
delete: function(taskId, callback) {
  var handleDelete = function(err, result) {
      callback(null);
  };

  db.get().collection(collectionName)
    .deleteOne({'_id': new ObjectId(taskId)}, handleDelete);
},
```

delete函数使用数据库连接对象调用了deleteOne函数，并将传给delete函数的id以及一
个内部函数的引用作为它的参数。当调用该内部函数时，deleteOne会转而调用传给delete的
callback，并向它传递null以表明操作成功。

该测试关注的是delete函数的正向测试。我们再编写一个反向测试来验证传入无效任务id
时的情况。

testexpress/todo/test/server/models/task-test.js
```
it('delete should return Error if task not found', function(done) {
  task.delete('123412341234123412342319',
    expectError('unable to delete task with id: 123412341234123412342319',
      done));
});
```

该测试传入了一个不存在的id，并断言错误消息表示该id对应的任务无法删除。修改delete
函数，以便该测试可以通过。

testexpress/todo/models/task.js
```
delete: function(taskId, callback) {
  var handleDelete = function(err, result) {
    if(result.deletedCount != 1)
      callback(new Error("unable to delete task with id: " + taskId));
    else
      callback(null);
  };

  db.get().collection(collectionName)
    .deleteOne({'_id': new ObjectId(taskId)}, handleDelete);
},
```

在handleDelete内部函数中，如果deleteOne返回的删除数量不为1，那么就通过给定的
callback传递一个错误消息。我们再来编写一个反向测试，以检查delete函数能否正确处理没
有传入id的情况。

```
testexpress/todo/test/server/models/task-test.js
```
```
it('delete should return Error if task id not given', function(done) {
  task.delete(undefined,
    expectError('unable to delete task with id: undefined', done));
});
```

之前编写的代码已经可以处理这种情况了，至此所有的测试都能通过。确认后再继续。

模型函数已经完成了。模块化的设计、对数据库连接的依赖反转，以及测试固件的适当设置使得繁复的测试步骤变得更加轻松。

validate函数依赖于validateTask。接着就来设计这个函数。

6.4.6　设计共享的校验代码

validateTask用于校验传入的任务是否具有所有需要的属性。需要编写大量测试来验证validateTask函数的行为。我们将在todo/test/server/common/validate-task-test.js文件中编写相关的测试。

1. 创建测试套件和设置代码

我们从编写设置代码开始。

```
testexpress/todo/test/server/common/validate-task-test.js
```
```
var expect = require('chai').expect;
var validateTask =
  require('../../../public/javascripts/common/validate-task');

describe('validate task tests', function() {
  var sampleTask;

  var expectFailForProperty = function(property, value) {
    sampleTask[property] = value;
    expect(validateTask(sampleTask)).to.be.false;
  };

  beforeEach(function() {
    sampleTask = {name: 'a new task', month: 12, day: 10, year: 2016};
  });
});
```

我们调用require向该测试文件引入了validate-task.js文件。在测试套件中，我们创建了辅助函数expectFailForProperty，它将一个示例任务对象的属性设置为该函数接收到的值，并断言validateTask函数返回false。我们在beforeEach函数中创建了一个名为sampleTask的示例任务，该示例任务包含了所有必要的属性。我们将在每个测试中都使用这个sampleTask实例，而不是每次重复创建一个任务。

2. 编写正向测试

我们现在为validateTask编写第一个测试，一个验证示例任务合法的正向测试。

testexpress/todo/test/server/common/validate-task-test.js

```
it('should return true for valid task', function() {
  expect(validateTask(sampleTask)).to.be.true;
});
```

该测试只是用一个符合要求的sampleTask为参数调用了validateTask函数。回忆一下当设计add函数只返回true时我们为validateTask函数编写的临时实现代码。因此，不需要修改该函数就能通过现在这个测试。我们接着编写反向测试。

3. 编写反向测试

我们编写的第一个反向测试将验证，如果没有向validateTask传入参数，那么该函数会返回false。

testexpress/todo/test/server/common/validate-task-test.js

```
it('should return false for undefined task', function() {
  expect(validateTask()).to.be.false;
});
```

为了让该测试可以通过，我们需要对validateTask函数进行一些小小的修改。

testexpress/todo/public/javascripts/common/validate-task.js

```
var validateTask = function(task) {
  if(task)
    return true;
  return false;
}
```

validateTask函数还应该检验值为null的参数也是非法的，我们为此进行一个测试。

testexpress/todo/test/server/common/validate-task-test.js

```
it('should return false for null task', function() {
  expect(validateTask(null)).to.be.false;
});
```

无须修改代码就能通过该测试。接下来验证，如果一个任务的name属性是未定义的，那么validateTask返回false。

testexpress/todo/test/server/common/validate-task-test.js

```
it('should return false for undefined name', function() {
  expectFailForProperty('name');
});
```

我们需要再次修改validateTask函数，让该测试可以通过。

testexpress/todo/public/javascripts/common/validate-task.js

```
var validateTask = function(task) {
  if(task && task.name)
    return true;
  return false;
}
```

这个改动很小，我们只是在if条件中加入了task.name。再次验证name属性为null的情况。

testexpress/todo/test/server/common/validate-task-test.js

```
it('should return false for null name', function() {
  expectFailForProperty('name', null);
});
```

无须修改代码，刚才添加的条件已经可以满足这个测试了。我们已经验证了validateTask函数在name属性为undefined或者null时的行为。但还需要确定该函数在name属性的值为空字符串时的行为。如果name属性的值为空，那么我们就认定该任务是非法的。具体测试如下所示。

testexpress/todo/test/server/common/validate-task-test.js

```
it('should return false for empty name', function() {
  expectFailForProperty('name', '');
});
```

出乎意料的是，保存文件后，Mocha报告包括这个测试在内的所有测试都通过了。我们编写的代码已经能够覆盖这种情况，因此不需要额外的代码来处理name属性。现在将注意力放在month属性上。

4. 保持测试DRY

month属性不应该是undefined、null或者一个任意的字符串，它应该是一个数字。day和year属性同样遵循这个规则。我们不想为这3个属性重复这些测试。我们将用可重用的方式为month编写测试，以便这些测试也能够用于另外两个属性。

testexpress/todo/test/server/common/validate-task-test.js

```
['month'].forEach(function(property) {
  it('should return false for undefined ' + property, function() {
    expectFailForProperty(property);
  });

  it('should return false for null ' + property, function() {
    expectFailForProperty(property, null);
  });

  it('should return false for non number ' + property, function() {
    expectFailForProperty(property, 'text');
  });
});
```

虽然编写了3个测试，但我们将这些测试放在了一个包含单个元素 `'month'` 的数组的 `for Each` 迭代中。这种形式将为数组中的每一个元素创建3个测试，目前只有一个元素，但我们马上就会添加另外两个。

这些测试需要我们再次修改 `validateTask` 函数。

testexpress/todo/public/javascripts/common/validate-task.js
```
var validateTask = function(task) {
  if(task && task.name &&
    task.month && !isNaN(task.month))
      return true;
  return false;
}
```

现在，`validateTask` 函数检查了 `month` 属性不为空，并且是一个数字。修改包含 `'month'` 的数组，从而让它包含另外两个属性，如下所示。

testexpress/todo/test/server/common/validate-task-test.js
```
['month', 'day', 'year'].forEach(function(property) {
```

最后一次修改 `validateTask` 函数，让这些测试可以通过。

testexpress/todo/public/javascripts/common/validate-task.js
```
var validateTask = function(task) {
  if (task && task.name &&
    task.month && !isNaN(task.month) &&
    task.day && !isNaN(task.day) &&
    task.year && !isNaN(task.year))
      return true;

  return false;
};
```

`validateTask` 是一个同步函数，而且它的实现相当直观。现在的代码已经能够让目前编写的所有测试都通过。是时候开始设计路由函数了。

6.5 设计路由函数

路由函数是通过 Express 注册的回调函数。它是为 URI 路径和 HTTP 请求方式注册的。该回调函数通常接收3个参数：HTTP 请求（`req`）、HTTP 响应（`res`），以及下一个路由处理器（`next`）。与通过路由函数调用的模型函数不同，我们并不是直接在应用代码中调用任何路由函数，而是由 Express 通过 HTTP 请求来调用它们。作为响应，处理器通常会将数据发送给 HTTP 响应对象。这会让人感到困惑，我们究竟要如何测试一个从不在应用代码中被调用的函数呢？

好吧，我们的测试可以假装自己是 Express，然后调用这些函数来验证它们的行为，就是这么简单。因为 JavaScript 可以很容易地让 JSON 对象替代真正的对象，所以我们可以传递 JSON 对象来代替req、res和next，用需要的预设行为让测试通过。

测试路由时依靠测试替身

 在测试路由时，可以依赖测试替身来避免启动和运行服务器或者数据库。

6.5.1 重温路由

在为路由回调函数编写第一个测试前，我们先回顾一下路由文件要做什么。先从最熟悉的地方开始，查看todo项目中routes目录下的index.js文件，它是由Express生成器创建的。

testexpress/todo/routes/index.js
```js
var express = require('express');
var router = express.Router();

/* GET home page. */
router.get('/', function(req, res, next) {
  res.render('index', { title: 'Express' });
});

module.exports = router;
```

我们来研究一下这个文件的内容，以便理解其中每一行的作用。

首先，它加载了express模块。接着，express对象的Router函数被调用来获取一个router实例。这个实例就是该模块在文件最后返回的。文件还创建了一个回调函数，该回调函数是作为router.get第二个参数的匿名函数，其实就是用于处理发送到/后缀的GET请求。

我们即将为tasks路由创建的tasks.js文件与上面这个文件很类似。所有路由文件（如index.js）都具备以下特点。

❑ 每个方法（如GET、POST和DELETE）都通过传递两个参数来注册回调处理器，这两个参数为路径后缀和一个回调函数。
❑ 每个注册的回调处理器都可以从req对象中获取一些参数，与模型函数交互，并调用res对象的一些函数。它们还可以调用next的函数。

我们已经对路由文件进行了回顾，现在思考一下如何测试这些文件中的代码的行为。

在测试路由函数时应该关注以下两件事。

(1) 验证为HTTP方法（如GET）注册了处理器。

(2) 验证注册的处理器正确地与请求、响应，以及模型函数进行了交互。

为了验证注册，我们可以为router实例的get函数这样的函数创建mock，然后验证该路由文件中的代码是否与这些函数进行了交互。

为了验证这些处理器的行为，我们可以为req、res或者可选的next实例创建stub或者mock。这样一来，stub可以返回预设的数据，而mock可以验证代码与它的依赖对象（如HTTP响应）进行了正确的交互。

通过使用这种方式，我们可以充分验证是否为HTTP方法注册了必要的回调，而且这些回调执行了必要的操作。这并不困难，我们来尝试一下。

就目前的程序而言，我们需要注册以下路径和方法。

❑ /–GET：用于获取所有的任务。

❑ /:id–GET：用于获取指定id的任务。

❑ /–POST：用于创建一个新任务。

❑ /:id–DELETE：用于删除一个指定id的任务。

现在我们开始编写测试。

6.5.2　从为 Router 创建 stub 开始

路由函数的测试放在testexpress/todo/test/server/routes目录下的tasks-test.js文件中。路由函数则放在testexpress/todo/routes目录下的tasks.js文件中。方便起见，工作空间中已经提供了这些空文件。

第一步，在tasks-test.js文件中使用require函数来加载必要的模块。

testexpress/todo/test/server/routes/tasks-test.js
```
var expect = require('chai').expect;
var sinon = require('sinon');
var task = require('../../../models/task');
var express = require('express');
```

这段代码最重要的部分是没有使用require加载routes/tasks.js文件，暂时没有。现在先不要加载，为express.Router函数创建stub后再加载。beforeEach函数是创建该stub的最佳位置，而afterEach函数可以将被替代的内容恢复为原始状态以供后续测试使用。

testexpress/todo/test/server/routes/tasks-test.js
```
describe('tasks routes tests', function() {
  var sandbox;
  var router;

  beforeEach(function() {
    sandbox = sinon.sandbox.create();

    sandbox.stub(express, 'Router').returns({
      get: sandbox.spy(),
      post: sandbox.spy(),
```

```
      delete: sandbox.spy()
    });

    router = require('../../../routes/tasks');
  });

  afterEach(function() {
    sandbox.restore();
  });

});
```

在beforeEach函数中，我们用一个stub代替了express的Router函数，该stub返回一个包含属性get、post和delete的JSON对象。这3个属性分别引用一个spy函数，该spy函数为空，只是用于在被调用时记录这些参数。只有为Router函数创建了stub后，才调用require加载routes/tasks.js文件。当该文件执行require(express)时，routes/tasks.js中的代码就会使用这个stub代替原始的Router函数。这是因为测试已经加载了这个文件，并且为Router创建了stub。是不是很简洁？

6.5.3　测试路径/的 GET 方法

路径/应该处理HTTP的GET请求。我们编写一个测试来验证这个路由的注册。将该测试添加在tasks-test.js的afterEach函数后面。

testexpress/todo/test/server/routes/tasks-test.js
```
it('should register URI / for get', function() {
  expect(router.get.calledWith('/', sandbox.match.any)).to.be.true;
});
```

一开始看起来很复杂，但多亏能够为Router函数创建stub，实际的测试惊人地简单。

我们来了解一下这是如何运作的。在beforeEach函数中加载routes/tasks.js文件。当该文件被加载时，其中的代码会加载express，然后调用express.Router()来获取一个router实例。这些步骤和之前在index.js中看到的很相似。接收到的router实例则是由测试套件为Router创建的stub返回的预设值。因此，当routes/task.js中的代码调用router的get函数时，它会被测试套件中创建的spy拦截。

我们编写最少的代码让该测试通过。路由函数的代码放在testexpress/todo/routes/tasks.js文件中。

testexpress/todo/routes/tasks.js
```
var express = require('express');
var task = require('../models/task');

var router = express.Router();
```

```
router.get('/', undefined);

module.exports = router;
```

因为目前的测试只验证了是否为路径后缀/注册GET方法，所以实现代码也就只做了这件事。代码以作为路径的/和作为回调的undefined为参数调用get函数。保存文件，确认以watch模式运行的Mocha报告包括这个路由测试在内的所有测试都通过了。

为路径后缀注册函数只是路由测试的一半。当Express根据路径/上接收到的GET请求来调用回调处理器时，我们希望该回调从数据库获取所有的任务，并返回JSON对象的一个数组。为了测试这个处理器，我们需要处理两个问题。

首先，为了测试这个处理器，我们必须先获得它。但是该处理器是作为第二个参数传给get函数的，目前在被测代码中的状态是undefined。乍看之下，很难在测试中获取到它。但是，好在代替get函数的spy可以帮助我们解决这个问题。

其次，该处理器需要与model/task.js中的模型函数进行交互，这要求我们建立数据库。其实没那么麻烦。我们可以直接在测试中为模型函数创建stub，这样就可以在脱离真实数据库的情况下测试回调处理器了。

我们用这些方法来测试路径/的GET方法中的回调处理器。

testexpress/todo/test/server/routes/tasks-test.js
```
var stubResSend = function(expected, done) {
  return { send: function(data) {
    expect(data).to.be.eql(expected);
    done();
  }};
};

it("get / handler should call model's all & return result",
  function(done) {
  var sampleTasks = [{name: 't1', month: 12, day: 1, year: 2016}];

  sandbox.stub(task, 'all', function(callback) {
    callback(null, sampleTasks);
  });

  var req = {};
  var res = stubResSend(sampleTasks, done);

  var registeredCallback = router.get.firstCall.args[1];
  registeredCallback(req, res);
});
```

在测试之前，我们先创建了一个辅助函数，以返回为res的send函数创建的stub。我们在该stub中验证它接收到的数据是否与预期的值相等，并通过调用done()来通知测试完成。

我们的测试先为task.all函数创建了一个stub，并返回一个预设的任务数组。回忆一下模型设计，all函数从数据库获取任务列表。这个stub绕过了数据库访问以方便测试。

在能够验证路由处理器的行为之前，测试需要获得该处理器的引用。在路由文件中，我们感兴趣的这个处理器将作为第二个参数注册给get函数。获取该参数并不困难，只需要让router.get函数的spy将接收到的第二个参数返回即可。我们通过firstCall来获取第一次调用get函数时的详细数据，目前只调用了一次，但之后还会调用。获取后，我们就可以从args属性中获取第二个参数。最后，为了完成测试，我们使用为req和res创建的stub作为参数来调用获取到的路由处理器。

仅仅通过创建stub的几行代码，我们就完全避免了数据库访问，还获取到了路由处理器，并且验证了该处理器准确执行了我们要求的工作。现在，我们来实现之前暂定为undefined的回调处理器。

testexpress/todo/routes/tasks.js
```
router.get('/', function(req, res, next) {
  task.all(function(err, tasks) {
    res.send(tasks);
  });
});
```

我们所要做的就是调用task.all函数，在它的回调函数中，我们将接收到的tasks数组传给res对象的send函数。事实上，该路由处理器将任务数组的JSON对象作为响应。如果响应结果是HTML而非JSON对象，那么我们应该调用render而不是send，正如之前看到的index.js文件中的代码。上面的测试针对的是路径/的GET方法。接下来我们关注另一个GET方法，但是这次是/:id路径。

6.5.4 测试路径/:id 的 GET 方法

处理路径后缀/的GET方法会返回所有的任务，而发送给路径后缀/42这样的GET请求则应该只返回该id对应的任务。模型函数get能够用于从数据库中获取该任务。对应的路由回调处理器需要从Web请求中接收id，调用模型函数task.get，检查错误并返回合适的响应结果。我们来思考一下这个路由函数的测试。

首先验证是否以路径/:id作为参数调用了get函数，这是一个非常简短且简单的测试。

testexpress/todo/test/server/routes/tasks-test.js
```
it('should register URI /:id for get', function() {
  expect(router.get.calledWith('/:id', sandbox.match.any)).to.be.true;
});
```

该测试不要求我们编写很多代码，主要用于梳理函数的初始声明。在routes/tasks.js文件中，我们已经为路径/调用了get方法。现在我们添加另一个get调用，但这次是路径/:id。

```
router.get('/:id', function(req, res, next) {});
```

修改完tasks.js文件后，确保包括这个新测试在内的所有测试都通过了。

下一个测试应该帮助我们实现为get函数注册的回调函数。为此，我们将从get函数中获取该回调的引用，调用并验证它是否完成了自己的任务。

testexpress/todo/test/server/routes/tasks-test.js
```
it("get /:validid handler should call model's get & return a task",
  function(done) {
  var sampleTask = {name: 't1', month: 12, day: 1, year: 2016};

  sandbox.stub(task, 'get', function(id, callback) {
    expect(id).to.be.eql(req.params.id);
    callback(null, sampleTask);
  });

  var req = {params: {id: 1}};
  var res = stubResSend(sampleTask, done);

  var registeredCallback = router.get.secondCall.args[1];
  registeredCallback(req, res);
});
```

之前的测试使用firstCall.args[1]来获取回调处理器，而这个测试则使用secondCall.args[1]。这是因为routes/tasks.js文件将会调用两次router.get，但会使用两个不同的路径和处理器。在测试的过程中，这两次调用都会由get函数的spy接收，我们决定获取感兴趣的那次调用的详细信息。

需要注意的一点是，测试要求以特定的顺序注册路由处理器，先是/，后是/:id。如果在代码中改变了它们的注册顺序，那么测试将会失败。这提醒我们，测试在一定程度上依赖代码的实现。但好消息是，这类失败的反馈是相当快速的。

该测试没有什么特别之处。它和之前为路径/编写的测试很相似。我们为这个get调用编写最少的代码以通过该测试，这次还是在routes/task.js文件中。

```
router.get('/:id', function(req, res, next) {
  task.get(req.params.id, function(err, task) {
    res.send(task);
  });
});
```

在get中注册的处理器调用task的get函数。接收到对应id的任务实例后，该函数会被发送给响应对象res。

我们还需要关注一个问题。如果传入一个无效的id，那么task.get函数会返回null。我们应该优雅地返回一个空JSON对象，而不是null。再为这个路由处理器编写最后一个测试，以验证它是否优雅地将null转换成{}来表示该id没有对应的任务。

testexpress/todo/test/server/routes/tasks-test.js

```
it("get /:invalidid handler should call model's get & return {}",
  function(done) {
  var sampleTask = {};

  sandbox.stub(task, 'get', function(id, callback) {
    expect(id).to.be.eql(req.params.id);
    callback(null, null);
  });

  var req = {params: {id: 2319}};
  var res = stubResSend(sampleTask, done);

  var registeredCallback = router.get.secondCall.args[1];
  registeredCallback(req, res);
});
```

修改为get函数注册的回调函数，确保至此编写的3个测试都可以通过。

testexpress/todo/routes/tasks.js

```
router.get('/:id', function(req, res, next) {
  task.get(req.params.id, function(err, task) {
    if(task)
      res.send(task);
    else
      res.send({});
  });
});
```

快速查看Mocha的输出，确保所有测试都通过了。现在是时候继续为路径后缀/的POST方法设计路由处理器了。

6.5.5　处理路径/的 POST 方法

除了GET请求，我们也需要向路径后缀/发送POST请求，用于添加一个新任务。首先，我们需要测试该路径的注册。接着，验证处理器是否调用了模型函数task.add，并在一切正常的情况下返回成功。此外，我们还应该验证添加失败时该函数是否优雅地返回了错误消息。因此，POST路由有3个测试。我们从第一个测试开始。

testexpress/todo/test/server/routes/tasks-test.js

```
it('should register URI / for post', function() {
  expect(router.post.calledWith('/', sandbox.match.any)).to.be.true;
});
```

与之前处理路径:/id的get方法类似，这个测试只是简单地验证是否为post方法注册了路径/。它的实现代码与为get方法编写的实现代码很类似。花几分钟在tasks.js文件中实现它，从而让该测试通过。完成后，继续下一个测试，即验证处理器的行为，该处理器为处理/路由的 post 方法而注册。

```
testexpress/todo/test/server/routes/tasks-test.js
it("post / handler should call model's add & return success message",
  function(done) {
  var sampleTask = {name: 't1', month: 12, day: 1, year: 2016};

  sandbox.stub(task, 'add', function(newTask, callback) {
    expect(newTask).to.be.eql(sampleTask);
    callback(null);
  });

  var req = { body: sampleTask };
  var res = stubResSend('task added', done);

  var registeredCallback = router.post.firstCall.args[1];
  registeredCallback(req, res);
});
```

该测试获取注册的回调函数，并验证它是否调用了 task 模型的 add 函数。该测试能够帮助我
们实现为 post 注册的回调，尝试一下，然后为 post 方法编写最后一个测试。

```
testexpress/todo/test/server/routes/tasks-test.js
it("post / handler should return error message on failure", function(done) {
  var sampleTask = {month: 12, day: 1, year: 2016};

  sandbox.stub(task, 'add', function(newTask, callback) {
    expect(newTask).to.be.eql(sampleTask);
    callback(new Error('unable to add task'));
  });

  var req = { body: sampleTask };
  var res = stubResSend('unable to add task', done);

  var registeredCallback = router.post.firstCall.args[1];
  registeredCallback(req, res);
});
```

这个测试验证了添加非法任务时处理器的行为，它期望处理器能够优雅地返回错误消息。

现在我们来看一下允许以上 3 个测试都通过的代码实现。

```
testexpress/todo/routes/tasks.js
router.post('/', function(req, res, next) {
  task.add(req.body, function(err) {
    if(err)
      res.send(err.message);
    else
      res.send('task added');
  });
});
```

如果模型函数task.add返回错误，那么回调函数将其错误消息作为响应返回。如果一切顺利，返回成功消息。这样就完成了POST方法的处理。现在实现DELETE的路由处理器就很容易了。

6.5.6 以路径/:id 的 DELETE 方法结束整个测试

对路径后缀/:id的DELETE方法的测试与POST方法的测试很类似，我们需要验证路径注册、检查删除操作是否成功，并检查操作失败的情况。先来编写第一个测试。

testexpress/todo/test/server/routes/tasks-test.js
```js
it('should register URI /:id for delete', function() {
  expect(router.delete.calledWith('/:id', sandbox.match.any)).to.be.true;
});
```

该测试验证是否为DELETE方法注册了处理器。花几分钟在tasks.js文件中实现它，以便该测试可以通过。接着继续下一个测试，这个函数与处理POST方法的代码类似。

下一个测试验证处理器是否调用了模型的delete函数，并通过res对象正确传回了调用结果。

testexpress/todo/test/server/routes/tasks-test.js
```js
it("delete /:validid handler should call model's delete & return success",
  function(done) {
  sandbox.stub(task, 'delete', function(id, callback) {
    expect(id).to.be.eql(req.params.id);
    callback(null);
  });

  var req = {params: {id: 1}};
  var res = stubResSend('task deleted', done);

  var registeredCallback = router.delete.firstCall.args[1];
  registeredCallback(req, res);
});
```

一旦通过在tasks.js中编写代码让该测试通过后，我们就可以为DELETE方法编写最后一个测试了。

testexpress/todo/test/server/routes/tasks-test.js
```js
it("delete /:invalidid handler should return error message",
  function(done) {
  sandbox.stub(task, 'delete', function(id, callback) {
    expect(id).to.be.eql(req.params.id);
    callback(new Error('unable to delete task with id: 2319'));
  });

  var req = {params: {id: 2319}};
  var res = stubResSend('unable to delete task with id: 2319', done);
```

```
    var registeredCallback = router.delete.firstCall.args[1];
    registeredCallback(req, res);
});
```

最后这个测试验证是否妥善处理了尝试删除一个不存在的任务的行为。除了用到的模型函数和成功消息，这个回调函数的实现与POST方法的很相似。我们来看一下用DELETE方法处理的tasks.js中的代码，它足以让以上3个与DELETE相关的测试通过。

testexpress/todo/routes/tasks.js
```
router.delete('/:id', function(req, res, next) {
  task.delete(req.params.id, function(err) {
    if(err)
      res.send(err.message);
    else
      res.send('task deleted');
  });
});
```

花一分钟确认所有测试都可通过，结果也确实是这样的。虽然花了不少时间，但我们的代码完全是自动化的，而且经过了充分的测试。你可能想要知道代码覆盖率是怎么样的，我们这就来看一下。

6.6　评估代码覆盖率

我们在编写所有代码前都是先编写测试的。因此，覆盖率报告的结果应该不出所料。下面来花几分钟看一下本书网站上在线资源中的代码。我们编写了以下测试：

❑ code/testexpress/todo/test/server/db-test.js

❑ code/testexpress/todo/test/server/models/task-test.js

❑ code/testexpress/todo/test/server/common/validate-task-test.js

❑ code/testexpress/todo/test/server/routes/tasks-test.js

在这些测试的帮助下，我们在以下文件中设计了函数：

❑ code/testexpress/todo/db.js

❑ code/testexpress/todo/models/task.js

❑ code/testexpress/todo/public/javascripts/common/validate-task.js

❑ code/testexpress/todo/routes/tasks.js

我们使用Istanbul来评估一下代码覆盖率，项目已经安装了这个工具。目前我们已经看到了测试的运行，这是执行npm test命令的结果，该命令在watch模式下运行Mocha。要想得到覆盖率报告，我们必须让Istanbul评估代码，然后运行测试。位于scripts部分的cover命令下的package.json中已经提供了需要使用的命令以节省你输入的时间。我们查看一下这条命令：

```
"cover":
  "istanbul cover node_modules/mocha/bin/_mocha -- --recursive test/server"
```

该命令调用istanbul，并传递命令行参数cover和_mocha。双破折号--表明后面的选项是用于Mocha而非Istanbul的。

在命令行窗口中输入以下命令来运行该脚本。

```
npm run-script cover
```

该命令将运行测试，并生成覆盖率报告。以下内容是执行该命令后的输出结果。

```
validate task tests
  ✓ should return true for valid task
  ✓ should return false for undefined task
  ✓ should return false for null task
  ✓ should return false for undefined name
  ✓ should return false for null name
  ✓ should return false for empty name
  ✓ should return false for undefined month
  ✓ should return false for null month
  ✓ should return false for non number month
  ✓ should return false for undefined day
  ✓ should return false for null day
  ✓ should return false for non number day
  ✓ should return false for undefined year
  ✓ should return false for null year
  ✓ should return false for non number year

db tests
  ✓ should pass this canary test
  ✓ get should return null connection by default
  ✓ close should set connection to null
  ✓ close should close existing connection
  ✓ connect should set connection given valid database name
  ✓ connect should reject invalid schema
  ✓ connect should reject invalid name

task model tests
  ✓ all should return all the tasks
  ✓ get should return task with given id
  ✓ get should return null for non-existing task
  ✓ add should return null for valid task
  ✓ add should return Error if task already exists
  ✓ task.validate should refer to validateTask
  ✓ add should call validate
  ✓ add should handle validation failure
  ✓ delete should send null after deleting existing task
  ✓ delete should return Error if task not found
  ✓ delete should return Error if task id not given

tasks routes tests
  ✓ should register URI / for get
  ✓ get / handler should call model's all & return result
  ✓ should register URI /:id for get
  ✓ get /:validid handler should call model's get & return a task
  ✓ get /:invalidid handler should call model's get & return {}
  ✓ should register URI / for post
  ✓ post / handler should call model's add & return success message
```

```
✓ post / handler should return error message on failure
✓ should register URI /:id for delete
✓ delete /:validid handler should call model's delete & return success
✓ delete /:invalidid handler should return error message


 44 passing (355ms)


============================ Coverage summary============================
Statements   : 100% ( 59/59 )
Branches     : 100% ( 26/26 )
Functions    : 100% ( 19/19 )
Lines        : 100% ( 59/59 )
=========================================================================
```

该输出结果显示了所有测试的运行结果及代码覆盖率。如果想要知道每个JavaScript源码文件的行覆盖率报告，可以打开coverage/lcov-report/index.html进行查看。

最后，我们将这个应用作为服务器来运行。

6.7 运行应用

测试都通过了，但我们还没有将应用作为服务器来运行，虽然这需要我们运行mongod数据库进程，但只在测试模型函数时需要这么做。我们将在本书后面讨论端到端测试，从UI层测试到数据库测试。在这之前，设计服务器端代码，丢给测试来运行是相当令人不安的。在看到成果作为一个真正的Express应用运行前，我们还不能高兴得太早。为此，我们还需要做一件事。

我们设计了db.js文件、model/task.js中的模型函数，以及routes/tasks.js中的路由函数。虽然路由都绑定了一些路径后缀，但我们还需要给路径分配一个前缀。我们选用/tasks前缀，让发送到 http://localhost:3000/tasks这个URL的GET请求转向我们在routes/tasks.js文件中为后缀/编写的GET方法的回调处理器。为了做到这一点，在app.js的以下代码的后面添加两行代码。

testexpress/todo/app.js
```
app.use('/users', users);
```

要添加的代码如下：

testexpress/todo/app.js
```
var tasks = require('./routes/tasks');
app.use('/tasks', tasks);
```

第一行从routes/tasks.js文件中获取一个router对象，该对象是我们设计用来注册4个路径的。第二行用来为该文件中的所有路径设置前缀/tasks。

对了，我们还需要让Express在启动时就连接数据库。为此，在app.js文件中上面两行的后面添加以下代码。

testexpress/todo/app.js

```
var db = require('./db');

db.connect('mongodb://localhost/todo', function(err) {
  if(err) {
    console.log("unable to connect to the database");
    throw(err);
  }
});
```

我们调用了connect函数，并向它传递了数据库名mongodb://localhost/todo。这是生产/开发环境的数据库，而不是我们在测试时使用的测试数据库。如果发生错误，那么会在控制台上输出错误消息并抛出一个异常，以此结束应用。希望一切顺利。

现在启动吧。确保之前用命令mongod --dbpath db启动的进程仍然在运行着，毕竟我们需要利用数据库让应用运行起来。现在，在todo目录下的命令行窗口中执行以下命令：

```
npm start
```

此时，Express显示node ./bin/www正在运行，并静静地等待着。我们向服务发送一个请求并查看输出结果。真糟糕，我们还没有创建任何HTML页面以便与这个应用进行交互。除了HTML页面，我们还必须编写一些客户端代码来发送HTTP请求。但在编写客户端代码前，我们应该先写测试。必须这样吗？我们现在只想关注服务器端，不想深入客户端的细节。

好在要想看到应用的运行情况，我们可以使用能够通过不同指令或方法发送HTTP请求的一些第三方程序。

我们将使用两种不同的工具来做这件事：一个基于命令行，另一个基于浏览器。你可以根据自己的喜好使用其中一个，或者两个都使用。

6.7.1　使用 Curl

Curl是一个很出色的命令行工具。它可以直接在基于Unix的系统上使用，也可以通过Cygwin在Windows系统上使用。这里我们将使用这个工具。在命令行窗口中输入以下命令，并查看应用的执行情况。

```
> curl -w "\n" -X GET http://localhost:3000/tasks
[]
> curl -w "\n" -X POST -H "Content-Type: application/json" \
  -d '{"name": "Practice TDD", "month": 8, "day": 10, "year": 2016}' \
  http://localhost:3000/tasks
task added
> curl -w "\n" -X GET http://localhost:3000/tasks
[{"_id":"568da96758102f0914bc93a6",
  "name":"Practice TDD","month":8,"day":10,"year":2016}]
> curl -w "\n" -X DELETE http://localhost:3000/tasks/568da96758102f0914bc93a6
task deleted
>
```

接着查看如何使用浏览器执行这件事，然后我们再探讨一下响应。

6.7.2 使用 Chrome 扩展程序

根据使用的浏览器，你可以使用一个名为REST的浏览器插件，它允许你创建和发送自定义的HTTP请求，并在页面上观察其结果。我们将使用客户端Chrome插件Advanced REST来手动运行该应用的服务器端。如果还没有为Chrome浏览器安装这个插件，那么现在就可以从Chrome Web Store[①]中下载。

打开该插件。在URL文本框中输入http://localhost:3000/tasks，确保在请求方式中选择了GET单选按钮，然后点击Send按钮。现在，底部的响应结果中显示的任务列表应该是[]，表示任务列表为空。

接着，选择POST请求，保留URL文本框中之前的URL，在"Headers"文本域中输入 Content-Type: application/json，然后在Payload文本域中输入{"name": "Practice TDD", "month": 8, "day": 10, "year": 2016}。最后，点击Send按钮后将会显示任务被添加的消息，如下图所示。

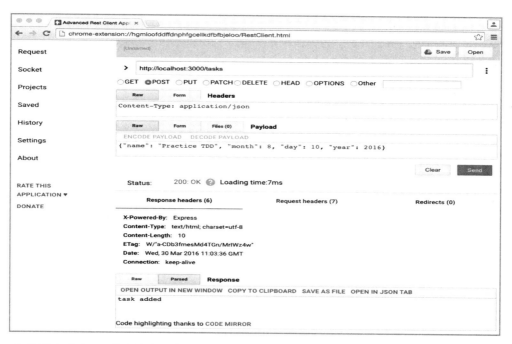

接着再次选中GET单选按钮，保留同样的URL，然后点击Send按钮。响应结果将会显示已添加任务的一个JSON对象。复制_id属性的值，然后点击Clear按钮清除文本域。现在，在URL文

---

① https://chrome.google.com/webstore/category/extensions

本框中输入http://localhost:3000/tasks/THEID，将THEID替换为之前复制的id。选择DELETE单选按钮并点击Send按钮，观察服务器响应。

6.7.3 观察响应

不管是使用Curl还是浏览器插件，程序的响应应该是相同的。我们来查看一下程序是如何响应这四个请求的。

该应用以 [ ] 响应第一个发送给URLhttp://localhost:3000/tasks的GET请求，表示没有数据。第二个请求是用来添加新任务的POST请求，该请求被成功处理，输出了task added作为响应。第三个请求验证任务添加成功，最后删除该任务的请求也顺利处理了。这个过程展示了应用的运行情况，即路由函数处理路由，模型函数处理持久化，而数据则保存在MongoDB的实例中。

虽然这个过程体现了服务器端的运行情况，但这个过程是手动的。创建UI后，你将学习如何通过UI来自动化执行集成测试。

6.8 小结

在本章中，你实践了如何通过自动化测试进行设计，并实现一个Express应用的服务器端。我们从策略设计出发，通过测试逐步增量开发。你学习了如何配置数据库，并为自动化验证设计模型函数。我们还探讨了如何在stub、spy和mock的帮助下完整地测试Express路由函数。在这个过程中，我们还创建了一个与客户端共享的校验函数。代码覆盖率达到了100%，而且整个自动化验证不需要真正启动Web服务器就能够完成。

下一章将探讨该应用的客户端的自动化验证。我们将看到UI的两个版本：一个使用内置函数来操作DOM，另一个则使用jQuery。

6

第 7 章

与DOM和jQuery协作

客户端JavaScript已经不是什么新技术了。但对丰富的用户交互的高要求以及客户端计算性能的提升，使得这门语言广泛运用于前端开发中。因此，我们更需要对在浏览器上运行的代码进行自动化验证。

验证客户端代码的行为带来了一些额外的挑战。在客户端编程主要是操作DOM并与服务进行交互。这意味着存在大量不确定的部分，也就增加了出错的可能性。如果采用手动验证，那么我们很快就会感到厌倦，因为需要不断地在浏览器中输入内容以检查代码是否符合预期。

我们可以通过一些技术来有效减轻验证客户端代码的痛苦。通过本章所学的技术，你可以在编写代码时不断进行验证。你不必急着创建HTML文件、手动启动浏览器，或者启动Web服务器。这些提高了开发效率，而且降低了修改代码的成本。

在本章中，我们将为上一章中的服务器端的TO-DO程序开发一个客户端。服务器接收JSON对象并提供一系列路由函数来操作任务。首先，我们探讨一下使用浏览器内置函数来操作DOM并与后端进行交互的代码的自动化测试。接下来，我们再研究如何在使用jQuery执行这些操作时进行测试。

7.1 创建策略设计

我们将增量地为TO-DO服务开发一个前端程序。UI提供的主要功能包括显示任务列表、添加任务和删除任务。

向TO-DO服务的/tasks路径发送的GET请求返回一个数组，该数组中包含JSON格式的任务。向该路径发送的POST请求添加一个任务，而DELETE请求则删除一个已存在的任务。为此设想一个前端，以下是为这3个操作设计的简单UI的草图。

该视图可以是一个纯HTML页面，包含一些可以动态更新的DOM元素，并且可以引用一个包含客户端代码的JavaScript文件。在加载浏览器时应该向服务请求一个任务列表，并在接收到数据后更新视图。当用户要求添加一个任务时，UI应该向服务器发送请求，然后使用接收到的数据或者错误消息来更新视图。该UI还应该执行删除任务的操作。

在编写和测试任务列表的代码前，我们不需要HTML文件，而且也不需要运行服务器。我们先思考一些测试以开始详细的细节。

7.2　通过测试创建战略设计

我们先为手头的编程任务创建一份测试列表，然后通过编写第一个测试来完成项目的准备工作。

7.2.1　创建测试列表

我们先为上述3个操作列举能够想到的一些初始测试。记住，这个列表并不完整，也不完美，它只是一份初始列表。

- ❑ getTasks更新taskscount
- ❑ getTasks更新任务表格
- ❑ 在window对象的onload中调用getTasks
- ❑ addTask更新消息
- ❑ addTask调用getTasks
- ❑ 在window对象的onload中注册添加任务的点击事件
- ❑ deleteTask更新消息
- ❑ deleteTask调用getTasks

一旦开始编写，我们就会想到更多的测试。我们现在已经准备开始编写第一个测试了，但在此之前需要先为客户端编程创建一个项目。

7.2.2 创建项目

这个客户端程序是todo应用的一部分，我们在上一章中编写了它的服务器端。为了便于练习，工作空间中的tdjsa/testdomjquery目录下的todo项目中保存了完整的服务器端代码。你可能已经注意到了，这个目录与你在上一章中使用的不同。此外，工作空间中还提供了编写客户端代码和测试所需要的一些目录和空文件。在为客户端代码编写测试前，花一分钟切换到这个目录，并熟悉一下其中的子目录和文件。

服务器端的测试位于test/server目录下，这些测试就是我们在上一章中编写的那些。我们将为客户端编写的测试放在test/client目录下，客户端代码则放在public/javascipts/src目录下。我们提供了一些空文件以供你使用，它们都放在了对应的目录下。

对客户端代码的自动测试将使用到Mocha、Chai、Sinon、Karma和Istanbul。执行`npm install`命令，以便为这个项目安装这些包。

todo目录下提供了使用`karma init`命令创建的Karma配置文件karma.conf.js。该文件的一部分包含了一些特定于此项目的配置，我们来查看一下。

testdomjquery/todo/karma.conf.js

```
frameworks: ['mocha', 'chai', 'sinon', 'sinon-chai'],

//文件列表/在浏览器中加载的模式

files: [
  'public/javascripts/jquery-2.1.4.js',
  './test/client/**/*.js',
  './public/javascripts/**/*.js',
],
```

`frameworks`配置项告诉Karma加载列出的插件。`files`配置项列出Karma在运行测试之前应该加载到浏览器的JavaScript文件。通过指定`**/*.js`，我们要求Karma加载所有的JavaScript代码，其中包括源码和测试代码，它会从之前提到的test/client、public/javascripts目录，以及它们的子目录下进行查找。我们还添加了jQuery文件，稍后再对这个文件进行讨论。

现在，编辑客户端测试文件test/client/tasks-test.js来开始金丝雀测试，从而帮助我们验证客户端测试所需的一切是否都已经妥当设置。

testdomjquery/todo/test/client/tasks-test.js

```
describe('tasks-with builtin functions-tests', function() {
  it('should pass this canary test', function() {
    expect(true).to.be.true;
```

```
    });
  });
```

package.json文件中包含了一条运行客户端测试的scripts命令："test-client": "karma start --reporters clear-screen,dots"。在命令行窗口中输入以下命令来执行它：

```
npm run-script test-client
```

这个金丝雀测试通过后，我们开始编写显示任务列表的测试。

7.3　增量开发

我们想要实现的第一个客户端功能是，当页面在浏览器中打开时，显示出所有的任务。为此，我们需要使用getTasks函数。我们在测试列表中为这个函数列出了3个测试，但在编码前先来分析一下。

getTasks应该向服务请求任务，但它并不是唯一一个需要调用服务的函数。为了让代码遵循DRY原则、保持高内聚，并且更容易测试，我们想要将调用服务的任务委托给一个单独的函数，我们将这个函数命名为callService。getTask将调用callService，并注册一个名为updateTasks的回调。后者负责更新DOM元素，如果出现报错，则更新一个名为message的DOM元素，否则就更新taskscount，并用获取到的任务来更新一个div。这些工作很符合getTasks和updateTasks的目标。我们再来看一下callService应该做些什么。

callService的主要工作是调用后端，并对接收到的响应进行处理。在接收到响应时，它应该将状态和响应文本全部转发给相应的回调。

最后，我们需要为window的onload事件注册一个事件处理器，并在该处理器中调用getTasks，这样就能够在页面完成加载后自动显示所有的任务了。

我们先前在测试列表上写出的3个测试现在分成了好几个：

- ❑ ~~getTasks更新taskscount~~
- ❑ ~~getTasks更新任务表格~~
- ❑ ~~在window对象的onload中调用getTasks~~
- ❑ getTasks调用callService
- ❑ getTasks向callService注册updateTasks
- ❑ 如果status != 200，则updateTasks更新message
- ❑ updateTasks更新taskscount
- ❑ updateTasks更新任务表格
- ❑ callService调用服务
- ❑ callService向回调发送xhr状态码
- ❑ callService向回调发送响应

7

    ❑ `callService`只在接收到最终响应时才进行发送

    ❑ 为window对象的onload事件注册initpage处理器

    ❑ initpage调用getTasks

    ❑ ……

我们有自己要做的工作。现在就从第一个测试开始。

7.3.1　设计 getTasks

我们从getTasks的第一个测试开始，在todo/test/client/tasks-test.js文件中的金丝雀测试后面编写这个测试。我们需要验证的就是该函数调用了callService，并且向它传递了必要的参数。为此我们可以为callService创建测试替身，如下所示：

testdomjquery/todo/test/client/tasks-test.js
```
it('getTasks should call callService', function(done) {
  sandbox.stub(window, 'callService',
    function(params) {
    expect(params.method).to.be.eql('GET');
    expect(params.url).to.be.eql('/tasks');
    done();
  });

  getTasks();
});
```

该测试使用sinon为window对象的callService函数创建了stub，tasks.js中的全局函数是通过window对象来提供的。该测试验证当getTasks被调用时，它是否在内部调用了callService函数，并向它传递了GET方法和作为url的/tasks。

就这个测试而言，我们需要在测试套件的beforeEach和afterEach函数中创建sandbox，如下所示：

testdomjquery/todo/test/client/tasks-test.js
```
var sandbox;

beforeEach(function() {
  sandbox = sinon.sandbox.create();
});

afterEach(function() {
  sandbox.restore();
});
```

是时候编写最少的代码让该测试通过了。在todo/public/javascripts/src/tasks.js文件中为getTasks添加以下代码。

testdomjquery/todo/public/javascripts/src/tasks.js
```
var getTasks = function() {
  callService({method: 'GET', url: '/tasks'});
}

var callService = function() {}
```

一旦保存了该文件，正在监控代码和测试的Karma就会报告这个新测试通过了。

下一个测试应该验证getTasks向callService注册了回调函数updateTasks。这与上一个测试类似。

testdomjquery/todo/test/client/tasks-test.js
```
it('getTasks should register updateTasks with callService', function() {
  var callServiceMock = sandbox.mock(window)
    .expects('callService')
    .withArgs(sinon.match.any, updateTasks);

  getTasks();
  callServiceMock.verify();
});
```

通过这个测试，我们进一步修改了getTasks函数，以便它可以向callService函数传递一个额外的参数。再次编辑getTasks。

testdomjquery/todo/public/javascripts/src/tasks.js
```
var getTasks = function() {
  callService({method: 'GET', url: '/tasks'}, updateTasks);
}

var callService = function() {}
var updateTasks = function() {}
```

这就是我们期望getTasks函数可以完成的所有工作了，这遵循了单一职责。我们继续测试updateTasks。

7.3.2 更新 DOM

getTasks将updateTasks作为回调传递给callService。当从服务接收到响应时，updateTasks应该对合适的DOM元素进行设置。它必须处理两个场景：如果出现报错，那么就更新message元素；否则就更新taskscount和任务列表。

我们先测试出现报错的场景。

testdomjquery/todo/test/client/tasks-test.js
```
it('updateTasks should update message if status != 200', function() {
  updateTasks(404, '..err..');
```

```
      expect(domElements.message.innerHTML).to.be.eql('..err.. (status: 404)');
    });
```

该测试以响应状态码404和一个简单的响应文本为参数调用updateTasks。调用之后，验证id为message的元素的innerHTML属性是否设置正确。但因为我们还没有创建HTML页面，所以没有DOM元素。不用担心，我们可以快速、简单地为document创建stub。在测试文件todo/test/client/tasks-test.js中修改beforeEach函数，添加以下代码。

testdomjquery/todo/test/client/tasks-test.js
```
//...
var domElements;

beforeEach(function() {
  sandbox = sinon.sandbox.create();

  domElements = {
  };

  sandbox.stub(document, 'getElementById', function(id) {
    if(!domElements[id]) domElements[id] = {};
    return domElements[id];
  });
});
```

在beforeEach函数中，我们为document的getElementById函数创建了一个stub。该stub创建了一个空的JSON对象，如果domElements不存在，则将该JSON对象赋值给stub。接着返回这个假的JSON对象以作为调用getElementById的结果。

要想让这个新的测试通过，我们需要修改updateTasks函数。在该函数中添加以下代码。

testdomjquery/todo/public/javascripts/src/tasks.js
```
var updateTasks = function(status, response) {
  var message = response + ' (status: ' + status + ')';
  document.getElementById('message').innerHTML = message;
}
```

这段代码只为指定的DOM元素设置一条消息。目前这就已经足够了。我们可以通过后续测试进一步实现这个函数。

在下一个测试中，updateTasks检查状态码是否为200，如果是，则使用任务数量和任务列表来设置对应的DOM元素。在编写测试前，我们先思考一下响应格式。todo应用的后端会向/tasks的GET请求发送一个JSON对象响应。当callService从服务端接收响应时，该响应会被编码为一个字符串。因此，updateTasks的第二个参数应该是一个字符串，在编写测试时要记住这一点。现在我们来编写测试验证updateTasks更新了任务数量。

testdomjquery/todo/test/client/tasks-test.js

```
it('updateTasks should update taskscount', function() {
  updateTasks(200, responseStub);

  expect(domElements.taskscount.innerHTML).to.be.eql(3);
});
```

在该测试中，传给updateTasks的第二个参数是一个字符串，代表了任务的一个JSON数组，我们稍后将会创建这个数组。接着验证DOM元素taskscount的值为上述JSON数组的长度。修改beforeEach以满足该测试的需求。

testdomjquery/todo/test/client/tasks-test.js

```
//...
var responseStub;

beforeEach(function() {
  //...
  responseStub = JSON.stringify([
    {_id: '123412341201', name: 'task a', month: 8, day: 1, year: 2016},
    {_id: '123412341202', name: 'task b', month: 9, day: 10, year: 2016},
    {_id: '123412341203', name: 'task c', month: 10, day: 11, year: 2017},
  ]);
});
```

该测试需要的一切都已经准备好了。现在修改updateTasks让这个新测试可以通过。

testdomjquery/todo/public/javascripts/src/tasks.js

```
var updateTasks = function(status, response) {
  if(status === 200) {
    var tasks = JSON.parse(response);

    document.getElementById('taskscount').innerHTML = tasks.length;
  } else {
    var message = response + ' (status: ' + status + ')';
    document.getElementById('message').innerHTML = message;
  }
}
```

如果状态码为200，那么该函数就会操作DOM，从而在视图上更新任务数量。我们为updateTasks编写最后一个测试。如果状态码为200，则该函数还应该使用一个包含任务数据的表格来更新视图。

testdomjquery/todo/test/client/tasks-test.js

```
it('updateTasks should update tasks table', function() {
  updateTasks(200, responseStub);

  expect(domElements.tasks.innerHTML).contains('<table>');
  expect(domElements.tasks.innerHTML).contains('<td>task a</td>');
  expect(domElements.tasks.innerHTML).contains('<td>8/1/2016</td>');
  expect(domElements.tasks.innerHTML).contains('<td>task b</td>');
});
```

该测试检查id为tasks的DOM元素中生成的表格是否包含了指定的HTML代码片段。能够让上述3个测试通过的updateTasks函数如下所示。

testdomjquery/todo/public/javascripts/src/tasks.js

```
var updateTasks = function(status, response) {
  if(status === 200) {
    var tasks = JSON.parse(response);

    document.getElementById('taskscount').innerHTML = tasks.length;

    var row = function(task) {
      return '<tr><td>' + task.name + '</td>' +
        '<td>' + task.month + '/' + task.day + '/' +task.year + '</td>' +
        '</tr>';
    }

    var table = '<table>' + tasks.map(row).join('') + '</table>';
    document.getElementById('tasks').innerHTML = table;
  } else {
    var message = response + ' (status: ' + status + ')';

    document.getElementById('message').innerHTML = message;
  }
}
```

还有一个用于加载任务的重要函数。接下来我们就看看这个函数。

7.3.3　调用服务

getTasks对callService函数的接口和行为有特定的要求，callService应该接受两个参数：第一个参数要包含请求方式和URL，第二个参数指定回调。该函数使用接收到的请求方式和URL调用后端服务。我们来编写测试验证其行为。

但在此之前，我们先思考一下callService的工作流程。该函数将创建一个XMLHttpRequest对象，调用open方法设置请求方式和URL，最后调用send函数，这是使用XMLHttpRequest时的标准的Ajax调用顺序。我们没有启动后端服务器，而且也不想启动。在测试期间调用真正的服务会导致测试不确定，而且脆弱。我们需要为XMLHttpRequest创建mock以供测试使用。

单独验证客户端

为客户端代码运行自动化测试时，不应该启动和运行服务器端。使用服务器端会导致测试变得脆弱、不确定，而且难以运行。

Sinon可以使用一种强大的方式来模拟XMLHttpRequest，即FakeXMLHTTPRequest。我们将使用这种方式。修改beforeEach和afterEach函数，引入XMLHttpRequest的mock功能。

testdomjquery/todo/test/client/tasks-test.js

```
//...
var xhr;

beforeEach(function() {
//...

  xhr = sinon.useFakeXMLHttpRequest();
  xhr.requests = [];
  xhr.onCreate = function(req) { xhr.requests.push(req); }
});

afterEach(function() {
  sandbox.restore();
  xhr.restore();
});
```

我们在beforeEach中调用了sinon.useFakeXMLHttpRequest。不要在sandbox上调用该函数，它并不会真正地为XMLHttpRequest创建mock。接下来让onCreate函数将接收到的请求放在一个局部数组中。现在，代码中对XMLHttpRequest的所有引用都会使用xhr所引用的构造函数，而不是原本的那个。afterEach则在最后恢复原本的XMLHttpRequest，解除mock的拦截。

现在，我们编写测试验证callService向服务发出了请求，并按照预期设置了请求方式和URL。

testdomjquery/todo/test/client/tasks-test.js

```
it('callService should make call to service', function() {
  callService({method: 'GET', url: '/tasks'}, sandbox.spy());

  expect(xhr.requests[0].method).to.be.eql('GET');
  expect(xhr.requests[0].url).to.be.eql('/tasks');
  expect(xhr.requests[0].sendFlag).to.be.true;
});
```

该测试调用callService函数，并检查在onCreate函数中定义的数组xnr.request中的method和url的值是否符合预期。在代码中，这些值会在调用open时被设置，但真正的请求是在调用send时完成的，这是通过检查sendFlage为true验证的。现在我们来实现callService函数，只编写足够让以上这个测试通过的代码。

testdomjquery/todo/public/javascripts/src/tasks.js

```
var callService = function(options, callback) {
  var xhr = new XMLHttpRequest();
  xhr.open(options.method, options.url);
  xhr.send();
}
```

这个函数远远没有完成，但我们只编写当前测试所要求的内容。一旦Karma报告测试通过，我们就继续下一个测试：当callService从服务器接收到响应后，它应该将状态码和响应文本发送给自己的回调。测试代码如下。

```
testdomjquery/todo/test/client/tasks-test.js
it('callService should send xhr status code to callback', function() {
  var callback = sandbox.mock().withArgs(200).atLeast(1);

  callService({method: 'GET', url: '/tasks'}, callback);
  xhr.requests[0].respond(200);

  callback.verify();
});
```

我们为传递给callService的回调创建了mock，该mock用于验证callService是否向它传递了正确的状态码。而callService函数只是将从Web服务接收到的状态码传递给自己的回调。但在测试的运行期间，我们不会与真正的后端进行交互。Sinon会优雅地解决这个问题，你可以指示mock发送一个预设的响应，就像真正的服务所做的那样。这就是在测试中调用respond的目的。

除了以上的改变，我们还用atLeast(1)替代了verify的调用。这是因为事件处理器可能会在XHR的处理循环期间被多次调用。我们稍后将编写测试来限制处理器被调用的次数，但目前应该允许多次调用。

修改callService函数以满足该测试的需求，如下所示：

```
testdomjquery/todo/public/javascripts/src/tasks.js
var callService = function(options, callback) {
  var xhr = new XMLHttpRequest();
  xhr.open(options.method, options.url);

  xhr.onreadystatechange = function() {
    callback(xhr.status);
  }

  xhr.send();
}
```

callService会传回状态码，但我们还需要响应。具体测试如下：

```
testdomjquery/todo/test/client/tasks-test.js
it('callService should send response to callback', function() {
  var callback = sandbox.mock().withArgs(200, '..res..').atLeast(1);

  callService({method: 'GET', url: '/tasks'}, callback);
  xhr.requests[0].respond(200, {}, '..res..');

  callback.verify();
});
```

该测试会导致代码发生一些小变化。

testdomjquery/todo/public/javascripts/src/tasks.js
```
var callService = function(options, callback) {
  var xhr = new XMLHttpRequest();
  xhr.open(options.method, options.url);

  xhr.onreadystatechange = function() {
    callback(xhr.status, xhr.response);
  }

  xhr.send();
}
```

以上两个测试都检查了状态码为200的情况。但如果某个地方出现了问题呢，比如状态码为404？我们编写测试来验证一下代码是否能够正常处理错误情况。

testdomjquery/todo/test/client/tasks-test.js
```
it('callService should send error response to callback', function() {
  var callback = sandbox.mock().withArgs(404, '..err..').atLeast(1);

  callService({method: 'GET', url: '/tasks'}, callback);
  xhr.requests[0].respond(404, {}, '..err..');

  callback.verify();
});
```

测试通过了，代码能够处理这种情况。在之后使用jQuery时，我们需要为该测试增加一些额外的代码。敬请期待！

问题是，XMLHttpRequest是一个很"啰嗦"的API。它可能会多次触发onreadystatechange回调，从而让我们知道连接已建立、请求已接收、请求处理中、请求已完成，以及响应已就绪。我们很少会关心所有这些事件，通常只关心最后一个事件，即readyState的值为4。我们将编写测试验证只有当响应已就绪时，回调才会被调用。

testdomjquery/todo/test/client/tasks-test.js
```
it('callService should only send when final response received', function() {
  var callback = sandbox.spy();
  callService({method: 'GET', url: '/tasks'}, callback);

  expect(callback.callCount).to.be.eql(0);
});
```

这个测试现在会失败，因为xhr触发的任何事件都会调用回调，至少在代码调用send时会触发一次。修改callService的实现，让它只在readyState为4时触发回调，然后观察测试是否通过。

调用后端服务器的callService函数目前的实现如下所示，这完全是通过测试驱动开发实现的，而且没有启动服务器。相当漂亮，是不是？

testdomjquery/todo/public/javascripts/src/tasks.js

```
var callService = function(options, callback) {
  var xhr = new XMLHttpRequest();

  xhr.open(options.method, options.url);

  xhr.onreadystatechange = function() {
    if(xhr.readyState === 4)
      callback(xhr.status, xhr.response);
  }

  xhr.send();
}
```

用于显示任务列表的getTasks和相关函数都已经完成了，但有个事件必须调用getTasks。下面我们就将对此进行设计。

7.3.4　注册 window 对象的 onload 事件

当用户访问页面时，我们希望无须点击或发出任何指令就能立刻显示出任务列表。这也就是说，getTasks应该自动运行。我们可以通过在public/javascript/src/tasks.js的底部调用getTasks来达到这个目的，但是，在HTML文件中引用这个脚本文件的位置会影响执行顺序的正确性。与其依赖它的位置，我们可以通过window对象的onload事件来实现初始化，而且这也不是很困难。我们将为此编写几个测试。

在第一个测试中，我们将验证initpage函数是否被赋值给onload属性。

testdomjquery/todo/test/client/tasks-test.js

```
it('should register initpage handler with window onload', function() {
  expect(window.onload).to.be.eql(initpage);
});
```

只需要简单修改一下代码就能让这个测试通过。在public/javascripts/src/tasks.js中，我们需要定义一个空函数initpage，然后将它赋值给window.onload。我们现在编写第二个测试，验证initpage是否调用了getTasks。

testdomjquery/todo/test/client/tasks-test.js

```
it('initpage should call getTasks', function(done) {
  sandbox.stub(window, 'getTasks', done);

  initpage();
});
```

在stub的帮助下，该测试验证initpage函数调用了getTasks。因为getTasks的stub引用了done函数，所以如果initpage没有调用getTasks，那么该测试就会超时并失败。我们来看一下可以让以上两个测试通过的代码。

testdomjquery/todo/public/javascripts/src/tasks.js
```
var initpage = function() {
  getTasks();
}

window.onload = initpage;
```

用于显示任务的代码完成了，而且全部都是测试驱动的。查看运行Karma的命令行窗口，你可以看到目前编写的测试全部通过了。但在实际运行这些代码前，我们还不能说这部分真正完成了，这是我们下一步要做的事情。

7.4 运行 UI

我们只实现了获取任务列表的功能，但在编写更多代码前，我们先将当前的代码集成到HTML页面中，看看实际的运行情况。你已经在7.1节中看到了UI设计草图，现在使用HTML来实现它。

testdomjquery/todo/public/tasks.html
```
<!DOCTYPE html>
<html>
  <head>
    <title>TO-DO</title>
    <link rel="stylesheet" href="/stylesheets/style.css">
  </head>
  <body>
    <div class="heading">TO-DO</div>
    <div id="newtask">
      <div>Create a new task</div>
      <form>
        <label>Name</label><input type="text" id="name" />
        <label>Date</label><input type="text" id="date"/>
        <input type="submit" id="submit" value="create"/>
      </form>
    </div>
    <div id="taskslist">
      <p>Number of tasks: <span id='taskscount'></span>
      <span id='message'></span>
      <div id='tasks'></div>
    </div>
    <script src="javascripts/src/tasks.js"></script>
    <script src="javascripts/common/validate-task.js"></script>
  </body>
</html>
```

这段代码没有任何的特别之处；除了稍后会添加的delete链接，它描述了草图中的设计。其中有一个用于任务表格的占位div元素。你可以从本书链接[1]下载样式表。script标签引用了我

---

[1] https://media.pragprog.com/titles/vsjavas/code/testdomjquery/todo/public/stylesheets/style.css

们通过测试设计的JavaScript源码。

在能够看到页面之前，我们需要启动服务器，并将示例数据插入数据库。这是我们接下来将要做的事情。

在todo目录下执行以下命令以启动mongod守护进程。步骤与6.2节中的相同，只是要在tdjsa/testdomjquery下的todo目录下执行该命令。

```
mongod --dbpath db
```

我们保持该守护进程为运行状态。

此外，使用以下命令启动Express。

```
npm start
```

我们需要一些示例数据，以便在访问HTML页面时能够看到内容。使用6.7节中的步骤向数据库插入一些示例任务，不要删除它们。

现在，勇敢地打开你喜欢的浏览器，输入http://localhost:3000/tasks.html，页面将会显示我们在上一步中添加的任务（见下图）。

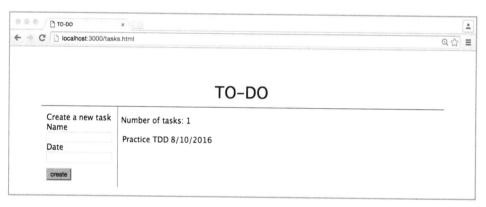

与Web服务进行交互以及操作DOM的复杂性都隐藏在JavaScript源码中，而其行为都通过自动化测试得到了验证。当然，为了让代码很好地集成到浏览器中，HTML页面上的各个DOM元素的id都必须正确无误，而且必须正确引用JavaScript源码文件。

虽然完成了显示任务的功能，但我们还有另外两个功能要实现。现在可以停止Express服务器了。休息一下，然后喝着你喜欢的饮料继续实现另外两个功能。

7.5   完成设计

我们完成了一打测试，目前实现了从服务器获取任务列表，并在页面中显示。另外两个主要功能为添加任务和删除任务。这两个功能都需要与服务器进行交互。但与getTasks不同，除了获取响应，它们还需要向服务器发送一些数据。我们先实现添加任务，再讨论如何删除操作。

7.5.1 设计 addTask

先查看目前的测试列表。

- ❏ ……
- ❏ ✓ 为window对象的onload事件注册initpage处理器
- ❏ ✓ initpage调用getTasks
- ❏ addTask更新message
- ❏ addTask调用getTasks
- ❏ 在window对象的onload事件中注册添加任务的点击事件

可以预料，正如getTasks一样，我们也会通过测试来驱动开发addTask函数。我们来进一步探讨addTask。

1. 分析addTask

addTask需要调用服务，为此我们可以使用callService。但callService现在还不会发送任何数据，因为调用send时没有向它传递参数。我们需要改进callService，让它能够同时满足getTasks和addTask的需求。好在当我们修改callService时，现有的测试会快速向我们反馈之前正常运行的代码是否仍然能够正常运行。

从服务接收到响应后，addTask需要用响应内容来更新id为message的DOM元素。最后，它应该调用getTasks来更新任务列表，从而反映出新添加的任务。

当用户点击create按钮时，需要调用addTask函数。之前编写的initpage函数很适合用来注册这个事件。最后，addTask应该返回false，以阻止浏览器提交表单，否则浏览器会在执行完点击事件后将该请求发送给服务器。因为我们已经在代码中进行了处理，所以这会导致冗余。

对了，如果任务数据是非法的，那么将其发送给服务就没有意义了。例如，如果月份是一个字符串，而不是数字，最好无须往返于服务器就让客户知道这一点。好在我们已经在前一章中定义了一个可重用的函数validateTask。addTask可以调用该函数而无须复制之前的成果。我们将添加测试以验证该行为。

测试列表应该反映出这些新的想法以及通过分析得到的详细设计。

- ❏ ……
- ❏ ~~addTask更新message~~
- ❏ ~~addTask调用getTasks~~
- ❏ ~~在window对象的onload事件中注册添加任务的点击事件~~
- ❏ addTask调用callService

- ❑ callService向服务发送数据
- ❑ callService有默认的内容类型
- ❑ 如果指定了内容类型，则在调用callService时进行设置
- ❑ addTask回调更新message
- ❑ addTask回调调用getTasks
- ❑ initpage注册任务点击事件
- ❑ addTask返回false
- ❑ 如果传入的任务数据是非法的，则addTask应该跳过callServiceMock，调用update Message

大部分工作都是在改进callService函数上，这样很好，因为扩展比复制好得多。修改一个关键函数通常很有风险，但不用担心，我们有测试作为后盾。现在开始编写addTask的第一个测试。

2. 为addTask编写测试

addTask函数应该做几件事。它需要用HTML输入域中的数据创建一个新任务的JSON对象。接着要将它转换为一个字符串，然后以POST请求方式传递给callService，同时还要设置contentType属性。现在还不需要修改callService函数，可以在测试addTask时为它创建mock，我们还必须为所需的文档元素创建stub。先完成这个工作。修改测试套件中的beforeEach函数。

testdomjquery/todo/test/client/tasks-test.js
```
beforeEach(function() {
  //...
  domElements = {
    name: {value: 'a new task'},
    date: {value: '12/11/2016'},
  };
  //...
});
```

我们为DOM元素name和data创建了stub。测试需要验证addTask是否将这些必要的信息传给了callService。我们为它编写一个测试。

testdomjquery/todo/test/client/tasks-test.js
```
it('addTask should call callService', function(done) {
  sandbox.stub(window, 'callService',
    function(params, callback) {
      expect(params.method).to.be.eql('POST');
      expect(params.url).to.be.eql('/tasks');
      expect(params.contentType).to.be.eql("application/json");

      var newTask = '{"name":"a new task","month":12,"day":11,"year":2016}';
      expect(params.data).to.be.eql(newTask);
      expect(callback).to.be.eql(updateMessage);
```

```
        done();
    });

    addTask();
});
```

addTask需要向callService发送很多参数。要想让这个测试通过，我们需要在task.js文件中新增addTask和空函数updateMessage。

testdomjquery/todo/public/javascripts/src/tasks.js

```
var addTask = function() {
  var date = new Date(document.getElementById('date').value);
  var newTask = {
    name: document.getElementById('name').value,
    month: date.getMonth() + 1,
    day: date.getDate(),
    year: date.getFullYear() };

  callService({method: 'POST', url: '/tasks',
    contentType: 'application/json',
    data: JSON.stringify(newTask)}, updateMessage);
}

var updateMessage = function() {}
```

addTask函数根据input元素的id获取到它们的值，用这些值创建一个JSON对象，将其转换为一个字符串，然后连同其他参数一起传递给callService。addTask函数还为callService注册了一个新函数updateMessage以作为回调。确保测试可以通过，然后继续下一个测试。

3. 扩展callService

我们需要修改callService。它之前为getTasks函数服务，但现在还需要满足我们刚刚设计的addTask函数的需求。我们通过3个测试来扩展callService。

在第一个测试中，我们验证callService是否将指定的数据传递给了Web服务。

testdomjquery/todo/test/client/tasks-test.js

```
it('callService should send data to the service', function() {
  callService({method: 'POST', url: '/tasks', data: '...some data...'});

  expect(xhr.requests[0].requestBody).to.be.eql('...some data...');
});
```

修改tasks.js中的callService函数以通过该测试，然后继续下一个测试。

通过编写测试来扩展代码

在向应用添加新功能时，现有的函数必须加以改进。我们要通过添加新测试来扩展函数，先编写测试，然后对现有的代码进行最小限度的修改以通过该测试。

只是发送数据还不够，还必须连同正确的内容类型一起发送。如果没有指定内容类型，那就采用默认值，下一个测试就来验证这一点。

testdomjquery/todo/test/client/tasks-test.js
```
it('callService should have default content type', function() {
  callService({method: 'POST', url: '/tasks', data: '...some data...'});

  expect(
    xhr.requests[0].requestHeaders["Content-Type"]).contains("text/plain");
});
```

再次修改callService函数来通过该测试。修改完成后需要确保所有测试都能够通过，然后继续下一个测试。我们需要验证，如果在调用callService时指定了内容类型，那么该内容类型会一同发送到Web服务。

testdomjquery/todo/test/client/tasks-test.js
```
it('callService should set content type if present', function() {
  callService({method: 'POST', url: '/tasks', data: '...some data...',
    contentType: "whatever"});

  expect(
    xhr.requests[0].requestHeaders["Content-Type"]).contains("whatever");
});
```

只需要小小地修改一下callService函数，就能对其进行扩展，并让这些测试通过，以下是修改后的代码。

testdomjquery/todo/public/javascripts/src/tasks.js
```
var callService = function(options, callback) {
  var xhr = new XMLHttpRequest();

  xhr.open(options.method, options.url);

  xhr.onreadystatechange = function() {
    if(xhr.readyState === 4)
      callback(xhr.status, xhr.response);
  };

  xhr.setRequestHeader("Content-Type", options.contentType);

  xhr.send(options.data);
};
```

扩展callService函数并让它向服务器发送数据是非常简单的。我们接着为剩下的工作编写测试。

4. 设计辅助函数

addTask函数的正确执行依赖其他一些函数。我们需要验证updateMessage是否更新了

message并调用getTasks。接着，我们需要检查initpage是否为create按钮的onclick事件注册addTask以作为事件处理器。最后，我们还需要确保addTask返回false，其原因之前已经分析过了。

首先我们编写测试验证updateMessage的行为。

testdomjquery/todo/test/client/tasks-test.js
```
it('addTask callback should update message', function() {
  updateMessage(200, 'added');

  expect(domElements.message.innerHTML).to.be.eql('added (status: 200)');
});
```

该测试用成功状态码和一条消息作为参数调用updateMessage函数。接着，验证该函数是否正确地用传入的消息更新了对应的DOM元素。必须修改tasks.js中的空函数updateMessage来通过该测试。我们需要获取id为message的DOM元素，并用测试中设定的消息来更新其innerHTML属性。完成后，我们开始进行updateMessage的下一个测试。

testdomjquery/todo/test/client/tasks-test.js
```
it('addTask callback should call getTasks', function() {
  var getTasksMock = sandbox.mock(window, 'getTasks');

  updateMessage(200, 'task added');
  getTasksMock.verify();
});
```

在这个测试中，我们验证updateMessage是否调用了getTasks函数，其中为getTasks创建了mock。满足上述两个测试的updateMessage函数如下所示。

testdomjquery/todo/public/javascripts/src/tasks.js
```
var updateMessage = function(status, response) {
  document.getElementById('message').innerHTML =
    response + ' (status: ' + status + ')';
  getTasks();
};
```

推进设计的下一个测试用于验证initpage函数是否将addTask注册为点击事件的处理器。

testdomjquery/todo/test/client/tasks-test.js
```
it('initpage should register add task click event', function() {
  initpage();
  expect(domElements.submit.onclick).to.be.eql(addTask);
});
```

对initpage函数的修改非常简单。

testdomjquery/todo/public/javascripts/src/tasks.js
```
var initpage = function() {
```

```
  getTasks();
  document.getElementById('submit').onclick = addTask;
};
```

接着我们需要测试addTask返回了false。

testdomjquery/todo/test/client/tasks-test.js

```
it('addTask should return false', function() {
  expect(addTask()).to.be.false;
});
```

该测试仅仅对addTask函数最后的return进行验证。我们现在编写最后一个测试。为了在客户端对一个新任务进行校验，addTask需要调用verifyTask。此外，如果该函数返回false，那么addTask就不应该调用callService，而是应该调用updateMessage。我们编写一个测试来验证这些交互。

testdomjquery/todo/test/client/tasks-test.js

```
it(
  'addTask for invalid task: should skip callServiceMock call updateMessage',
  function() {
  var updateMessageMock =
    sandbox.mock(window)
           .expects('updateMessage')
           .withArgs(0, 'invalid task');

  var callServiceMock = sandbox.spy(window, 'callService');

  sandbox.stub(window, 'validateTask')
         .returns(false);

  addTask();
  updateMessageMock.verify();
  expect(callServiceMock).to.not.be.called;
});
```

该测试为validateTask函数创建了stub，并让它返回false。之前的测试会导致真正的validateTask函数被调用，但因为我们在那些测试中添加的新任务都是合法的，所以这么做不会有问题。但在这个测试中，即使用到的新任务和之前测试中的任务相同，但validateTask的stub会模拟返回失败。updateMessage的mock和callService的spy用于验证addTask是否正确处理了添加失败的情况。

我们来看一下能够让目前所编写的测试全部通过的addTask函数的代码。

testdomjquery/todo/public/javascripts/src/tasks.js

```
var addTask = function(fooback) {
  var date = new Date(document.getElementById('date').value);
  var newTask = {
    name: document.getElementById('name').value,
    month: date.getMonth() + 1,
```

```
   day: date.getDate(),
   year: date.getFullYear()
};

if(validateTask(newTask)) {
  callService({method: 'POST', url: '/tasks',
    contentType: 'application/json',
      data: JSON.stringify(newTask)}, updateMessage);
} else {
  updateMessage(0, 'invalid task');
}

return false;
};
```

现在所有的测试应该都可以通过了。这样就完成了addTask的功能。

5. 查看任务添加功能的运行情况

在继续实现delete功能之前，我们先快速查看一下任务添加功能的运行情况。启动后端服务器，像之前那样打开浏览器、输入URL，然后试着点击一下create按钮。

添加任务后，服务器返回的消息会显示在视图中，而且任务列表中会显示新增的任务，如下图所示。

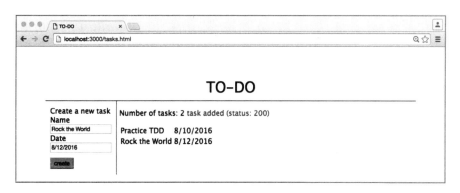

7.5.2　设计 deleteTask

我们打算在客户端提供的最后一个功能是删除任务。为此，我们需要在任务旁添加一个链接。点击该链接时，deleteTask应该使用callService函数向服务器发起请求，并通过updateMessage更新信息。这相对来说还是比较简单的，我们先更新测试列表：

- ❏ ……
- ❏ ✓ addTask返回false
- ❏ ✓ 如果传入的任务数据是非法的，则addTask应该跳过callServiceMock，调用update Message

- updateTasks为删除功能添加一个链接
- deleteTask调用callService
- deleteTask注册updateMessage

我们开始编写与deleteTask相关的测试。第一个测试用于验证updateTasks的额外行为。

testdomjquery/todo/test/client/tasks-test.js
```
it('updateTasks should add a link for delete', function() {
  updateTasks(200, responseStub);

  var expected = '<td>8/1/2016</td>' +
    '<td><A onclick="deleteTask(\'123412341201\');">delete</A></td>';
  expect(domElements.tasks.innerHTML).contains(expected);
});
```

该测试表示，updateTasks应该提供一个用于删除任务的链接。我们来修改该函数以满足该测试的要求。代码的具体修改如下所示：

testdomjquery/todo/public/javascripts/src/tasks.js
```
var row = function(task) {
  return '<tr><td>' + task.name + '</td>' +
    '<td>' + task.month + '/' + task.day + '/' +task.year + '</td>' +
    '<td><A onclick="deleteTask(\'' + task._id + '\');">delete</A></td>' +
    '</tr>';
};
```

下一个测试验证deleteTask是否调用了callService。

testdomjquery/todo/test/client/tasks-test.js
```
it('deleteTask should call callService', function(done) {
  sandbox.stub(window, 'callService', function(params) {
    expect(params.method).to.be.eql('DELETE');
    expect(params.url).to.be.eql('/tasks/123412341203');
    done();
  });

  deleteTask('123412341203');
});
```

要想让该测试通过，在tasks.js中增加deleteTask函数，然后在该函数中以合适的数据作为参数调用callService。完成后，为deleteTask函数编写第三个测试，同时也是最后一个测试。

testdomjquery/todo/test/client/tasks-test.js
```
it('deleteTask should register updateMessage', function() {
  var callServiceMock = sandbox.mock(window).
    expects('callService')
    .withArgs(sinon.match.any, updateMessage);

  deleteTask('123412341203');
```

```
    callServiceMock.verify();
});
```

该测试验证deleteTask函数是否将**updateMessage**作为处理器传给了**callSerice**。我们来查看一下这个很必要，但也很简短的deleteTask函数的实现。

testdomjquery/todo/public/javascripts/src/tasks.js
```
var deleteTask = function(taskId) {
    callService({method: 'DELETE', url: '/tasks/' + taskId}, updateMessage);
};
```

Karma应该报告所有测试都通过了。我们再来看一下代码的运行情况。启动后端服务器，在浏览器中输入相应的URL，然后尝试一下删除功能。

当删除一个任务时，服务器传来的消息会显示在视图中，而任务列表也会刷新以反映这项修改，如下图所示。

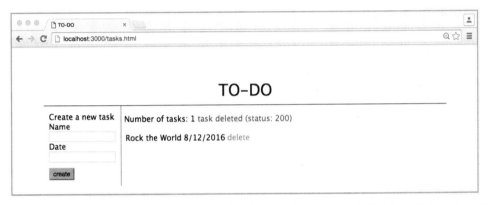

你已经看到了如何通过自动化测试来设计包括前端（本章）和后端（上一章）在内的所有的JavaScript代码，并以此获得快速反馈。

7.6 使用 jQuery 进行测试

我们已经拥有一个能够运行的TO-DO客户端，但是我们编写的客户端代码是直接使用浏览器提供的函数来操作DOM和访问Web服务的。使用内置函数操作DOM很容易让人感到疲劳，而且代码会变得很繁琐。jQuery库提供了大量简便的函数以选择DOM元素、遍历DOM，以及更新DOM。使用jQuery的代码比直接与DOM交互的代码更简洁。这也是jQuery如此流行的原因之一。你极有可能更喜欢使用jQuery来编写客户端程序。为了让你了解如何自动化测试使用jQuery的代码，我们将重新使用测试来实现TO-DO客户端代码，这次用jQuery来编写该客户端。

这次我们不会按部就班地讨论每一个测试，而是针对两者之间的主要差异加以讨论。在讨论过其差异后，你可能会想要自己通过测试使用jQuery重新实现该客户端。完成后，你可以将自己的代码与本书提供的代码进行比较。

7.6.1   准备工作

在编写测试前，我们需要完成几件事。首先，我们需要jQuery库。我们已经将下载好的jQuery开发版本①解压文件放在了工作空间中的todo/public/javascripts目录下。此外，当前项目中的karma.conf.js已经引入了jQuery文件，如下所示。

testdomjquery/todo/karma.conf.js
```
frameworks: ['mocha', 'chai', 'sinon', 'sinon-chai'],

//文件列表/在浏览器中下载的模式

files: [
  'public/javascripts/jquery-2.1.4.js',
  './test/client/**/*.js',
  './public/javascripts/**/*.js',
],
```

我们在todo/public/javascripts/src/tasks.js中编写了直接操作DOM的客户端代码。我们将使用jQuery的版本放在todo/public/javascripts/src/tasksj.js中，而对应的测试则放在todo/test/client/tasksj-test.js中。为了方便识别，在文件名最后加上字母j来表示与jQuery相关的实现。类似地，在函数名前面加上j前缀，如getTasks变为jGetTasks，这有助于我们同时保留两个版本的代码，而不会导致函数名冲突或一个函数覆盖另一个函数。

现在来探讨一下jQuery是如何改变客户端代码的测试方式的。

7.6.2   使用 jQuery 选择器

在DOM的API中，要想通过id访问一个元素，需要编写如下代码：

```
document.getElementById('message').innerHTML = message;
```

而使用jQuery选择器语法的代码则可以减少一些字符，如下所示：

```
$('#message').html(message);
```

当使用document的getElementById时，为该函数创建stub的代码如下所示：

```
var domElements;

beforeEach(function() {
  sandbox = sinon.sandbox.create();

  domElements = {
    name: {value: 'a new task'},
```

---
① https://jquery.com/download

```
    date: {value: '12/11/2016'},
  };

  sandbox.stub(document, 'getElementById', function(id) {
    if(!domElements[id]) domElements[id] = {};
    return domElements[id];
  });
});
```

如果元素不存在，那么getElementById的stub就会初始化一个空的JSON对象。JavaScript可以为不存在的属性设置值，但它无法调用不存在的函数。因此，在jQuery版本中为将被调用的函数创建stub时，必须提供更多的细节。例如：

```
var domElements;

beforeEach(function() {
  sandbox = sinon.sandbox.create();

  domElements = {};

  sandbox.stub(window, '$', function(selector) {
    return {
      html: function(value) { domElements[selector] = value; },
      click: function(value) { domElements[selector] = value; },
      val: function() {
        if(selector === '#name') return 'a new task';
        return '12/11/2016';
      }
    };
  });
});
```

$函数的stub接收一个selector，并返回一个JSON对象，该JSON对象包含了html、click和val的stub，这几个函数都是之后会在代码中用到的函数。

为了验证代码行为并确认是否为合适的DOM元素进行了设置，我们需要修改以下代码：

```
expect(domElements.message.innerHTML).to.be.eql('..err.. (status: 404)');
```

修改为：

```
expect(domElements['#message']).to.be.eql('..err.. (status: 404)');
```

接着，我们来看一下如何测试对后端服务的调用。

7.6.3 使用$.ajax 验证调用

Sinon的FakeXMLHttpRequest对于验证使用基本XMLHttpRequest的代码非常有帮助。但在jQuery中，需要使用$.ajax或者其变种来代替XMLHttpRequest。这是API中一个根本性的改变，但是测试却意外地没多大区别。

因为函数 `$.ajax` 对 `XMLHttpRequest` 的封装，所以使用 `FakeXMLHttpRequest` 拦截 `XMLHttpRequest` 的技术也同样适用于使用 jQuery 封装函数的代码。我们为 `callService` 函数编写的测试可以很容易地应用于 `jCallService` 函数。

向 `XMLHttpRequest` 提供的回调同时处理了成功和失败的情况。但在使用 `$.ajax` 实现时，我们需要分开处理，这是由 API 的特性决定的。

我们还需要为一个小问题编写一个额外的测试。jQuery 封装函数会默认尝试猜测响应结果的格式，如 XML、JSON 等。在接收到响应后，封装函数会对纯文本进行转换，比如转换为 JSON 格式。因为我们设计的代码已经很明确地进行了转换，所以不需要 jQuery 的这种猜测。因此，除了设置 Content-Type 外，还需要明确设置 dataType 选项，告诉 jQuery 不要转换响应格式。

在以下两个测试中，一个用于验证是否设置了 dataType 属性，一个用于测试 jCallService。除了被测函数名更改为 jQuery 的版本，第一个测试与之前非 jQuery 版本的完全相同。

```
it('jCallService should make call to service', function() {
  jCallService({method: 'GET', url: '/tasks'}, sinon.spy());

  expect(xhr.requests[0].method).to.be.eql('GET');
  expect(xhr.requests[0].url).to.be.eql('/tasks');
  expect(xhr.requests[0].sendFlag).to.be.true;
});

it('ajax should set dataType to text', function() {
  var ajaxMock = sandbox.mock($, 'ajax', function(options) {
    expect(options.dataType).to.be.eql('text');
  });

  jCallService({method: 'POST', url: '/tasks', data: '...some data...'});
  ajaxMock.verify();
});
```

由此可见，测试使用 `$.ajax` 的代码与测试使用 `XMLHttpRequest` 的代码基本相同。最后一件事情是，测试代码最后的 onload 一行。我们接着对此讨论一下。

7.6.4 测试 document 的 ready 函数

如果在 HTML 的底部加载 JavaScript 文件，那么我们就能够在该文件中直接调用 jGetTasks 函数，只要页面完成加载就可以从服务器获取任务数据。但我们还是研究一下如何为 document 的 ready 编写测试，这带来了一些有趣的挑战，而且这个技术可能有助于你处理其他类似的情况。

在非 jQuery 版本中，客户端文件 tasks.js 的最后有以下代码：

```
window.onload = initpage;
```

该代码向 window 对象的 onload 事件注册了 initpage 函数。这样一来，当浏览器加载完页面时，getTasks函数会自动运行。在jQuery中，你最好使用document的ready函数，它比onload更好。具体代码如下所示：

```
$(document).ready(jInitpage);
```

这个jQuery版本具备几个优势。只要DOM加载完毕它就会触发该事件，而onload要等上更长的时间，比如，等待图片加载完毕。此外，jQuery版本能够优雅地处理浏览器差异，并根据浏览器切换实现。总而言之，ready比原生的onload好很多。但要如何测试它呢？如何验证代码真的为document的ready事件注册了一个处理器呢？

在非jQuery版本中，我们简单地检查了window对象的onload属性是否设置为处理器函数，这是相当直观的。jQuery并没有提供向ready传递处理器的方式，因此无法询问函数是否曾被调用。抱歉，看起来这区区一行的代码无法进行测试，真是可恶。

这个回答让人很不满意，你肯定不想轻易放弃，你的内心一定有个声音在说"一定会有办法的"。好吧，确实是有办法解决的，不过这需要一点技巧。

我们快速查看一下karma.conf.js文件。

testdomjquery/todo/karma.conf.js
```
frameworks: ['mocha', 'chai', 'sinon', 'sinon-chai'],

//文件列表/在浏览器中加载的模式

files: [
  'public/javascripts/jquery-2.1.4.js',
  './test/client/**/*.js',
  './public/javascripts/**/*.js',
],
```

为什么先加载jquery，然后是测试文件，最后是被测文件呢？出现这样的加载顺序是有原因的。在加载被测源码文件前，我们将介入并监视jQuery的ready函数。是的，很邪恶……但是也很酷。

在测试文件的顶部，为ready函数创建一个spy。

testdomjquery/todo/test/client/tasksj-test.js
```
var readySpy = sinon.spy($.fn, 'ready');
```

接着编写测试验证处理器是否被注册。为此，只需要向spy询问是否看到正确的处理器传递给ready函数。

testdomjquery/todo/test/client/tasksj-test.js
```
it('should register jInitpage handler with document ready', function() {
  expect(readySpy.firstCall.args[0]).to.be.eql(jInitpage);
});
```

组织文件以特定顺序加载的这点小技巧，即一行创建spy的代码以及一行验证该函数被调用的代码，就解决了一开始看起来很难处理的问题。

7.6.5　完整的测试和使用 jQuery 的代码实现

我们讨论了测试用内置函数编写的代码与用jQuery编写的代码之间的区别。你可能会想要暂停阅读，从头开始通过完整的自动化测试来编写jQuery版本，将此作为练习。这有助于你巩固概念，而且相较于单纯地阅读代码，自己动手编写能够获得更多见解。完成后，你可以参考一下本书提供的jQuery版本的测试[①]和对应的客户端代码[②]。

我们为80行左右的代码编写了约240行的测试。客户端代码和测试的比例与服务器端的很接近。

我们需要工作空间中的tasksj.html文件来运行jQuery版本的代码。该文件与之前的tasks.html很类似，只是前者引用的是jQuery库和jQuery版本的客户端代码，而不是直接操作DOM的版本。

和之前的步骤一样，启动后端服务，不过这次在浏览器中输入http://localhost:3000/tasksj.html来跳转到新的HTML文件。从用户的角度来看，这在功能上与http://localhost:3000/tasks.html没有任何区别。下面我们来查看代码覆盖率。

7.7　评估代码覆盖率

内置函数的版本和jQuery的版本都是通过先编写测试来实现的。我们先编写一个测试，看着它失败，然后再编写最少的代码让它通过，没有一行代码不是这么做的。你应该已经很清楚代码覆盖率会是多少，但我们还是来确认一下。

package.json文件中有一个执行客户端覆盖率报告的命令——cover-client命令。它用coverage选项启动Karma。当前项目中的karma.conf.js文件包含了与覆盖率相关的配置。

testdomjquery/todo/karma.conf.js
```
preprocessors: {
  './public/javascripts/src/*.js': 'coverage'
},
reporters: ['progress', 'coverage'],
```

这会让public/javascipts/src目录下的所有源码都被涵盖。但因为jQuery文件是在该目录的父目录下，所以不会被检测。运行以下命令来生成代码覆盖率报告。

```
npm run-script cover-client
```

① https://media.pragprog.com/titles/vsjavas/code/testdomjquery/todo/test/client/tasksj-test.js
② https://media.pragprog.com/titles/vsjavas/code/testdomjquery/todo/public/javascripts/src/tasksj.js

一旦测试完成运行，打开coverage/Chrome...子目录下的index.html文件查看覆盖率报告，如下图所示。

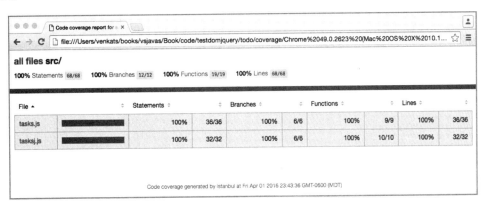

该报告同时显示了tasks.js和tasksj.js的代码覆盖率。点击文件名链接来查看行覆盖率。如果我们编写了一些未经测试的代码，那么都会暴露在这份报告中。

本章对客户端JavaScript进行了充分的测试，但不包括HTML和代码之间的链接。虽然手动验证了这部分，但我们也希望这部分能够进行自动化的快速反馈。放心，我们会在第10章中探讨这个问题。

7.8 小结

在本章中，我们通过测试驱动开发了一个拥有两个完整功能的JavaScript客户端。前几章中有关如何处理依赖的知识在本章中起到了至关重要的作用，而且贯穿了整个练习。

本章从一个前端页面的草图出发，紧接着初始化测试列表。在一系列的分析之后，测试的规模逐渐壮大。用来与服务器进行交互的代码是模块化的，可以由需要与服务器进行交互的不同函数重用。此外，上一章中编写的任务校验代码也被客户端代码重用了。

你在本章中学习了如何测试客户端代码。我们测试了操作DOM的代码，并且编写了与服务器端进行交互的代码。此外，我们还分别测试了使用内置函数的代码和依赖jQuery库的代码。你已经可以轻轻松松地将这些技术用在自己的客户端应用上了。

jQuery已经流行很多年了，而AngularJS也越来越受人关注。因为AngularJS能够合成DOM操作，所以用它来编写客户端非常方便。我们将在下一章中探讨如何利用测试来驱动开发使用AngularJS的代码。

第 8 章

使用AngularJS

如果说操作DOM就像驾驶手动挡的汽车，那么使用jQuery就是驾驶自动挡的汽车。使用AngularJS则像是打车，因为它是声明式的：你告诉它要做什么，然后这个框架会合成操作DOM的代码。它带来的好处是，你可以编写更少的代码与用户和服务进行交互。但这并不会降低自动化测试的必要性，你仍然必须验证代码是否符合预期。

AngularJS是一个"很有主见"的框架，良好的自动化测试就是它的观点之一。不像那些仅仅支持测试的工具，AngularJS走得更远，它让代码真正可以进行测试。这在很大程度上得益于AngularJS组合代码的方式，即使用依赖注入。控制器所需要的内容几乎全部都是作为参数传递给它的，因此，很容易为依赖创建stub或者mock，以便进行测试。

在本章中，我们将利用测试驱动开发一个用AngularJS实现的TO-DO前端应用。我们这次还添加了一个新需求：在实现中对任务列表进行排序。本章使用AngularJS 1.5.8版本，这是撰写本书时的稳定版本。

掌握了本章中的技术后，你很快就能够完全自动化验证自己的AngularJS应用了。

8.1 测试 AngularJS 的方式

测试AngularJS代码的方式与测试jQuery代码不同。主要原因是，AngularJS是一个框架，而jQuery是一个库。代码通常调用一个库，然后这个库会为你做一些事情。而另一方面，框架通常围绕着代码，控制代码，并且不需要明确调用就能**自动完成**一些事情。这在测试时就需要花费额外的精力，并且还要改变测试的方式。

在开始编写测试前先查看一个示例，这能帮助我们复习一下AngularJS，并且做好准备。以下是一个很简单的控制器，它将一个字符串转换为小写字母后赋值给greet变量。

```
angularsample/controller.js
var SampleController = function($filter) {
  var controller = this;

  alert('processing');
```

```
    controller.greet = $filter('lowercase')('HELLO');
};

angular.module('sample', [])
        .controller('SampleController', SampleController);
```

以下的HTML引用了angular.min.js和上述的控制器文件。

angularsample/sample.html

```
<!DOCTYPE html>
<html data-ng-app="sample">
  <head>
    <title>Greet</title>
  </head>
  <body>
    <div data-ng-controller="SampleController as controller">
      <span>{{ controller.greet }}</span>
    </div>
    <script src=
"https://ajax.googleapis.com/ajax/libs/angularjs/1.5.0-rc.0/angular.min.js">
    </script>
    <script src="controller.js"></script>
  </body>
</html>
```

ng-app指令是真正的神奇之处。它的存在就是为了通知AngularJS来处理DOM。一旦DOM加载完毕，angular.min.js中的函数就会触发一系列操作来遍历DOM，检查各种属性和表达式。当发现ng-controller指令时，AngularJS会创建指定控制器的一个实例。完成后，AngularJS会访问子元素来进一步处理其他指令和表达式。

运行这个示例不需要任何Web服务器。只需要在你喜欢的浏览器中打开sample.html文件，剩下的就交给AngularJS吧。在创建控制器的实例时，AngularJS会停下来等待响应我们在构造函数中编写的警告框。点击OK后，AngularJS会继续进行处理，然后用得到的值替换页面中的表达式。

下图的上半部分显示了对话框关闭前的页面视图，下半部分显示了点击OK按钮后的视图。

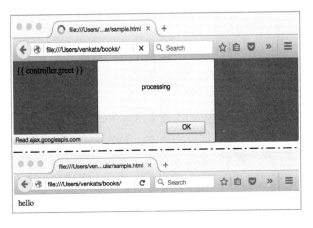

从图片的上半部分可以看出，AngularJS正在处理过程中。因为AngularJS还没有遍历DOM，所以页面上显示了原始的表达式。如果中途发生错误，那么用户就只能看到这样的视图了。一家广受欢迎的航空公司就曾经在订票系统上显示了这样的页面，我们就更有理由进行自动化测试以避免这种尴尬了。

思考一下如何测试放在控制器中的代码。我们没有调用任何方法来加载AngularJS或创建控制器实例，它是以声明的方式实现的。虽然没有配置或传递$filter，但我们在控制器中用它来应用lowercase函数。当浏览器加载HTML页面时，AngularJS做了大量的自动绑定。

在自动化测试AngularJS代码的过程中，我们不会创建或加载任何HTML页面。这是因为需要将注意力放在验证代码的行为上，而且不应该被迫为其创建HTML页面。但如果没有页面的话，又该如何创建控制器、处理过滤器，并开始测试呢？答案就是依赖注入和测试替身。

自动化测试是AngularJS中的一等公民

AngularJS旨在让自动化测试高度可行，为此需要大量使用依赖注入。

在正常的执行过程中，当看到依赖声明时，AngularJS会完成所有的绑定工作。如你所知，在测试时将真正的依赖引入控制器和服务会让自动化验证非常困难。AngularJS使用angular-mocks优雅地解决了这个问题。angular-mocks是一个很强大的库，与AngularJS的依赖注入机制并行工作。这个库提供了工厂函数，以代替真实依赖来创建测试替身和注入这些对象。因此，在测试运行期间，我们将显示地指定想要传递给被测代码的依赖，而不是依赖AngularJS提供的自动绑定。

我们来感受一下如何让测试执行显式的依赖注入。HTML中的声明格式如下所示：

```
<html ng-app="sample">
...
<div ng-controller="SampleController as controller">
```

这种格式在测试套件中会转化为注入请求，如下所示：

```
beforeEach(module('sample'));

beforeEach(inject(function($controller) {
  controller = $controller('SampleController');
}));
```

测试中调用的module('sample')等同于正常执行中的声明ng-app='sample'。类似地，对inject的调用返回传递给beforeEach设置函数的一个注射器函数。该注射器提供一个用于实例化控制器对象的工厂函数。该控制器实例可以在每个测试中使用。

这种方式可以处理HTML页面中的指令，那么对Web服务的调用这样的控制器中的依赖呢？

答案就是angular-mocks.js。通过引入这个库，我们可以用mock自动替换正常的运行时环境。例如，我们可以对服务进行Ajax调用。简而言之，AngularJS和angular-mocks提供了一种优雅的测试方式。通过为TO-DO应用构建一个AngularJS前端，我们将进一步加以探讨。

8.2 初步设计

我们在上一章中设计了一个UI草图，下面再次放上该图，以供参考。AngularJS版本采用同样的UI。

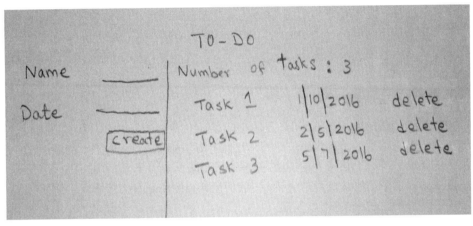

此外，这个版本的任务列表将按照year、month、day和name属性的顺序显示。

HTML页面将链接到tasks-controller.js文件，该文件包含了AngularJS控制器。这个控制器包含了客户端处理代码，并与tasks-service.js文件中的服务类进行交互。服务用于充当浏览器视图和服务器数据之间的桥梁。该HTML页面还将声明一个控制器实例，并引用两个模型。

我们将用到两个模型：tasks用于保存从服务器获取的任务，newTask用于短暂保存用户在前端创建的任务。为了显示所有的任务，我们将使用ng-repeat指令来遍历集合中的每个元素。为了处理用户的按钮点击事件，我们将使用ng-click指令。

控制器中需要3个函数。getTasks通过服务从服务器获取任务，并按照期望的顺序对其进行排序。addTask通过服务添加一个新任务。最后，deleteTask要求服务从服务器删除一个指定id的任务。

目前还不需要HTML文件。我们将通过测试来设计代码，然后再借助HTML来运行。开始编写测试吧。

先为前端设想一些初始测试。不需要完美或者完整的测试，将能够想到的测试写下来即可。以下是一份初始测试列表。

❑ getTasks应该用从服务中获得的数据填充tasks模型

❑ getTasks对tasks进行排序

❑ 文档加载完毕后调用getTasks

❑ addTask向服务发送数据

❑ deleteTask向服务发送删除请求

这为我们提供了出发点。现在我们开始为控制器编写测试。

8.3   关注控制器

这个练习中将使用到Karma、Mocha、Chai、angular-mocks，以及AngularJS。我们将结合在上一章中编写的代码来构建这个应用。

8.3.1   准备工作空间

将目录切换到tdjsa/testangularjs/todo，这是用于自动化测试AngularJS代码的新工作空间。该目录包含了上一章中编写的所有代码。此外，我们更新了package.json文件，从而让它包含了依赖 angular-mocks.js 。我们还从 AngularJS 的官网下载页面[①]下载了 angular.js 文件，放在public/javascripts目录下。如果想要使用不同于我们所使用的AngularJS版本，一定要注意angular-mocks.js的版本要与AngularJS的版本匹配。

最后，更新karma.conf.js文件以包含两个新文件。以下是该文件的一部分，显示了与AngularJS相关的文件引用。

```
testangularjs/todo/karma.conf.js
frameworks: ['mocha', 'chai', 'sinon', 'sinon-chai'],

//文件列表/在浏览器中加载的模式

files: [
'public/javascripts/jquery-2.1.4.js',
'public/javascripts/angular.js',
'node_modules/angular-mocks/angular-mocks.js',
'./test/client/**/*.js',
'./public/javascripts/src/todoapp.js',
'./public/javascripts/src/services/tasks-service.js',
'./public/javascripts/src/controllers/tasks-controller.js',
'./public/javascripts/**/*.js',
],
```

另外，需要注意public/javascripts/src目录下的文件的加载顺序。这个顺序非常重要，能够确保在加载控制器前先加载好所需要的服务。

---

① https://angularjs.org

在当前工作空间下执行npm install命令，以便为这个项目安装包括angular-mocks.js在内的包。现在，我们已经准备好为这个项目编写第一个与AngularJS相关的测试了。

8.3.2　编写第一个测试

打开预先创建的空测试文件test/client/tasks-controller-test.js。编写一个金丝雀测试以验证Karma能够加载包括angular-mocks.js在内的所有必要文件。

testangularjs/todo/test/client/tasks-controller-test.js

```
describe('tasks controller tests', function() {
  //如果这是该项目中为前端编写的第一个测试, 则编写金丝雀测试
  it('should pass this canary test', function() {
    expect(true).to.be.true;
  });
});
```

为运行该测试，执行以下命令并确认一切正常。

```
npm run-script test-client
```

该命令会让Karma加载所有需要的文件，并执行它在test/client目录下找到的测试。

金丝雀测试应该能够通过。现在我们将注意力放在为任务列表的显示编写测试。

8.3.3　设计控制器

我们编写的初始测试列表包含5个测试。前3个测试是关于从服务获取任务，并显示在页面上。我们从AngularJS的环境来分析第一个测试，即"getTasks应该用从服务中获得的数据填充tasks模型"。

在控制器中，我们创建一个名为tasks的模型。这个模型是JSON对象的一个数组，用于保存从后端获取的任务列表。首先，在等待服务返回数据时，我们需要初始化tasks。getTasks函数应该具有单一职责，不应该承担能够委托给其他函数的工作，能够进行模块化更好。作为良好的设计，getTasks只调用服务，并为成功和失败的情况注册处理器。我们将处理器命名为updateTasks和updateError。

收到响应后，updateTasks函数会更新tasks模型。updateError函数应该使用详细的错误消息更新message模型。我们最好在一开始用一个空字符串对这两个模型进行初始化。细节已经够多了，我们可以稍后再考虑排序等其他问题。现在更新测试列表，将这些内容添加进去。

- ❑ ~~getTasks应该用从服务中获得的数据填充tasks模型~~
- ❑ tasks初始为空
- ❑ message初始为空

❑ getTasks成功与服务交互

❑ getTasks处理服务返回的错误

❑ updateTasks更新tasks

❑ updateError更新message

❑ getTasks对tasks进行排序

❑ 文档加载完毕后调用getTasks

❑ ……

前两个测试很简单，能够帮助我们开始进行控制器的设计。

在测试文件tasks-controller-test.js中，编写测试验证当控制器创建成功时，tasks为空。

testangularjs/todo/test/client/tasks-controller-test.js

```
it('tasks should be empty on create', function() {
  expect(controller.tasks).to.be.eql([]);
});
```

这可能是至此为止最简单的测试之一了，但问题是，controller从哪里来？

虽然AngularJS在正常运行时会做好一切，但我们在测试期间必须做些事情来绑定依赖。首先需要为该应用引入模块，然后注入控制器工厂函数，最后创建用于测试的控制器。在刚才的测试后面加上以下代码。

```
var controller;

beforeEach(module('todoapp'));

beforeEach(inject(function($controller) {
  controller = $controller('TasksController');
}));
```

我们首先声明了一个名为controller的变量，以引用正在“寻找”的控制器实例，并将该变量用于每一个测试中。接着调用了两次beforeEach函数。第一次初始化了一个名为todoapp的AngularJS模块。第二次通过依赖注入引入了上下文工厂函数。在传给inject的函数中，我们创建了TasksController的一个实例，并将其赋值给controller变量。测试套件中的这一系列步骤显式地执行了AngularJS在正常执行过程中自动完成的工作。

我们已经准备好运行这个测试，以便验证控制器是否正确初始化了tasks模型，但必须先在两个文件中实现必要的代码。

打开public/javascripts/src/todoapp.js文件，初始化module，如下所示：

testangularjs/todo/public/javascripts/src/todoapp.js

```
angular.module('todoapp', []);
```

这个文件只有一行代码，定义了这个AngularJS应用将要使用的模块。其他文件将会引用这个模块。回忆一下，在karma.conf.js文件中，这个文件是源码文件中第一个加载的。

在public/javascripts/src/controllers/tasks-controller.js文件中添加以下代码。

```
var TasksController = function() {
  var controller = this;

  controller.tasks = [];
};

angular.module('todoapp')
       .controller('TasksController', [TasksController]);
```

该文件底部的代码是AngularJS定义控制器的标准样板代码。代码中的模块名称和控制器名称与测试文件中的名称一致。在控制器构造函数中，我们将tasks初始化为一个空数组。这些代码足以满足上述测试的需求了。目前正以watch模式运行的Karma可能会报错。如果出现报错，则重新运行该测试，以便AngularJS能够加载我们刚创建的模块。测试通过后，继续测试列表中的下一个测试。

testangularjs/todo/test/client/tasks-controller-test.js
```
it('message should be empty on create', function() {
  expect(controller.message).to.be.eql('');
});
```

这个测试与上一个测试很相似，但只需要一行代码就能够让它通过。在控制器中添加以下代码：

```
controller.message = '';
```

这行简单代码就在tasks模型的初始化之后。下一个测试需要花些工夫处理依赖。准备接受挑战吧！

> **小乔爱问：**
>
> **$scope在哪里？**
>
> 你可能想要知道为什么到现在为止我们的代码中都没有$scope变量。很多AngularJS教程都误用了这个名字的变量。该变量带来了隐式作用域，并去掉了在HTML页面中明确命名控制器的必要性。不幸的是，它污染了设计，代码因此而缺乏清晰性，而且容易导致错误。
>
> 使用一个显式的名字来定义控制器并使用，从而让设计更清晰。通过这种方式，变量和状态的作用域就一清二楚了。而设计和调用控制器的函数也更加清晰，测试当然也更加容易了。

8

8.4　设计服务交互

与后端（GET 、POST和DELETE请求）进行交互的细节将放在一个单独的服务对象中。控制器的getTasks函数无须关心它们。它只需要调用服务，并传递一个用于成功情况的回调和一个用于错误情况的回调。这些回调负责更新控制器中的模型。

从设计的角度来看，这种方式可以让代码模块化，并分离代码中的关注点。而从测试的角度来看，我们不希望控制器与真正的服务进行交互，其原因有二：第一，我们还没有编写服务；第二，与真正的服务交互会导致测试很脆弱，而且可能会很慢。因此，我们将在测试中为服务创建mock，以供控制器的getTasks函数使用。

让getTasks函数调用服务的get函数，并向其传递两个回调。我们所要验证的就是，getTasks函数确实将两个回调传递给了get函数。我们一开始想要为getTasks设计两个独立的测试，但其实可以将它们放在一个测试中。以下就是tasks-controller-test.js文件中的测试代码。

testangularjs/todo/test/client/tasks-controller-test.js
```
it('getTasks should interact with the service', function(done) {
  controller.updateTasks = function() {};
  controller.updateError = function() {};

  tasksServiceMock.get = function(success, error) {
    expect(success).to.be.eql(controller.updateTasks);
    expect(error).to.be.eql(controller.updateError);
    done();
  };

  controller.getTasks();
});
```

这是一个很简单的交互测试。它验证了控制器的getTasks函数是否以合适的回调作为参数调用了服务的get函数。在运行这个测试前还需要一些步骤。首先，我们需要为服务创建mock。第二，我们必须用某种方式将服务关联到控制器。最后，我们必须实现getTasks函数。

我们先关注第一步和第二步的一部分。修改之前在测试文件tasks-controller-test.js中编写的设置代码，如下所示：

```
var controller;
var tasksServiceMock;

beforeEach(module('todoapp'));

beforeEach(inject(function($controller) {
  tasksServiceMock = {};

  controller = $controller('TasksController', {
    TasksService: tasksServiceMock
  });
}));
```

我们定义了一个新变量tasksServiceMock，并将其初始化为一个空的JSON对象。然后，在第二个beforeEach调用中修改创建了控制器的工厂函数的调用。现在将该mock作为TasksService传给了该工厂函数。我们来了解一下这是如何发挥作用的。

当启动时，AngularJS会将必要的依赖绑定到各个组件，包括控制器、服务、指令等。因为现在是在测试环境中，所以我们需要自己进行绑定。在设置部分，我们在beforeEach函数中告诉AngularJS将之前创建的mock作为控制器将要使用的服务。

现在需要修改控制器的代码，让它能够接受一个服务。修改tasks-controller.js文件底部的代码，如下所示：

```
angular.module('todoapp')
    .controller('TasksController', ['TasksService', TasksController]);
```

我们让AngularJS在创建控制器的同时向该控制器绑定TasksService。此外，还需要修改控制器的构造函数以接收该服务。

```
var TasksController = function(tasksService) {
```

最后一步是实现getTasks函数。

```
controller.getTasks = function() {
  tasksService.get(controller.updateTasks, controller.updateError);
};
```

保存文件后，Karma应该会报告所有测试都通过。

回顾目前tasks-controller.js文件中的代码。

```
var TasksController = function(tasksService) {
  var controller = this;

  controller.tasks = [];

  controller.message = '';

  controller.getTasks = function() {
    tasksService.get(controller.updateTasks, controller.updateError);
  };
};

angular.module('todoapp')
    .controller('TasksController', ['TasksService', TasksController]);
```

getTasks函数是高内聚的，用于发送请求和注册合适的回调。它将其他的职责委托给服务和两个回调函数。现在我们来处理这两个回调。先测试并设计updateTasks函数。

testangularjs/todo/test/client/tasks-controller-test.js
```
it('updateTasks should update tasks', function() {
  var tasksStub = [{sample: 1}];
```

```
controller.updateTasks(tasksStub);
expect(controller.tasks).to.be.eql(tasksStub);
});
```

updateTasks的工作非常简单，至少目前来说是这样的。它应该接收一个任务列表，并将其设置给模型。该测试为任务列表创建了stub，并验证updateTasks是否将它设置给tasks模型。我们来实现updateTasks以通过该测试。编辑tasks-controller.js，向控制器添加以下函数。

```
controller.updateTasks = function(tasks) {
  controller.tasks = tasks;
};
```

接着编写测试验证updateError函数的行为。该函数应该接收错误消息、状态码，并在控制器中更新message模型。测试代码如下所示：

testangularjs/todo/test/client/tasks-controller-test.js
```
it('updateError should update message', function() {
  controller.updateError('Not Found', 404);
  expect(controller.message).to.be.eql('Not Found (status: 404)');
});
```

在tasks-controller.js文件的控制器中实现updateError函数，以便该测试可以通过。

testangularjs/todo/public/javascripts/src/controllers/tasks-controller.js
```
controller.updateError = function(error, status) {
  controller.message = error + ' (status: ' + status + ')';
};
```

相当简短。我们再来查看测试列表。

- ❏ ……
- ❏ ✓ updateTasks更新tasks
- ❏ ✓ updateError更新message
- ❏ getTasks对tasks进行排序
- ❏ 文档加载完毕后调用getTasks
- ❏ ……

我们已经完成了与服务进行交互以及更新模型的函数。测试列表中的下一个测试是对数据进行排序。

8.5 分离关注点，减少 mock

我们想让任务列表以year、month、day和name升序排列。这需要排序操作，但将这个功能放在哪里呢？我们需要慎重考虑这个问题，记住保持模块化和单一职责原则。

8.5.1 找到合适的地方

在AngularJS中对数据进行排序是非常容易的，在HTML页面中就可以实现。以下是一种可能的解决方案，可以添加到我们最后设计的HTML页面中。

```
<tr ng-repeat="task in controller.tasks | orderBy: year">...</tr>
```

简洁明了，或者……会有问题吗？

乍看之下很不错——简洁、直观、优雅。但是这样一来，排序逻辑就在HTML页面中了。我们现在是想基于特定的优先级进行排序，但之后可能还会改变条件。如何验证排序是否正确执行了呢？如果排序代码在HTML文件中，那么我们就不能使用控制器中的测试对其进行验证。这样就不得不依赖UI层测试，不太妙，这会很耗时，而且很脆弱。

避免使用会导致测试困难的特性

避免使用会导致测试困难的库或者框架的特性。寻找能够支持自动化验证的方式。

将排序功能放在控制器中更好。在这个层次上测试排序的行为更容易，同时也更加迅速。

在控制器中，getTasks负责从后端获取数据。我们可以修改getTasks，让它对接收到的任务列表进行排序，但这会导致一些问题。第一，getTasks目前是高内聚的，而且只具有单一职责。我们不希望影响这么好的设计。第二，向这个函数添加更多的功能意味着需要对它进行更多的测试。getTasks的测试越多，需要的mock就越多，但最好能够减少对mock的使用，只在无法避免的情况下才使用mock。由此可见，我们需要将排序功能从getTasks中分离出来。

getTasks最好将响应的处理委托给其他函数来完成 。或许可以将排序功能放在updateTasks函数中。我们再来思考一下测试。如果让updateTasks接手排序工作，那么验证排序操作的每个测试都必须向它传递一个任务列表，并验证controller.tasks是否正确排序。这比在getTasks中验证好一些，但还可以进一步进行分离。

我们可以创建一个独立的函数sortTasks，让它接收一个任务列表，并返回排序后的列表。因为需要基于不同的优先级来进行排序，所以我们必须为sortTasks编写多个测试，但这都很直观。最后只需要编写测试来确保sortTasks被正确调用即可。

8.5.2 结合经验测试和交互测试

在测试列表中加上刚才的设计思想。

❏ ……
❏ getTasks对tasks进行排序

- ❑ sortTasks根据年份进行排序
- ❑ sortTasks根据年份、月份进行排序
- ❑ sortTasks根据年份、月份、日期进行排序
- ❑ sortTasks根据年份、月份、日期、名称进行排序
- ❑ updateTasks调用sortTasks

除了最后一个测试，与排序相关的其他测试都是经验测试，而最后一个测试则是交互测试。进行排序的方式有很多，但我们在updateTasks的层次上并不关心这些细节。可以单独测试和设计sortTasks。在updateTasks的层次上，我们只关心它是否正确调用了sortTasks。现在开始编写这些测试，遵循一次一个的原则。

首先验证sortTasks函数按照年份对给定的任务进行升序排列。

testangularjs/todo/test/client/tasks-controller-test.js
```js
it('sortTasks should sort based on year', function() {
  var task1 = { name: 'task a', month: 1, day: 10, year: 2017};
  var task2 = { name: 'task b', month: 1, day: 10, year: 2016};

  var sorted = controller.sortTasks([task1, task2]);
  expect(sorted).to.be.eql([task2, task1]);
});
```

我们可以用AngularJS库提供的函数来执行排序。可以通过$filter依赖注入实现之前在HTML页面中用到的orderBy函数。为此，我们需要再次修改tasks-controller.js中控制器的构造函数，如下所示：

```js
var TasksController = function(tasksService, $filter) {
```

同样，我们需要修改tasks-controller.js底部的控制器设置代码，以便注入$filter依赖。

```js
angular.module('todoapp')
    .controller('TasksController',
      ['TasksService', '$filter', TasksController]);
```

在控制器中实现sortTasks函数。

```js
controller.sortTasks = function(tasks) {
  var orderBy = $filter('orderBy');
  return orderBy(tasks, 'year');
};
```

该函数从注入的$filter中获得orderBy函数的引用，并让该引用对给定的任务列表进行排序。

保存该文件，并确保测试都可以通过。

接着，在year值相等的情况下，验证sortTasks函数根据month来排序。

testangularjs/todo/test/client/tasks-controller-test.js

```
it('sortTasks should sort on year, then month', function() {
  var task1 = { name: 'task a', month: 2, day: 10, year: 2017};
  var task2 = { name: 'task c', month: 1, day: 10, year: 2016};
  var task3 = { name: 'task b', month: 1, day: 10, year: 2017};

  var sorted = controller.sortTasks([task1, task2, task3]);
  expect(sorted).to.be.eql([task2, task3, task1]);
});
```

我们需要小小地修改一下sortTasks函数，以便该测试可以通过。

```
return orderBy(tasks, ['year', 'month']);
```

将orderBy的第二个参数从year修改为包含year和month两个属性的数组。

下一个测试验证使用day属性的排序。

testangularjs/todo/test/client/tasks-controller-test.js

```
it('sortTasks should sort on year, month, then day', function() {
  var task1 = { name: 'task a', month: 1, day: 20, year: 2017};
  var task2 = { name: 'task c', month: 1, day: 14, year: 2017};
  var task3 = { name: 'task b', month: 1, day: 9, year: 2017};

  var sorted = controller.sortTasks([task1, task2, task3]);
  expect(sorted).to.be.eql([task3, task2, task1]);
});
```

再次修改sortTasks函数，以便该测试可以通过。sortTasks的最后一个测试验证，如果其他属性都相等，则根据name来排序。

testangularjs/todo/test/client/tasks-controller-test.js

```
it('sortTasks should sort on year, month, day, then name', function() {
  var task1 = { name: 'task a', month: 1, day: 14, year: 2017};
  var task2 = { name: 'task c', month: 1, day: 14, year: 2017};
  var task3 = { name: 'task b', month: 1, day: 14, year: 2017};

  var sorted = controller.sortTasks([task1, task2, task3]);
  expect(sorted).to.be.eql([task1, task3, task2]);
});
```

sortTasks函数的最终实现如下所示：

testangularjs/todo/public/javascripts/src/controllers/tasks-controller.js

```
controller.sortTasks = function(tasks) {
  var orderBy = $filter('orderBy');
  return orderBy(tasks, ['year', 'month', 'day', 'name']);
};
```

属性year、month、day和name以优先级递减的顺序传给orderBy函数。

我们已经拥有了对任务进行排序的函数，但还需要进行一个测试，而且还要再次修改代码，用排序后的任务来更新模型。我们决定将排序工作的执行放在updateTasks函数中。我们已经实现了这个函数，现在为它添加一个测试，验证它是否调用了sortTasks函数。这是一个交互测试，因此不需要真正的sortTasks函数，在测试中为updateTasks函数创建mock。

testangularjs/todo/test/client/tasks-controller-test.js
```
it('updateTasks should call sortTasks', function() {
  var tasksStub = [{sample: 1}];

  controller.sortTasks = function(tasks) {
    expect(tasks).to.be.eql(tasksStub);
    return '..sorted..';
  };

  controller.updateTasks(tasksStub);
  expect(controller.tasks).to.be.eql('..sorted..');
});
```

为了通过该测试，我们必须最后修改一下updateTasks函数。

testangularjs/todo/public/javascripts/src/controllers/tasks-controller.js
```
controller.updateTasks = function(tasks) {
  controller.tasks = controller.sortTasks(tasks);
};
```

updateTasks函数现在调用sortTasks函数，并将结果设置到控制器的tasks模型中。

至此，从服务获取任务并更新模型的功能就全部完成了。还有最后一步就能完成显示任务列表的功能了，这个最后一步就是在页面加载完成后调用getTasks函数。

8.5.3   测试加载顺序

页面完成加载后，应该立刻调用getTasks函数。在上一章的jQuery实现中，因为没有很简单的方法可以对此进行测试，所以我们不得不使用一些小技巧。但在AngularJS中，这种测试是很容易实现的。

在控制器函数的最后，我们想要调用document的ready函数。可以使用$document将document注入控制器，这和之前的$filter很相似。接着在测试中为document创建stub。但是存在一个问题。

控制器实例是在beforeEach函数中创建的。在所有测试运行之前，ready函数会在代码中执行。必须在创建控制器前创建document的stub。我们来实现这一点。

在测试套件中，我们需要一个作为占位符的变量来保存将要注册给ready函数的回调。在tasks-controller-test.js文件中定义一个名为documentReadyHandler的变量。

```
//...
var controller;
var tasksServiceMock = {};
var documentReadyHandler;
//...
```

接着，再次修改inject的调用，但这次需要引入$document，如下所示：

```
beforeEach(inject(function($controller, $document) {
  $document.ready = function(handler) { documentReadyHandler = handler; }

  controller = $controller('TasksController', {
      TasksService: tasksServiceMock
      });
    }));
```

除了新增的第二个参数，该函数的第一行还为ready函数创建了stub，并将传入的handler赋给documentReadyHandler变量。在这个stub的后面一行再创建控制器。该stub会在创建控制器时被调用，即在运行测试之前。我们需要编写新的测试来验证代码是否真的调用了ready函数。

以下测试检查documentReadyHandler是否引用了控制器的getTasks函数。

testangularjs/todo/test/client/tasks-controller-test.js
```
it('should register getTasks as handler for document ready', function() {
  expect(documentReadyHandler).to.be.eql(controller.getTasks);
});
```

因为有了新的依赖，所以我们必须再次修改tasks-controller.js中的控制器初始代码。

```
angular.module('todoapp')
       .controller('TasksController',
         ['TasksService', '$filter', '$document', TasksController]);
```

注入$document的方式和注入$filter很相似。因此还需要修改控制器的构造函数的声明。

```
var TasksController = function(tasksService, $filter, $document) {
```

最后，在控制器中调用ready函数，如下所示：

```
$document.ready(controller.getTasks);
```

保存后，Karma会报告与任务显示相关的测试都通过了。还需要实现控制器的两个功能：添加任务和删除任务。接下来我们关注一下这两个功能。

8.6 继续设计

初始测试列表包含了一个添加任务的测试和一个删除任务的测试。

❏ ……
❏ addTask向服务发送数据

❑ deleteTask向服务发送删除请求

我们先来看看addTask函数。

8.6.1 设计 addTask

在分析getTasks函数时，我们将一个测试分成了好几个测试。可以预料，addTask函数也会这样。我们来分析一下addTask函数。

首先，我们需要用于创建新任务的数据。控制器中的新模型newTask可以用于存放这些数据。我们需要初始化这个模型，让它包含一个name属性和一个date属性。另外还需要一个函数，以便将newTask转换为服务器需要的JSON格式。

addTask应该调用服务，注册一个回调updateMessage以处理响应，此外还需要注册updateError来处理错误。updateMessage可以显示接收到的消息。此外，接收到响应后，必须刷新任务列表以反映这次的修改。为此，updateMessage可以重用之前设计的getTasks函数。

如果用户输入的任务数据是非法的，那么应该禁用create按钮。我们已经可以使用validateTask函数对任务进行校验，因此禁用按钮的函数可以简单地重用该函数。

我们将这些想法写在测试列表中：

❑ addTask向服务发送数据
❑ 验证在创建newTask时name和date为空
❑ 将没有数据的newTask转换为JSON格式
❑ 将有数据的newTask转换为JSON格式
❑ addTask调用服务
❑ updateMessage应该更新message，并调用getTasks
❑ disableAddTask重用validateTask

除了一些很小的差别，这个功能的测试与任务列表的测试很相似。

从列表中的第一个测试开始。在tasks-controller-test.js文件中添加测试。

testangularjs/todo/test/client/tasks-controller-test.js
```
it('newTask should have empty `name` and `date` on create', function() {
  expect(controller.newTask.name).to.be.eql('');
  expect(controller.newTask.date).to.be.eql('');
});
```

该测试仅仅验证控制器中名为newTask的模型是否正确进行初始化。虽然看起来微不足道，但这个测试清楚地表达和记录了"正确初始化newTask"这一需求。如果该模型没有正确进行初始化，那么依赖它的函数就会失败。有了这个测试，我们就基本不再需要额外的测试和代码来处理newTask未正确进行初始化的情况了。在控制器中添加以下代码，以通过该测试。

testangularjs/todo/public/javascripts/src/controllers/tasks-controller.js
```
controller.newTask = {name: '', date: ''};
```

在向服务器发送新任务前，必须将数据转换为服务器要求的JSON格式。我们将采取一系列步骤为格式转换编写代码。以下是第一个测试。

testangularjs/todo/test/client/tasks-controller-test.js
```
it('should convert newTask with no data to JSON format', function() {
  var newTask = controller.convertNewTaskToJSON();

  expect(newTask.name).to.be.eql('');
  expect(newTask.month).to.be.NAN;
  expect(newTask.day).to.be.NAN;
  expect(newTask.year).to.be.NAN;
});
```

该测试调用了一个尚未实现的函数convertNewTaskToJSON。该函数用于将newTask模型转换为服务器需要的格式。因为还未设置newTask，所以这个测试验证了当没有数据时，newTask函数能够优雅地处理格式转换。在控制器中为这个新的convertNewTaskToJSON函数编写最少的代码，以便该测试可以通过。接着继续下一个测试。

testangularjs/todo/test/client/tasks-controller-test.js
```
it('should convert newTask with data to JSON format', function() {
  var newTask = {name: 'task a', date: '6/10/2016'};
  var newTaskJSON = {name: 'task a', month: 6, day: 10, year: 2016};

  controller.newTask = newTask;

  expect(controller.convertNewTaskToJSON()).to.be.eql(newTaskJSON);
});
```

该测试为控制器中的newTask变量设置了一个示例任务，并验证convertNewTaskToJSON是否返回正确的结果。

以下是可以让该测试通过的实现代码。

testangularjs/todo/public/javascripts/src/controllers/tasks-controller.js
```
controller.convertNewTaskToJSON = function() {
  var dateParts = controller.newTask.date.split('/');

  return {
    name: controller.newTask.name,
    month: parseInt(dateParts[0]),
    day: parseInt(dateParts[1]),
    year: parseInt(dateParts[2])
  };
};
```

利用上述测试设计出来的convertNewToJSON函数将由需要与newTask打交道的好几个函数重用。

接着，我们需要验证addTask是否调用服务，并正确传递转换后的任务和回调处理器。

testangularjs/todo/test/client/tasks-controller-test.js

```javascript
it('addTask should call the service', function(done) {
  controller.updateMessage = function() {};
  controller.updateError = function() {};

  var convertedTask = controller.convertNewTaskToJSON(controller.newTask);

  tasksServiceMock.add = function(task, success, error) {
    expect(task).to.be.eql(convertedTask);
    expect(success).to.be.eql(controller.updateMessage);
    expect(error).to.be.eql(controller.updateError);
    done();
  };

  controller.addTask();
});
```

满足该测试的addTask函数的实现非常简单。

testangularjs/todo/public/javascripts/src/controllers/tasks-controller.js

```javascript
controller.addTask = function() {
  tasksService.add(
    controller.convertNewTaskToJSON(controller.newTask),
    controller.updateMessage,
    controller.updateError);
};
```

完成后就可以进入下一阶段：设计addTask会使用到的updateMessage函数。Update Message函数需要执行两项工作，即使用给定的消息更新message模型，以及调用getTasks来刷新任务列表以显示新添加的任务。我们将编写测试验证该行为。因为getTasks需要和服务进行交互，而我们又还没有实现这个服务，所以不能让updateMessage调用真正的getTasks，至少现在不能。我们将在测试中为getTasks创建stub以供updateMessage使用。

testangularjs/todo/test/client/tasks-controller-test.js

```javascript
it('updateMessage should update message and call getTasks', function(done) {
  controller.getTasks = function() { done(); };
  controller.updateMessage('good');
  expect(controller.message).to.be.eql('good');
});
```

对updateTasks进行的测试是交互测试和经验测试的结合。它对该函数与getTasks之间的交互进行验证，同时还验证了该函数是否更新模型。

以下是可以让测试通过的updateTasks的实现。

testangularjs/todo/public/javascripts/src/controllers/tasks-controller.js

```
controller.updateMessage = function(message) {
  controller.message = message;
  controller.getTasks();
};
```

"添加新任务"这个功能还有最后一项工作。如果任务是非法的,那么应该禁用create按钮。为此,我们需要设计一个disableAddTask函数,让它重用之前设计的validateTask函数。现在编写测试来验证该行为。

testangularjs/todo/test/client/tasks-controller-test.js

```
it('disableAddTask should make good use of validateTask', function() {
  var newTask = {name: 'task a', date: '6/10/2016'};

  var originalValidateTask = window.validateTask;

  window.validateTask = function(task) {
    expect(task.name).to.be.eql(newTask.name);
    expect(
      task.month + '/' + task.day + '/' + task.year).to.eql(newTask.date);
    return true;
  };

  controller.newTask = newTask;

  var resultOfDisableAddTask = controller.disableAddTask();

  window.validateTask = originalValidateTask;

  expect(resultOfDisableAddTask).to.be.eql(false);
});
```

该测试使用模拟的函数临时代替原始的validateTask函数。该模拟函数验证disableAddTask是否以正确的参数调用validateTask,并返回true作为响应。最后该测试验证disableAddTask函数是否返回false,这与validateTask的返回结果相反,因为这个测试假定添加的任务符合要求。

在控制器中实现disableAddTask函数。

testangularjs/todo/public/javascripts/src/controllers/tasks-controller.js

```
controller.disableAddTask = function() {
  return !validateTask(controller.convertNewTaskToJSON());
};
```

这总结了添加新任务所需的代码。有关控制器的最后一组测试应该关注最后一个功能,即删除任务。

8.6.2　设计 deleteTask

在生活中破坏东西是很简单的，删除任务应该也不例外。这个操作需要调用的函数大部分都已经实现了。我们编写测试来验证deleteTask的行为，然后再实现它。

具体测试如下所示。

testangularjs/todo/test/client/tasks-controller-test.js

```
it('deleteTask should delete and register updateMessage', function(done) {
  controller.updateMessage = function() {};
  controller.updateError = function() {};

  var sampleTaskId = '1234123412341234';

  tasksServiceMock.delete = function(taskId, success, error) {
    expect(taskId).to.be.eql(sampleTaskId);
    expect(success).to.be.eql(controller.updateMessage);
    expect(error).to.be.eql(controller.updateError);
    done();
  };

  controller.deleteTask(sampleTaskId);
});
```

只需要确认deleteTask函数调用了服务，请求服务删除任务。该测试验证deleteTask是否将合适的回调传递给服务。

实现deleteTask并没有什么挑战性，而且也不需要其他依赖。现在实现该函数，以便以上测试可以通过。

testangularjs/todo/public/javascripts/src/controllers/tasks-controller.js

```
controller.deleteTask = function(taskId) {
  tasksService.delete(
    taskId, controller.updateMessage, controller.updateError);
};
```

控制器完成得不错。我们来查看测试驱动开发的成果。以下是完整的控制器实现代码。

testangularjs/todo/public/javascripts/src/controllers/tasks-controller.js

```
var TasksController = function(tasksService, $filter, $document) {
  var controller = this;

  controller.tasks = [];
  controller.message = '';

  controller.newTask = {name: '', date: ''};

  controller.getTasks = function() {
    tasksService.get(controller.updateTasks, controller.updateError);
  };
```

```
controller.updateTasks = function(tasks) {
  controller.tasks = controller.sortTasks(tasks);
};

controller.updateError = function(error, status) {
  controller.message = error + ' (status: ' + status + ')';
};

controller.sortTasks = function(tasks) {
  var orderBy = $filter('orderBy');
  return orderBy(tasks, ['year', 'month', 'day', 'name']);
};

$document.ready(controller.getTasks);

controller.convertNewTaskToJSON = function() {
  var dateParts = controller.newTask.date.split('/');

  return {
    name: controller.newTask.name,
    month: parseInt(dateParts[0]),
    day: parseInt(dateParts[1]),
    year: parseInt(dateParts[2])
  };
};

controller.addTask = function() {
  tasksService.add(
    controller.convertNewTaskToJSON(controller.newTask),
    controller.updateMessage,
    controller.updateError);
};

controller.updateMessage = function(message) {
  controller.message = message;
  controller.getTasks();
};

controller.disableAddTask = function() {
  return !validateTask(controller.convertNewTaskToJSON());
};

controller.deleteTask = function(taskId) {
  tasksService.delete(
    taskId, controller.updateMessage, controller.updateError);
};
};

angular.module('todoapp')
      .controller('TasksController',
        ['TasksService', '$filter', '$document', TasksController]);
```

是时候完成最后一步了：服务。

8.7   设计服务

服务位于控制器和后端服务器之间。控制器函数依赖服务的3个函数：get、add和delete。我们开始设计这些函数，遵循一次一个的原则。在设计服务的过程中，必须牢记控制器的需求和服务器的要求。我们从get函数开始。

8.7.1   设计 get 函数

get函数应该接收两个回调以作为参数，并向服务器的/tasks发出GET请求。如果服务器成功响应，那么该函数应该调用传给它的第一个回调，否则就调用第二个回调。

目前我们没有启动后端服务器，因为没有这个必要。依赖真正的后端服务器会导致测试脆弱及不确定。好在angular-mocks可以通过注入httpBackend对象来模拟Ajax调用。

1. 模拟后端

先为服务的测试创建一个新的测试套件。打开test/client/tasks-service-test.js文件，添加以下代码：

```
testangularjs/todo/test/client/tasks-service-test.js
describe('tasks service tests', function() {
  var service;
  var httpBackend;
  var notCalled = function() { throw 'not expected'; };

  var newTaskJSON = {name: 'task a', month: 6, day: 10, year: 2016};

  beforeEach(module('todoapp'));

  beforeEach(inject(function(TasksService, $httpBackend) {
    service = TasksService;
    httpBackend = $httpBackend;
  }));
});
```

在这个新的测试套件中，首先创建一个名为notCalled的函数，它一经调用就会抛出异常。将它作为参数来代替那些不应该被调用的回调函数。接着创建一个示例任务对象newTaskJSON以供之后的测试使用。

传递给inject的函数有两个参数：TasksService和$httpBackend。依赖注入器在参数名方面非常智能。因为很快就会将TaskServie这个名称注册为服务，所以依赖注入器将会识别出TaskService是服务名。像$controller和$httpBackend这样的名字很"神圣"，这是依赖注入器如何得知是注入控制器还是HTTP模拟的依据。有些开发人员喜欢给变量名加上下划线，如 _$httpBackend_，这样他们就可以使用像$httpBackend这样的局部变量，但如果被发现，注入器会剔除下划线。因为我们的局部变量是httpBackend，而非$httpBackend，所以不需要添加下划线。

将通过$httpBackend参数注入的mock保存在httpBackend变量中，并将服务对象的引用保存在service变量中。现在我们为服务编写第一个测试。

2. 为get编写第一个测试

在get函数的第一个测试中，我们将为GET请求准备一个mock，让它返回成功状态码200以及作为响应结果的示例数据。我们还将为作为参数传给get的回调函数创建stub。具体的测试代码如下所示。

```
testangularjs/todo/test/client/tasks-service-test.js
it('get should call service, register success function', function(done) {
  httpBackend.expectGET('tasks')
              .respond(200, '...some data...');

  var success = function(data, status) {
    expect(status).to.be.eql(200);
    expect(data).to.be.eql('...some data...');
    done();
  };

  service.get(success, notCalled);
  httpBackend.flush();
});
```

httpBackend是一个mock，expectGET告诉该mock需要接收什么样的URL，respond则告诉该mock需要返回什么样的数据给调用者。flush在mock上模拟Ajax的异步调用。在get函数的内部，当接收到后端返回的响应时，它应该将结果传给作为第一个参数注册的回调，但这只有在正确注册回调的情况下才能成功，我们很快就能够在代码中看到。我们为作为get函数第一个参数的success函数创建了stub，以验证HTTP请求返回的响应是否被回调函数接收。因为这是一个正向测试，所以通过第二个参数传入的回调不应该被调用，这里传入的stub就对这一点进行了验证。

简而言之，这个测试就是验证get应该向tasks这个URL发送GET请求，并将第一个参数注册为处理响应的回调。

我们将为服务编写最少的代码以通过该测试。打开public/javascripts/src/services/tasks-service.js文件，添加以下代码。

```
testangularjs/todo/public/javascripts/src/services/tasks-service.js
var TasksService = function($http) {
  var service = this;
};
```

```
angular.module('todoapp')
        .service('TasksService', ['$http', TasksService]);
```

在该文件的最后，我们将服务引入了AngularJS的模块中。首先，我们提供了服务名Tasks
Service，通过读取这个配置，注入器可以断定要将什么服务注入到测试环境中。接着，我们在
数组中指定将$http对象注入到名为TasksService的服务构造函数中。

在该文件的第一行中，我们将$http作为参数创建一个构造函数。在正常的执行过程中，
AngularJS会将合适的HTTP请求对象注入$http变量，该变量可以用于进行Ajax调用。在运行测
试时，angular-mocks.js会注入一个能够用于模拟预设响应的mock。

现在为get函数编写最少的代码以通过该测试。在构造函数中添加以下代码。

```
service.get = function(success, error) {
  $http.get('tasks')
      .success(success);
};
```

该函数完成了测试需要它进行的工作，即调用HTTP服务、向tasks发送GET请求，并将第一
个参数注册为成功情况下的回调。目前忽略了第二个参数。

保存文件，测试应该都可以通过了，我们的服务向前迈进了一步。

3. 完成get的设计

下一个测试将验证错误处理器是否正确注册。

testangularjs/todo/test/client/tasks-service-test.js
```
it('get should call service, register error function', function(done) {
  httpBackend.expectGET('tasks')
              .respond(404, 'Not Found');

  var error = function(data, status) {
    expect(status).to.be.eql(404);
    expect(data).to.be.eql('Not Found');
    done();
  };

  service.get(notCalled, error);
  httpBackend.flush();
});
```

这个测试与上一个很相似，只不过它发送的是错误状态码404，并验证get函数是否以正确的
错误消息和状态码调用错误处理回调。

在测试中使用错误状态码让我回想起家中曾发生过的趣事。我的儿子问我，他是否可以吃些
什么。正忙着写代码的我于是脱口而出："302。"他迅速转身，问道："妈妈？"我的妻子不失时
机地答道："404。"这真是个和谐的时刻，整个家庭都可以使用HTTP状态码来交流。

以上测试验证了HTTP请求返回的错误消息是否传给作为第二个参数注册的错误处理器。因为这是一个反向测试，所以通过第一个参数注册的回调不应该被调用。该测试将notCalled函数作为第一个参数来达到这个目的。

我们对get函数进行一些小修改以通过该测试。

testangularjs/todo/public/javascripts/src/services/tasks-service.js
```
service.get = function(success, error) {
  $http.get('tasks')
      .success(success)
      .error(error);
};
```

现在基本完成了get函数的设计。我们可以在不启动后端服务的情况下对它进行测试，并且确保回调可以正确注册以便与后端进行交互。这体现了angular-mocks的强大及其优势，太酷了！

8.7.2　设计 add 函数

现在我们为下一个服务函数add编写第一个测试。

testangularjs/todo/test/client/tasks-service-test.js
```
it('add should call service, register success function', function(done) {
  httpBackend.expectPOST('tasks', newTaskJSON)
            .respond(200, 'added');

  var success = function(data) {
    expect(data).to.be.eql('added');
    done();
  };

  service.add(newTaskJSON, success, notCalled);
  httpBackend.flush();
});
```

不像get函数发送的是GET请求，add函数应该发送POST请求。而且，添加的任务应该连同请求一起发送给服务器。为了验证这一点，我们在$httpBackend上调用expectPOST，以验证URI和数据都发送了。该测试的其余部分和get的测试就很相似了。

在public/javascripts/src/services/tasks-services.js中实现服务类的add函数，接着编写反向测试。

testangularjs/todo/test/client/tasks-service-test.js
```
it('add should call service, register error function', function(done) {
  httpBackend.expectPOST('tasks', newTaskJSON)
            .respond(500, 'server error');

  var error = function(error, status) {
    expect(error).to.be.eql('server error');
    expect(status).to.be.eql(500);
```

```
    done();
  };

  service.add(newTaskJSON, notCalled, error);
  httpBackend.flush();
});
```

该测试模拟了后端服务响应失败的情况，并验证作为最后一个参数传入的回调是否接收到详细的错误消息。修改add函数以通过该测试。

以下是能够通过上述两个测试的add函数的代码。

testangularjs/todo/public/javascripts/src/services/tasks-service.js
```
service.add = function(task, success, error) {
  $http.post('tasks', task)
      .success(success)
      .error(error);
};
```

add函数向tasks发送一个POST请求，并将接收到的任务发送给后端服务。

8.7.3 设计 delete 函数

现在我们来设计最后一个服务函数：delete。以下是为delete编写的正向测试。

testangularjs/todo/test/client/tasks-service-test.js
```
it('delete should call service, register success function', function(done) {
  httpBackend.expectDELETE('tasks/1234123412341234')
              .respond(200, 'yup');

  var success = function(data) {
    expect(data).to.be.eql('yup');
    done();
  };

  service.delete('1234123412341234', success, notCalled);
  httpBackend.flush();
});
```

该测试用expectDELETE取代了expectPOST，并将需要删除的任务id作为URI的一部分。其余代码和之前的类似。为这个delete函数编写最少的代码。接着继续编写反向测试。

testangularjs/todo/test/client/tasks-service-test.js
```
it('delete should call service, register error function', function(done) {
  httpBackend.expectDELETE('tasks/1234123412341234')
              .respond(500, 'server error');

  var error = function(error, status) {
    expect(error).to.be.eql('server error');
    expect(status).to.be.eql(500);
```

```
    done();
  };

  service.delete('1234123412341234', notCalled, error);
  httpBackend.flush();
});
```

与get函数以及add函数的反向测试类似，这个测试也用于验证是否正确处理错误。以下是能够通过上述两个测试的delete函数的代码。

testangularjs/todo/public/javascripts/src/services/tasks-service.js

```
service.delete = function(taskId, success, error) {
  $http.delete('tasks/' + taskId)
      .success(success)
      .error(error);
};
```

我们已经通过测试完成了控制器和服务的设计。是时候运行整个程序了，但在此之前，我们先查看一下代码覆盖率。

8.8 评估代码覆盖率

查看测试及通过测试设计的代码，我们在之前的章节中讨论过测试与代码的恰当比例，这里测试和AngularJS控制器、服务器代码的比例也是3:1。

package.json文件中已经包含了用来创建覆盖率报告的脚本。执行以下命令：

```
npm run-script cover-client
```

然后打开coverage子目录下的index.html文件查看这个自动生成的覆盖率报告，如下图所示。

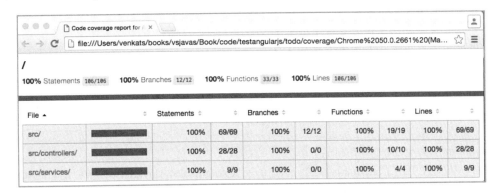

该报告显示了本章中编写的控制器和服务的代码覆盖率，同时也包括了上一章中的代码的覆盖率。点击报告中的链接以查看行覆盖率。如果编写了未经测试的代码，那么这些代码会以红色标出。

8.9　运行 UI

控制器和服务代码已经完成，但还需要一个HTML页面。创建文件public/tasksa.html，在该文件中集成我们创建的AngularJS控制器。

```
testangularjs/todo/public/tasksa.html
<!DOCTYPE html>
<html data-ng-app="todoapp">
  <head>
    <title>TO-DO</title>
    <link rel="stylesheet" href="/stylesheets/style.css">
  </head>
  <body data-ng-controller="TasksController as controller">
    <div class="heading">TO-DO</div>
    <div id="newtask">
      <div>Create a new task</div>
      <label>Name</label>
      <input type="text" data-ng-model="controller.newTask.name"/>
      <label>Date</label>
      <input type="text" data-ng-model="controller.newTask.date"/>
      <input type="submit" id="submit" data-ng-click="controller.addTask();"
        data-ng-disabled="controller.disableAddTask();"
        value="create"/>
    </div>
    <div id="taskslist">
      <p>Number of tasks: <span>{{ controller.tasks.length }}</span>
      <span id="message">{{ controller.message }}</span>
      <table>
        <tr data-ng-repeat ="task in controller.tasks">
        <td>{{ task.name }}</td>
        <td>{{ task.month }}/{{ task.day }}/{{ task.year }}</td>
        <td>
          <A data-ng-click="controller.deleteTask(task._id);">delete
          </A></td>
      </table>
    </div>
    <script src="javascripts/angular.js"></script>
    <script src="javascripts/src/todoapp.js"></script>
    <script src="javascripts/src/controllers/tasks-controller.js"></script>
    <script src="javascripts/src/services/tasks-service.js"></script>
    <script src="javascripts/common/validate-task.js"></script>
  </body>
</html>
```

该HTML文件引用了angular.js和我们编写的有关AngularJS的JavaScript代码。其中的ng指令用于将UI部分与模型和控制器中的函数进行绑定。你可以从本书网站[①]下载样式表。

要想看到UI，首先要启动mongodb守护进程和Express服务器，具体参见7.4节中的步骤。接

[①] https://media.pragprog.com/titles/vsjavas/code/testangularjs/todo/public/stylesheets/style.css

着在浏览器中输入http://localhost:3000/tasksa.html。从下图可以看到,控制器和服务再次运行起来,但这次不是在测试环境下,而且它们的行为都通过自动化测试得到了完整的验证。

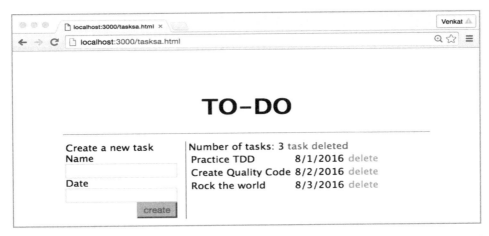

该视图显示了以期望的顺序排列的任务列表。此外,当新任务的数据还未完整或者数据非法时,`create`按钮不可用。

8.10　小结

AngularJS被设计成具有高度可测试性的框架。AngularJS和angular-mocks相互作用,从而让使用AngularJS编写的客户端代码更易于测试。可以在测试套件中为控制器需要的依赖注入测试替身。此外,通过巧妙地模拟后端,可以使用自动化脚本完整地验证客户端JavaScript代码的行为。在测试时完全不需要启动服务器或创建HTML页面。

AngularJS的团队从AngularJS 1.x框架的实际使用中吸取了很多经验。他们彻底重写了与AngularJS 1.x截然不同的Angular 2。在使用AngularJS 1.x的项目中,你可以使用本章中提及的技术来进行测试。但如果是打算使用Angular 2的新项目,那么就需要使用完全不同的技术了。我们将在下一章对此进行探讨。

8

第 9 章

Angular 2测试驱动开发

Angular 2（以下简称为Angular）完全重写了AngularJS框架。这些全面修改是基于AngularJS 1.x在行业中广泛使用后所得到的反馈和经验。Angular是使用TypeScript编写的。它在速度和性能上得到了很大提升。本章使用的版本是Angular 2 release candidate 4（rc-4）。

Angular应用的编写与AngularJS 1.x的截然不同。因此，对它们进行测试的方式也是不同的。Angular应用由组件、服务和管道构建，而所有这些都是通过注解来配置的。此外，在Angular中为组件和服务注入依赖的方式比在AngularJS 1.x中更清晰。这就使得Angular代码的自动化测试更为容易。

可以使用TypeScript、Dart或者JavaScript来开发Angular应用。因为本书关注的是测试驱动开发JavaScript应用，所以我们不讨论TypeScript或者Dart。对于使用JavaScript来开发Angular应用，你可以采用早期的ECMAScript 5或者ECMAScript 2015。目前主流的浏览器都支持ECMAScript 5。如果想要使用ECMAScript 2015，那么你必须花费大量的时间进行配置。

因为需要专注于学习测试驱动开发，所以我们在本章中使用ECMAScript 5，从而将工具造成的干扰降到最低。这有助于我们将注意力放在学习自动化测试上，而不会被ECMAScript 2015所需要的五花八门的工具绕晕。如果之后打算从ECMAScript 5转到ECMAScript 2015，那会相对容易些，因为你已经了解了如何使用ECMAScript 5来编写测试和代码。

在本章中，通过为TO-DO应用编写Angular版本的客户端，你将学习如何测试驱动开发Angular应用。但因为在不清楚如何实现应用的情况下，不可能对其进行测试驱动开发，所以我们首先要创建一个spike，并用Angular编写一个完整的可运行程序。接着再运用学到的知识，以测试驱动开发的方式为前几章中的TO-DO应用开发一个Angular版本的前端应用。

9.1 通过 spike 学习 Angular

你的最终目标是学习测试驱动开发Angular应用，以便从Angular项目的自动化验证中获益。你将通过TO-DO应用来学习这项技术，但首先需要会编写Angular代码。为此，我们来创建一个spike，该spike具有典型的Angular应用应该具有的部分。

我们创建的这个spike将会从服务器获取一份语言名称的列表，并将它们排序显示。因为只想将注意力放在Angular上，不想深入服务器端代码，所以我们将这份列表保存在一个文本文件中，然后在Angular代码中通过Ajax调用来获取它。现在就开始吧。

9.1.1　管道、服务和组件

Angular很好地将我们不得不处理的各种问题分成了不同的类。我们花几分钟熟悉一下Angular应用的主要部分。

- **管道**：这些是转换函数。它们接收一个或一组数据，并返回转换后的结果。例如，我们想要将给定句子中的敏感词汇替换为星号，但保留其他文字。自定义的FoulWordFilterPipe就能实现这个目的的。
- **服务**：这些是用来与后端服务进行交互的类。它们执行HTTP调用、从服务中提取数据，并优雅地处理交互过程中发生的错误。
- **组件**：它们将从服务中获取的数据和数据视图连接起来。它们与服务交互以获取或者发送数据，与管道交互以转换数据。此外，它们还表明要将数据渲染到哪里以及如何渲染数据。

我们将在spike中创建以上每一种Angular类。现在我们准备一个项目以便编写代码。

9.1.2　创建项目

在你的工作空间中将目录切换到tdjsa/angularspike。快速查看其中的package.json文件，它包含了Angular的依赖和其他一些必需的模块。其中的start脚本用于启动一个轻量级的HTTP服务器。使用这个服务器就可以不再编写任何服务器端的代码了。执行npm install命令以下载并安装这些依赖。

这个示例程序的客户端将显示从服务器获取到的语言名称。因此我们需要一份语言列表。

编辑languages文件，添加一些语言，如下所示：

angularspike/languages
```
JavaScript
TypeScript
Haskell
Java
C#
F#
Clojure
Scala
Ruby
Elixir
```

9

当访问index.html页面时，该应用应该显示languages文件中列出的语言名，而且是以排序后的顺序显示。为此，我们需要一个管道、一个服务、一个组件以及一些HTML文件。我们将按照上述顺序创建它们。

9.1.3　创建管道

我们希望按照顺序显示语言名。在AngularJS 1.x中，我们可能会使用orderBy过滤器来达到这个目的。但Angualr并没有任何内置的排序函数，而是使用管道代替了过滤器。

Angular中的管道遵循了Unix管道转换的概念。例如，在Unix命令序列ls | grep js | wc -lz中，一个命令的标准输出流入下一个命令的标准输入。在这个示例中，ls的输出流入grep的输入，而grep的输出又流入wc命令的输入。Angular的管道也是类似的。例如，name | uppercase | lowercase将name变量中的值转换为大写字母，再将其结果进一步转换为小写。这个示例中的转换并不怎么有用，但描述了这种概念。其中uppercase和lowercase就是管道，事实上，它们是Angular为数不多的内置管道之一。

目前Angular的内置管道很少，框架的开发者和第三方将来可能会提供更多的管道。要想在Angular中创建自己的管道，必须使用Pipe属性来装饰一个类，并提供name和transform函数。当数据在管道序列中流动时，该管道的transform函数会被自动调用。

我们已经准备好创建Angular客户端的第一段代码了。我们将遵循Angular的命名规范，根据文件所包含的内容，在命名时加上pipe、component或者service这类单词。

利用良好的旧式JavaScript语法，我们创建管道以便对名字进行排序。在当前的工作空间中编辑空文件src/app/langs/sort.pipe.js，输入以下代码。

```
angularspike/src/app/langs/sort.pipe.js
(function(app) {
  app.SortPipe = ng.core
    .Pipe({ name: 'sort' })
    .Class({
    constructor: function() {},
    transform: function (languages) {
        return languages.slice().sort();
    }});
})(window.app || (window.app = {}));
```

先阅读这个文件的最后一行。如果变量window.app存在，则将它作为参数调用在这个文件中创建的函数。如果不存在，则创建该变量，并将它初始化为一个空的JSON对象，再将它作为参数传给函数。包括管道、服务和组件在内的所有类都会作为这个JSON对象的成员。这样就不会影响到全局命名空间，也不会意外地与现有的类或函数发生冲突。

在这个函数中，我们定义了一个管道类SortPipe。这是Angular的命名规范，为管道名加上后缀Pipe、服务名加上Service后缀，而组件名则加上Component后缀。通过使用一系列的函数调用，我们用生成器模式创建和注解Angular中的类。首先通过ng.core.Pipe函数利用Pipe来注解该类。它接收一个name属性，该属性在这个示例中被设为sort。接着使用ng.core.Class函数定义这个类的细节，并向它提供构造函数和需要的transform函数。

这个管道中的构造函数是一个空函数。在transform函数中，我们复制了传入的languages数组，接着对它进行排序，最后返回排序后的列表。

我们将这个管道命名为sort，这是管道使用者之后要用的名字，就像用uppercase来引用Angular的内置管道类UpperCasePipe。

我们的管道已经准备好对名字进行转换了。接着从服务器获取语言名的集合。为此，我们需要一个服务类。

9.1.4　创建服务

与AngularJS 1.x类似，Angular中的服务类负责与后端服务进行交互。服务将知道并封装与后端进行交互所需要的URL、需要发送的请求类型，以及如何处理接收到的响应。

服务需要一个HTTP对象来进行Ajax调用。直接依赖HTTP对象会导致测试异常困难。Angular采用依赖注入的方式将HTTP对象注入服务。在正常的执行过程中，它是ng.http.Http对象的真正的实例。但在测试中，我们使用mock来代替该对象，正如稍后看到的那样。

在 Angular 中，服务类有一个用于注入所需依赖的构造函数。我们先定义一个名为LangsService的服务类。在当前工作空间中打开并编辑src/app/langs/langs.service.js文件，输入以下代码。

```
angularspike/src/app/langs/langs.service.js
(function(app) {
  app.LangsService = ng.core
    .Class({
      constructor: [ng.http.Http, function(_http) {
        this.http = _http;
      }],
    });
})(window.app || (window.app = {}));
```

使用ng.core.Class函数来创建这个服务类，并提供构造函数。constructor属性接收一个数组，其中第一个值是要注入的依赖，第二个值是构造函数。在该构造函数中，我们将注入的_http对象保存在http字段中。

我们的服务需要向后端URL /languages发送请求，然后从响应中提取文本以供调用者使用。服务还需要优雅地处理错误。我们将这些行为拆分到几个模块化的函数中分别加以实现。

先编写一个用来发送 GET 请求的函数。在服务类中添加一个 get 函数。使用一个名为 get 的属性来定义这个函数。在 src/app/langs/langs.service.js 的 constructor 属性的定义后面添加这个函数。

angularspike/src/app/langs/langs.service.js

```
get: function() {
  return this.http.get('/languages')
               .map(this.extractData)
               .catch(this.returnError);
},
```

这个 get 函数使用新的 Angular HTTP 模块。该模块中与 HTTP 相关的函数 (如 get、post 和 delete) 从 RxJS 响应式扩展库中返回 Rx.Observable。Observable 类似于一个集合，但它不是一个有界集合，而是一个从服务流向订阅者的异步数据流。

map 函数非常有用，可以将 Observable<Response> 转换为 Observable<Data>，Data 是我们想要返回的任何数据。一般来说，它是我们从响应中提取出来的数据，可以是 JSON 数据，也可以是普通文本。这里我们并不处理这些细节，而是将这个功能委托给一个独立的 extractData 函数。如果出现问题，那么 catch 函数必须将错误信息转换为一个 Observable 对象。我们让 catch 函数将这个工作委托给 returnError 函数。

get 函数向调用者返回 Rx.Observable 的一个实例。调用者可以订阅这个 Observable，并异步地接收后端发送回来的数据或请求失败时的错误信息。

现在我们实现 extractData 函数。将它放在服务的 get 函数后面。

angularspike/src/app/langs/langs.service.js

```
extractData: function(response) {
  if(response.status !== 200)
    throw new Error("error getting data, status: " + response.status);
  return response.text();
},
```

如果接收到的响应状态码不是 200，那么该函数抛出一个异常。因为这个函数是在 Observable 调用链中的 map 函数中调用的，所以 RxJS 库会捕获该异常，并自动将错误信息传给订阅者的错误处理器。我们将在编写订阅 get 函数返回的 Observable 的组件时再进一步讨论这个问题。如果状态码是 200，那么该函数用 text() 函数提取并返回响应主体。

接着编写 returnError 函数。

angularspike/src/app/langs/langs.service.js

```
returnError: function(error) {
  return Rx.Observable.throw(
    error.message || "error, status: " + error.status);
}
```

如果发送 HTTP 请求时出现错误，那么这个函数就会被调用。在该函数中，我们调用

Observable的throw函数，这样错误信息就会异步地从Observable调用链向订阅者传播。

至此我们完成了服务类的实现。现在回顾一下它的完整代码。

angularspike/src/app/langs/langs.service.js

```javascript
(function(app) {
  app.LangsService = ng.core
    .Class({
      constructor: [ng.http.Http, function(_http) {
        this.http = _http;
      }],

      get: function() {
        return this.http.get('/languages')
                        .map(this.extractData)
                        .catch(this.returnError);
      },

      extractData: function(response) {
        if(response.status !== 200)
          throw new Error("error getting data, status: " + response.status);
        return response.text();
      },

      returnError: function(error) {
        return Rx.Observable.throw(
          error.message || "error, status: " + error.status);
      }
    });
})(window.app || (window.app = {}));
```

我们实现了管道和服务。还需要利用组件向服务请求数据，并将数据绑定到视图上。

9.1.5　创建组件

Angular中的组件用于关联一个或多个服务、管道，以及视图。在我们的示例中，组件必须从服务获取语言名数据，并对它们进行排序，然后在视图上进行渲染。Angular需要我们的组件提供一些信息。

❑ 组件中的内容应该替换视图中的哪个标签？selector注解会对此进行指定。

❑ 应该渲染哪个HTML页面？templateUrl注解会提供这些细节。Angular也允许使用template代替templateUrl。template直接引用HTML，而templateUrl则引用包含HTML内容的文件。我们不使用template，因为将HTML放在JavaScript中是非常难以控制的，而且容易出错，还会将友善的同事变成敌人。

❑ 哪些服务应该注入组件或者可供组件依赖？providers注解会对此进行指定。

❑ 组件需要哪些转换管道？你可能已经猜到了，pipes注解会对此进行指定。

打开src/app/langs/langs.component.js文件，用刚才讨论过的注解创建组件。

```
angularspike/src/app/langs/langs.component.js
(function(app) {
  app.LangsComponent = ng.core
    .Component({
      selector: 'lang-names',
      templateUrl: 'langs.component.html',
      providers: [ng.http.HTTP_PROVIDERS, app.LangsService],
      pipes: [app.SortPipe]
    })
})(window.app || (window.app = {}));
```

使用ng.core.Component函数定义组件。组件的定义中包含了之前讨论过的四个注解。selector引用lang-names，后者是HTML文件中的一个标签，之后将被组件渲染的视图所替代。说到视图，templateUrl引用将被该组件渲染的文件。providers属性列出了需要注入的依赖。ng.http.HTTP_PROVIDERS引用了将创建合适的HTTP对象的提供者，服务类使用这些HTTP对象与后端进行交互。providers属性的第二个值是之前创建的服务的构造函数或类。最后，pipes属性引用管道，这是我们为这个spike创建的第一个类。

这个组件类将保存从服务获取的模型或数据，以供视图显示。此外，它还需要保存注入的服务，以便组件的函数可以访问它们。为此，我们需要为组件类编写构造函数。在src/app/langs/langs.component.js文件的Component部分后面输入以下代码。

```
angularspike/src/app/langs/langs.component.js
.Class({
  constructor: [ app.LangsService, function(_langsService) {
    this.langsService = _langsService;
    this.langs = [];
    this.message = '';
  }],
});
```

.Class调用链是在.Component()函数调用的后面。constructor属性接收一个数组。第一个值引用注入这个构造函数的服务类或构造函数。第二个值引用构造函数。该构造函数将注入的服务保存在一个名为langsService的字段中，接着将langs和message分别初始化为空数组和空字符串。Angular将组件的这些字段视为模型。

组件所要渲染的HTML文件（示例中为langs.component.html）将要绑定我们在这个构造函数中初始化的字段。完成组件的实现后，我们再来讨论这部分工作。

我们已经在组件中添加了必要的字段，或者说模型。接着，我们需要函数getLangs从服务获取数据，并正确设置模型。如果一切顺利，那么我们需要更新langs模型。如果服务出现问题，则需要更新message模型。这些工作对getLangs来说太多了，因此我们需要进行模块化。以下是getLangs函数的实现，将它写在Class({})声明中的constructor[...]后面。

angularspike/src/app/langs/langs.component.js

```
getLangs: function() {
  this.langsService.get()
                  .subscribe(
                    this.updateLangs.bind(this),
                    this.updateError.bind(this));
},
```

getLangs函数调用注入该组件的服务中的get函数。回忆一下，get函数返回Observable。正如之前在实现服务时讨论的那样，Observable可能向我们发送数据，也可能返回错误。

在getLangs函数中，我们使用subscribe函数订阅了Observable返回的响应。subscribe函数可能接收以下3个参数。

❑ Observable发送数据时调用的函数
❑ Observable需要提供错误消息时调用的函数
❑ Observable用来提示操作已完成，且没有更多数据或错误时调用的函数

我们只提供了前两个参数，忽略了完成消息。如果接收到数据，那么就将它传递给updateLangs函数。如果接收到错误，则传给updateError函数。

现在我们实现updateLangs函数，将以下代码添加到组件的getLangs函数后面。

angularspike/src/app/langs/langs.component.js

```
updateLangs: function(langs) {
  this.message = '';
  this.langs = langs.split('\n');
},
```

该函数清除了message字段中的内容，将传入的数据分割为一个数组，每个语言名作为一个单独的值，并将该数组赋值给langs字段。

继续实现。updateError函数也非常简单。

angularspike/src/app/langs/langs.component.js

```
updateError: function(error) {
  this.message = error;
  this.langs = [];
},
```

该函数清除langs字段中的内容，并为message字段设置错误消息。

还需要最后一步。准备好组件后，我们希望getLangs函数能够在用户不加干预的情况下自动执行。Angular为这种操作提供了一个特殊的ngOnInit函数。如果将这个函数用在组件上，那么一旦文档加载完成，DOM准备就绪后，它就会被调用。这和传统的onLoad函数很像。接下来我们就来实现ngOnInit函数，将其添加在updateError后面。

angularspike/src/app/langs/langs.component.js

```
ngOnInit: function() {
  this.getLangs();
}
```

在ngOnInit函数中，我们只调用了getLangs函数。

我们一步步创建了组件，回顾它的完整实现是很有帮助的。

angularspike/src/app/langs/langs.component.js

```
(function(app) {
  app.LangsComponent = ng.core
    .Component({
      selector: 'lang-names',
      templateUrl: 'langs.component.html',
      providers: [ng.http.HTTP_PROVIDERS, app.LangsService],
      pipes: [app.SortPipe]
    })
    .Class({
      constructor: [ app.LangsService, function(_langsService) {
        this.langsService = _langsService;
        this.langs = [];
        this.message = '';
      }],

      getLangs: function() {
        this.langsService.get()
                         .subscribe(
                           this.updateLangs.bind(this),
                           this.updateError.bind(this));
      },

      updateLangs: function(langs) {
        this.message = '';
        this.langs = langs.split('\n');
      },

      updateError: function(error) {
        this.message = error;
        this.langs = [];
      },

      ngOnInit: function() {
        this.getLangs();
      }
    });
})(window.app || (window.app = {}));
```

从这段代码可以清楚地看到组件的两个部分：Component注解以及带有字段和函数的Class。我们基本上已经完成了必要的部分。现在还需要一小段代码来绑定组件：一个用于显示语言名的HTML文件和一个用于加载JavaScript源文件的HTML文件。

9.1.6　集成

组件引用了服务和管道。它充分利用了服务，但我们还没看到它对管道的使用，不过很快就会用到了。需要使用一些方法将组件"介绍"给Angular，并加载所有相关的文件。现在来看看最后的这些步骤。

在src/main.js文件中添加一小段代码，以告知Angular加载组件并监视模型和字段的变化，从而更新DOM。打开src/main.js文件，添加以下代码。

angularspike/src/main.js

```
(function(app) {
 document.addEventListener('DOMContentLoaded', function() {
   ng.platformBrowserDynamic.bootstrap(app.LangsComponent);
 });
})(window.app || (window.app = {}));
```

当触发document的DOMContentLoaded事件时，src/main.js中的函数通过调用bootstrap函数注册我们的组件。这将引起Angular中的链式反应，并异步地开始监视组件字段的变化。

我们还需要组件的templateUrl属性所引用的langs.component.html文件。下面我们就对其进行创建。编辑当前目录下的langs.component.html文件，添加以下代码。

angularspike/langs.component.html

```
{{ message}}

<li *ngFor ="let lang of langs | sort">
       {{ lang }}
</li>
```

这段代码很短。第一行将表达式绑定到message模型，也就是组件中的message字段。第二行使用一个新的指令ngFor，以遍历langs数组中的元素。该指令对数组中的元素进行遍历，然后依次将每一个元素绑定到lang变量上。在遍历之前，管道会将该数组转换为一个有序数组。sort就是我们在创建管道时赋给name属性的管道名称。组件在pipes属性中引用了管道类，这样这个模板就知道名称sort是从哪里来的了。最后，langs数组中的元素会替换作为li元素的子元素的表达式。

最后一步是实现起始页index.html。打开当前目录下的该文件，输入以下代码。

angularspike/index.html

```
<!DOCTYPE html>
<html>
  <head>
    <title>Languages</title>

    <script src="node_modules/zone.js/dist/zone.js"></script>
    <script src="node_modules/reflect-metadata/Reflect.js"></script>
```

```
    <script src="node_modules/rxjs/bundles/Rx.umd.js"></script>
    <script src="node_modules/@angular/core/bundles/core.umd.js"></script>
    <script src="node_modules/@angular/common/bundles/common.umd.js">
                        </script>
    <script
      src="node_modules/@angular/compiler/bundles/compiler.umd.js">
                    </script>
    <script src="node_modules/@angular\
/platform-browser/bundles/platform-browser.umd.js">
    </script>
    <script src="node_modules/@angular\
/platform-browser-dynamic/bundles/platform-browser-dynamic.umd.js">
    </script>
    <script src="node_modules/@angular/http/bundles/http.umd.js"></script>

    <script src="src/app/langs/sort.pipe.js"></script>
    <script src="src/app/langs/langs.service.js"></script>
    <script src="src/app/langs/langs.component.js"></script>
    <script src="src/main.js"></script>
  </head>
  <body>
    <div>
      <lang-names>loading...</lang-names>
    </div>
  </body>
</html>
```

前几个script标签加载了有关Angular及RxJS的文件。最后四个script标签为管道、服务、组件以及引导代码加载了源码文件。

这些文件的加载顺序非常重要；要将一个文件需要使用的文件放在加载序列的前面。

body标签中有一个lang-names标签，这是组件中的selector注解属性之前引用的，该标签中有个临时的loading...消息。当看到组件中的模型发生变更时，Angular会将该标签中的内容替换为langs.component.html文件中设置的内容。

spike到此也就完成了。可以准备查看实际的运行情况了。确保所有的文件都已经保存。在当前项目目录下的命令行窗口中输入npm install命令，然后输入以下命令：

```
npm start
```

该命令会启动http-server服务器。现在打开你钟爱的浏览器，输入http://localhost:8080。浏览器将会加载index.html页面，并激活Angular，而Angular则会启动引导序列。完成后，我们就能够看到语言名列表替换了loading...消息，而且语言名列表是以排列后的顺序显示在页面中的。我们来快速看一下该spike在浏览器中的运行结果，如下图所示。

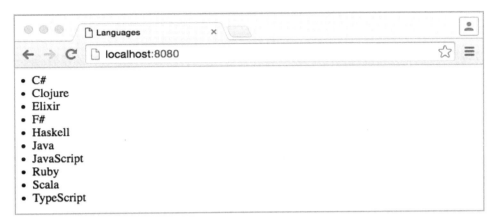

回顾一下我们在这个spike练习中创建的代码。与此同时思考一下如何测试驱动这类代码。

管道是最容易测试的。只需要创建该类的一个实例，调用其转换函数，并验证它是否返回预期结果即可。此外，我们还需要确保设置了name注解属性。

服务依赖注入的HTTP对象。因为这是一个构造函数属性，所以我们可以很容易地在测试期间传入一个mock。接着验证服务中的函数是否都有正确的行为。为此，我们必须为Observable创建mock，虽然听起来很复杂，但这其实相当容易，你很快就能看到了。

最后，为了测试组件的行为，我们可以为它的依赖（即服务）创建mock。此外，还需要验证是否正确设置了所有的注解属性。

Angular对不同部分的组织和配置方式简化了测试。你一定迫不及待想要开始编写测试了。我们已经做了充分的准备，这就开始吧。

9.2　通过测试设计 Angular 应用

通过测试驱动开发的方式，我们将为第6章中编写的TO-DO应用开发一个Angular版本的前端。

大部分程序员都是刚开始接触Angular，当对代码实现不是很清楚时，我们很难为其编写测试。当有疑问时，你可以回头看看我们刚创建的spike。它可以帮助你理解Angular应用的结构。当不确定接下来要编写什么测试时，你可以看一下spike代码，思考一下可能的实现。

我们将要创建的客户端页面与之前使用jQuery和AngularJS 1.x创建的版本相同。下面再次给出草图以供参考。

要想使用Angular来实现这个UI，我们需要一个组件、一个服务、一个管道、一段引导代码，以及两个HTML文件。我们将测试驱动设计该应用中的所有类和函数。

我们将增量地构建该应用。首先测试驱动开发获取任务列表的功能，完成后再实现添加新任务的功能，最后删除任务。

先从准备项目文件开始。

9.2.1　创建项目

工作空间中的tdjsa/testangular2/todo目录下包含了第6章中创建的服务器端代码，以及用来支持Angular和客户端测试的一些必要修改。我们将在这个项目中编写与Angular相关的代码。现在切换到该目录。

查看package.json文件，它包含了与Angular、RxJS和Karma相关的依赖，同时还包含了用来运行客户端测试及服务端测试的脚本。执行npm install命令以便为这个项目安装必需的包。

该项目还提供了一个karma.conf.js文件，查看其中的files节点，里面包含了与Angular和RxJS相关的文件。

testangular2/todo/karma.conf.js
```
files: [
  "./public/javascripts/zone.js/dist/zone.js",
  "./public/javascripts/reflect-metadata/Reflect.js",
  "./public/javascripts/rxjs/bundles/Rx.umd.js",
  "./public/javascripts/@angular/core/bundles/core.umd.js",
  "./public/javascripts/@angular/common/bundles/common.umd.js",
  "./public/javascripts/@angular/compiler/bundles/compiler.umd.js",
  "./public/javascripts/@angular/" +
    "platform-browser/bundles/platform-browser.umd.js",
  "./public/javascripts/@angular/" +
    "platform-browser-dynamic/bundles/platform-browser-dynamic.umd.js",
  "./public/javascripts/@angular/http/bundles/http.umd.js",
```

```
    './test/client/**/*.js',
],
```

该文件还包含了test/client目录及其子目录下的所有文件。

注意其中的第二个文件Reflect.js。稍后再进一步讨论该文件的作用。

除了提到的这些改动，该项目还为我们将要编写的Angular代码及其对应的测试提供了空文件。现在开始Angular测试驱动开发之旅吧。

9.2.2 创建测试列表

根据以上的草图和之前为TO-DO应用编写的不同版本的前端，我们已经对需要为Angular版本编写的内容有了很好的认识。

将想到的测试写下来，之后再进行完善。首先关注与组件相关的任务显示功能的测试：

- 组件应该设置selector属性
- 组件应该设置templateUrl属性
- 构造函数应该将tasks初始化为一个空数组
- 构造函数应该将message初始化为一个空字符串
- getTasks应该为服务注册处理器
- updateTasks应该更新tasks
- updateError应该更新message
- 任务应该排序后显示
- getTasks应该在页面加载完成后自动调用

这些测试只用于设计组件。我们可以在完成后再考虑服务和其他的测试。现在可以开始设计组件了。

9.3 测试驱动组件的设计

组件将视图和保存从服务获得的数据的模型关联起来。首先，我们需要在组件中创建一些必要的注解属性。测试列表中的前两个测试就是为此设计的。我们从第一个测试开始。

9.3.1 验证是否设置组件属性

为了定义组件，我们将使用ng.core.Component函数，并在其中设置注解属性selector。如果不清楚怎么做，你可以快速看一下spike中的LangsComponent。

编写组件很容易。我们已经在spike中看过示例了。难点是如何对它进行测试。换句话说，我们想要在编写selector属性前先编写一个无法通过的测试。

为此，我们必须研究一下Angular是如何处理注解和属性的。注解和相关的属性都是元数据。它们不是保存在类或实例中，而是单独放在存储这些细节的"元类"中。之前script标签引入的Reflect.js文件中的Reflect[1]类就是用来创建和获取元数据的。我们将用它来验证组件是否设置了必要的注解属性。

Reflect类的getMetadataKeys函数会向我们提供一个类可使用的键的列表。然后我们可以用getMetadata函数从任何一个键获取特定的属性。

为了更好地理解元数据，我们再次利用spike来探讨一下app.LangsComponent的元数据。运行spike程序，打开浏览器，输入http://localhost:8080。接着在浏览器的控制台窗口中输入下图中的命令，并观察收到的响应。

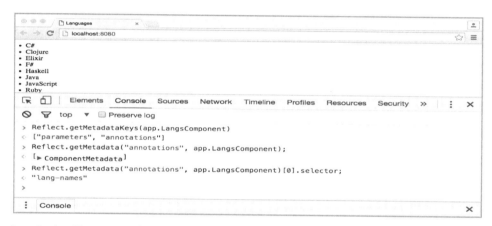

可以看到，输入Reflect.getMetadataKeys(app.LangsComponent)命令后，得到的响应是["parameters", "annotations"]。这表明app.LangsComponent有两个元数据。我们将在测试期间使用它们。接着，通过Reflect.getMetadata("annotations", app.Langs Component)[0].selector;命令，我们可以得到lang-names的属性值。由此，我们就能够知道如何对组件中的属性的存在及它们的值进行测试。

回到工作空间中的tdjsa/testangular2/todo项目。打开该项目中的空测试文件test/client/app/tasks/tasks.component-test.js，为组件编写第一个测试。

testangular2/todo/test/client/app/tasks/tasks.component-test.js
```
describe('tasks component tests', function() {
  it('should set the selector attribute', function() {
    var componentAnnotations =
      Reflect.getMetadata('annotations', app.TasksComponent)[0];
```

[1]http://www.ecma-international.org/ecma-262/6.0/#sec-reflection

```
    expect(componentAnnotations.selector).to.be.eql('tasks-list');
  });
});
```

该测试检查我们将要编写的app.TasksComponent组件的annotations元数据。我们通过Reflect的getMetadata函数来获取元数据。接着验证selector属性是否设置为预期的值。

在编写组件代码前，我们想要看到测试失败。karma.conf.js文件目前没有包含任何源码文件，只包含了与Angular相关的文件和测试文件。我们不能使用通配符（**）来包含源码文件，回忆一下spike，与Angular相关的文件必须以特定的顺序加载。修改karma.conf.js文件中的files节点，向它添加组件的源码文件。

```
//...
'./test/client/**/*.js',
'./public/src/app/tasks/tasks.component.js',
```

现在我们准备启动Karma并运行客户端测试。执行以下命令，并确认Mocha报告测试失败。

```
npm run-script test-client
```

现在实现最少的代码让该测试通过。打开public/src/tasks/tasks.component.js文件，输入以下代码。

```
(function(app) {
  app.TasksComponent = ng.core
    .Component({
      selector: 'tasks-list',
    })
    .Class({
      constructor: function() {}
    });
})(window.app || (window.app = {}));
```

Component和Class的调用，以及空的构造函数都是必要的。没有这些的话，Reflect API就无法获取任何元数据。Component的selector属性被设为了预期的值，这代表了我们想要在index.html文件中替换掉的元素的标签名。

一旦保存了该文件，正在监视文件是否变更的Karma就会触发Mocha，接着Mocha就会报告测试通过。

继续编写测试列表中的下一个测试。验证是否将templateUrl属性设置为预期值。

testangular2/todo/test/client/app/tasks/tasks.component-test.js

```
it('should set the templateUrl attribute', function() {
  var componentAnnotations =
    Reflect.getMetadata('annotations', app.TasksComponent)[0];

  expect(componentAnnotations.templateUrl).to.be.eql(
    'tasks.component.html');
});
```

9

只需要小小地修改一下组件就能够让这个测试通过。在 selector 后面添加 templateUrl
属性。

```
selector: 'tasks-list',
templateUrl: 'tasks.component.html'
```

现在你知道如何验证组件属性了。接下来验证组件中的模型是否正确进行初始化。

9.3.2　初始化模型

组件需要将服务返回的任务列表和消息存入模型中。因为对服务的调用是异步的，而且服
务的响应可能要花些时间，所以我们需要为这些模型提供安全的初始值。因此，我们来编写测
试验证 tasks 模型是否被正确初始化，将该测试添加到 test/client/app/tasks/tasks.component-
test.js 文件中。

testangular2/todo/test/client/app/tasks/tasks.component-test.js
```
it('should initialize tasks to an empty array', function() {
  expect(tasksComponent.tasks).to.be.eql([]);
});
```

该测试验证组件实例的 tasks 字段是否设置为预期的初始值。但我们现在还没有引用组件实
例。在这个测试套件的顶部添加 beforeEach 函数，具体代码如下。

```
var tasksComponent;

beforeEach(function() {
  tasksComponent = new app.TasksComponent();
});
```

在 TasksComponent 的构造函数中创建并初始化 tasks 字段，以便该测试可以通过。修改
public/src/app/tasks/tasks.component.js 文件，如下所示：

```
constructor: function() {
  this.tasks = [];
}
```

与之类似，验证 message 模型是否正确初始化的测试如下所示。

testangular2/todo/test/client/app/tasks/tasks.component-test.js
```
it('should initialize message to an empty string', function() {
  expect(tasksComponent.message).to.be.eql('');
});
```

在组件类的构造函数中为 message 字段设置预期的初始值。

```
constructor: function() {
  this.tasks = [];
  this.message = '';
}
```

我们已经为组件添加了必要的属性和模型。现在是时候设计组件的第一个函数了。

9.3.3 设计 getTasks

组件的getTasks函数应该调用服务以便从后端服务器获取任务列表。接收到数据后，它需要更新tasks模型。我们可以将更新模型的任务委托给另一个函数。getTasks的第一项工作是调用服务。回忆一下之前的spike示例，服务会返回一个Rx.Observable。getTasks的第二项工作是必须为Observable的subscribe函数注册合适的处理器。

为getTasks编写的测试是一个交互测试。但我们需要验证好几个交互行为，要想彻底弄清它们并不容易。我们将借助之前创建的spike来进行分析。getTasks函数和getLangs函数非常相似。回顾getLangs函数对我们很有帮助。

```
getLangs: function() {
  this.langsService.get()
                    .subscribe(
                      this.updateLangs.bind(this),
                      this.updateError.bind(this));
},
```

观察这段代码后，我们就能够梳理出验证getTasks函数行为的步骤了。首先需要为传给subscribe函数的两个处理器的bind函数创建stub。接着需要为subscribe函数创建mock，并验证传给它的参数是否就是bind函数的stub返回的函数。这需要花点工夫，因此我们用Sinon来创建stub和mock。

从修改测试套件开始，添加一些新变量、修改beforeEach函数并添加afterEach函数。目前test/client/app/tasks/tasks.componenr-test.js测试套件中的代码如下所示。

```
var tasksComponent;

beforeEach(function() {
  tasksComponent = new app.TasksComponent();
});
```

对它进行如下修改。

```
var sandbox;
var tasksComponent;
var tasksService;
var observable = { subscribe: function() {} };
var updateTasksBindStub = function() {};
var updateErrorBindStub = function() {};

beforeEach(function() {
  tasksService = {
    get: function() {},
    add: function() {},
    delete: function() {}
  };
```

```
    tasksComponent = new app.TasksComponent(tasksService);

    sandbox = sinon.sandbox.create();

    sandbox.stub(tasksComponent.updateTasks, 'bind')
            .withArgs(tasksComponent)
            .returns(updateTasksBindStub);

    sandbox.stub(tasksComponent.updateError, 'bind')
            .withArgs(tasksComponent)
            .returns(updateErrorBindStub);

        sandbox.stub(tasksService, 'get')
                .withArgs()
                .returns(observable);
});

afterEach(function() {
  sandbox.restore();
});
```

我们分析一下这段代码，以便更好地理解所有的步骤。先从变量开始。

我们为Sinon的sandbox、组件和服务声明了变量。因为现在还没有编写服务，所以变量tasksService引用的是一个stub。observable是Rx.Observable的stub，并且有一个空的subscribe函数。updateTasksBindStub和updateErrorBindStub是为bind函数返回的函数所创建的stub，我们很快就能看到。

在beforeEach函数中，我们先为服务创建了stub，并将服务传给组件的构造函数。接着我们为组件的updateTasks函数的bind函数创建了一个stub。在该stub中，我们验证传入的参数实际上就是组件的引用，然后返回我们为bind函数的返回结果所创建的stub。我们为updateError的bind函数也创建了类似的stub。最后，我们为服务的get方法创建了stub，并返回之前创建的observable。

此外，我们在afterEach函数中恢复了Sinon在创建stub和mock时所做的所有修改。

现在我们准备好编写测试来验证getTasks函数的行为了。在测试套件中添加以下测试。

testangular2/todo/test/client/app/tasks/tasks.component-test.js
```
it('getTasks should register handlers with service', function() {
  var observableMock =
    sandbox.mock(observable)
            .expects('subscribe')
            .withArgs(updateTasksBindStub, updateErrorBindStub);

  tasksComponent.getTasks();

  observableMock.verify();
});
```

在该测试中，我们为Observable的stub的subscribe函数创建了一个mock。该mock验证是否以合适的处理器为参数调用了subscribe函数，该处理器就是我们为bind返回的函数所创建的stub。接着我们调用被测函数getTasks，验证getTasks是否正确调用服务返回的Observable的subscribe函数。

这个测试的不足之处是需要花费大量精力，但也使得我们能够在不需要真正服务的情况下验证getTasks函数的行为。这意味着，在不启动和运行后端服务的情况下，我们可以得到代码行为的快速、准确的反馈。

实现getTasks函数以通过该测试。我们还需要修改构造函数，以接收服务作为参数，并将它存入一个局部变量。此外，还需要初始化处理器函数，目前空实现就已经足够。打开组件类，修改构造函数，并添加getTasks这个新函数，如下所示。

```
.Class({
  constructor: function(_tasksService) {
    this.tasks = [];
    this.message = '';
    this.service = _tasksService;
  },
  getTasks: function() {
    this.service.get()
             .subscribe(this.updateTasks.bind(this),
                        this.updateError.bind(this));
  },
  updateTasks: function() {},
  updateError: function() {},
});
```

保存文件，确保所有测试都可以通过。

如果以上测试让你有些担心，请放松，这是我们为Angular编写的最复杂的一个测试了。剩余的测试会相对简单的。

实现这两个处理器几乎不用费什么劲。我们来为updateTasks函数编写测试。该函数接收服务返回的任务列表，然后将列表设置给tasks模型。

```
testangular2/todo/test/client/app/tasks/tasks.component-test.js
it('updateTasks should update tasks', function() {
  var tasksStub = [{sample: 1}];
  tasksComponent.updateTasks(tasksStub);
  expect(tasksComponent.tasks).to.be.eql(tasksStub);
});
```

这个测试相当直观。它将一个任务列表或者说数组作为参数传递给updateTasks函数，并验证组件中的tasks模型是否更新为该数组。组件中的updateTasks函数目前是一个空函数。对该函数进行修改以通过该测试。

```
updateTasks: function(tasks) { this.tasks = tasks; },
```

验证updateError的测试也毫无挑战，和上一个测试同样简单。

testangular2/todo/test/client/app/tasks/tasks.component-test.js

```
it('updateError should update message', function() {
  tasksComponent.updateError('Not Found');
  expect(tasksComponent.message).to.be.eql('Not Found');
});
```

对目前为空的updateError函数进行如下修改。

```
updateError: function(error) { this.message = error; },
```

测试列表中的下一个测试是对任务进行排序。这是一个很宽泛的主题，涉及很多方面。我们暂且搁置，先从相对容易且快速的测试着手。之后再回头看看需要为排序做些什么。

当文档加载完成，DOM元素准备就绪时，getTasks函数应该在不需要用户干预的情况下自动调用。这样用户就可以在页面加载完成后立刻看到任务列表。为此，我们将使用ngOnInit函数，Angular会在合适的时候自动调用它。但这存在一个问题。

如果从ngOnInit中调用getTasks，那么后者会自动调用服务的get函数。但我们还没有编写服务，就算有，我们也不想在测试中依赖它。解决方法之一就是为服务创建mock，但这需要大量的工作。我们再仔细想想。我们想要验证的是ngOnInit是否调用了getTasks。这是一个交互测试。可以很容易地通过为getTasks函数创建mock来验证该交互。

testangular2/todo/test/client/app/tasks/tasks.component-test.js

```
it('getTasks should be called on init', function() {
  var getTasksMock = sandbox.mock(tasksComponent)
                            .expects('getTasks');

  tasksComponent.ngOnInit();
  getTasksMock.verify();
});
```

只需要简单修改一下组件类就可以了。在组件的updateError函数后面添加以下代码。

```
ngOnInit: function() { this.getTasks(); }
```

就组件而言，我们已经完成了获取和显示任务的功能——好吧，是基本上完成了。我们还需要对任务进行排序。接下来就关注一下这项工作。

9.3.4　对任务进行排序

任务列表中与排序有关的测试是"任务应该排序后显示"，接下来要解决的问题是，如何以及在哪里进行排序。

重温一下我们在spike中是怎么做的。在组件中添加了pipes注解，但在HTML文件中用声明类型表达式let lang of langs | sort使得视图进行转换。这和AngularJS 1.x的orderBy有同

样的弊端，具体参见8.5.1节。

如果难以测试就不好了

不管代码看起来多么漂亮、整洁，如果难以测试，那就不好了。

我们不打算在HTML中放置管道，而是在组件代码中进行排序。我们知道，当在代码层面实现排序功能时，可以很容易地进行测试和验证。但我们不想将整个排序代码都写在组件中。

我们将排序操作视为管道来实现，而非在组件中实现。这么做的好处是，如果之后其他地方还要用到排序操作的话，那么就能轻松地重用这个类，此外还可以在HTML中使用它。通过将它命名为一个管道，其中的意图也变得更加明确。换句话说，虽然将它作为管道来实现，但我们将它视为服务来使用。

因为打算在组件中使用管道，而不是使用pipes注解属性，所以我们将管道放在providers中。但我们暂时跳过这些细节，后面再对此进行讨论。现在的重点是对任务进行排序。

我们正处于实现组件的过程中。刚刚做出的设计决策是，将排序放在管道中实现。现在要验证的就是，updateTasks将排序功能委托给了一个独立对象的函数。因此，我们需要对之前有关排序的测试进行修改：

❑ ~~任务应该排序后显示~~
❑ updateTasks调用管道的transform函数

至于对管道的测试，稍后设计它时再考虑。

我们已经设计并实现了updateTasks函数。现在我们为该函数的新行为添加一个测试。但在编写测试前，需要在测试套件中添加一些内容。

首先，在测试套件中添加变量声明，将以下代码添加到updateErrorBindStub的定义后面。

```
var sortPipe = { transform: function(data) { return data; } }
```

接着，在beforeEach函数中修改传给组件构造函数的参数，对以下代码进行修改：

```
tasksComponent = new app.TasksComponent(tasksService);
```

修改为：

```
tasksComponent = new app.TasksComponent(tasksService, sortPipe);
```

我们已经为管道创建了一个stub，该stub中的transform函数仅仅返回预设的数据。我们将这个stub作为新的第二个参数传给构造函数。编写测试所需的准备工作已经完成。以下是对updateTasks的新测试。

testangular2/todo/test/client/app/tasks/tasks.component-test.js

```
it('updateTasks should call transform on pipe', function() {
  var tasksStub = '...fake input...';

  var expectedSortedTasks = '...fake output...';

  sandbox.stub(sortPipe, 'transform')
         .withArgs(tasksStub)
         .returns(expectedSortedTasks);

  tasksComponent.updateTasks(tasksStub);
  expect(tasksComponent.tasks).to.be.eql(expectedSortedTasks);
});
```

该测试为transform函数创建了一个用于返回的模拟输出。接着，该测试在管道的stub中为transform函数创建stub，让它在接收到指定输入时返回之前的模拟输出。最后，该测试调用组件的updateTasks函数，并验证该函数的返回结果是否为transform函数返回的数据。

在对updateTasks函数进行微小但必要的修改前，我们必须修改组件的构造函数，以便其接收一个新的参数。我们这就进行修改。

```
constructor: function(_tasksService, _sortPipe) {
  this.tasks = [];
  this.message = '';
  this.service = _tasksService;
  this.sortPipe = _sortPipe;
},
```

接着就可以修改updateTasks函数了。

```
updateTasks: function(tasks) {
  this.tasks = this.sortPipe.transform(tasks);
},
```

保存文件，确保所有测试都可以通过。查看目前组件中的代码，其中还有一些与获取任务相关的内容没有实现。我们需要设置依赖注入，以便Angular将我们的组件与服务、管道绑定起来。下面我们就来实践一下。

9.3.5 验证依赖注入

你已经在spike中了解了用来完成依赖注入的语法。我们需要做两件事：必须提供一个新的属性providers；修改构造函数属性以指定用于注入的类/构造函数。我们先关注第一件事。

谨慎编程

在使用框架时，我们很容易忽略编写样板代码的原因。谨慎编程——通过测试表达意图，再编写最少的代码来实现这些意图。

在组件的测试套件中添加以下测试。

testangular2/todo/test/client/app/tasks/tasks.component-test.js

```
it('should register necessary providers', function() {
  var componentAnnotations =
    Reflect.getMetadata('annotations', app.TasksComponent)[0];

  var expectedProviders =
    [ng.http.HTTP_PROVIDERS, app.TasksService, app.TasksSortPipe];

  expect(componentAnnotations.providers).to.be.eql(expectedProviders);
});
```

该测试使用Reflect类的getMetadata函数获取providers注解属性，这和我们之前获取selector属性很相似。接着验证该属性的值是否为预期的值。

要想该测试可以通过，我们需要修改组件，添加providers属性。将它添加到templateUrl属性后面，如下所示。

```
templateUrl: 'tasks.component.html',
providers: [ng.http.HTTP_PROVIDERS, app.TasksService, app.TasksSortPipe]
```

保存文件，确保所有测试可以通过。下一个测试验证是否为依赖注入正确配置了constructor属性。

testangular2/todo/test/client/app/tasks/tasks.component-test.js

```
it('TasksService should be injected into the component', function() {
  var injectedServices =
    Reflect.getMetadata('parameters', app.TasksComponent);

  expect(injectedServices[0]).to.be.eql([app.TasksService]);
  expect(injectedServices[1]).to.be.eql([app.TasksSortPipe]);
});
```

这个测试也用到了Reflect类的getMetadata函数，但这次获取的是parameters属性，而不是annotations。Component中的属性在annotations中，而constructor中的属性在parameters中。接着验证赋给constructor的数组中的两个值是否符合预期。

现在还有一个小问题。app.TasksService类和app.TasksSortPipe类目前是undefined的。这没什么问题。之后定义这两个类时，它们就会引用真正的类/构造函数。

修改组件中的constructor属性以注入必要的类/构造函数。

```
constructor: [app.TasksService, app.TasksSortPipe,
  function(_tasksService, _sortPipe) {
    this.tasks = [];
    this.message = '';
    this.service = _tasksService;
    this.sortPipe = _sortPipe;
  }],
```

保存文件，确保所有测试都可以通过。

组件中用于获取任务列表的代码全部完成了。虽然要继续实现组件中的其他功能，但实现服务和管道，将所有的代码集成起来，然后再查看获取所有任务这个功能的运行情况，会更有意思。之后我们可以再回到组件，实现添加任务和删除任务这两个功能。

现在，我们将注意力放在服务类的设计上。

9.4 测试驱动服务的设计

服务类需要提供一个get函数。该函数将与后端进行交互、获取数据、提取JSON响应，并向调用者返回一个Observable。我们来设计这个函数，测试优先。

第一步，写下实现get函数所需的测试。这里同样可以参考spike练习中创建的服务。

❏ get应该向/tasks发送GET请求
❏ extractData应该通过json()返回结果
❏ extractData应该为非法状态抛出异常
❏ returnError应该返回错误Observable

第一个测试是交互测试。HTTP方法会返回Rx.Observable。我们将在返回的Observable中调用map和catch函数。因为不想与真正的后端服务交互，所以我们需要为Observable创建mock。

打开test/client/app/tasks/tasks.service-test.js文件，为服务的测试创建一个新的测试套件，并定义之后要使用的一些变量。

testangular2/todo/test/client/app/tasks/tasks.service-test.js
```
describe('tasks service tests', function() {
  var sandbox;
  var http;
  var observable;
  var tasksService;
});
```

我们在这个新的测试套件中定义了一些变量。我们已经知道了sandbox的作用。http引用HTTP的stub，以模拟后端调用。observable将引用HTTP方法返回的Rx.Observable的stub。最后，tasksService将引用被测服务。

接着，在测试套件的设置函数中使用这些变量。首先，创建一个轻量级的stub来代替HTTP，并将其作为构造函数的参数传给我们创建的服务实例。然后，为Observable创建一个stub。接着，我们按照以下顺序安排stub链：如果向HTTP的get函数的stub传递的参数是正确的URL /tasks，那么该stub返回Observable的stub；如果向Observable的map函数的stub传递的参数是正确的处理器函数，那么该stub返回该Observable；同样，如果传给Observable的catch函数正确的处理器函数，那么该stub将返回该Observable。

我们来实现beforeEach函数以及用来恢复Sinon的sandbox的afterEach函数。在test/client/app/tasks/tasks.service-test.js的测试套件中刚添加的变量声明后面添加以下代码。

testangular2/todo/test/client/app/tasks/tasks.service-test.js

```js
beforeEach(function() {
  sandbox = sinon.sandbox.create();

  http = {
    get: function() {},
  };

  tasksService = new app.TasksService(http);

  observable = {
    map: function() {},
    catch: function() {}
  };

  sandbox.stub(http, 'get')
         .withArgs('/tasks')
         .returns(observable);

  sandbox.stub(observable, 'map')
         .withArgs(tasksService.extractData)
         .returns(observable);

  sandbox.stub(observable, 'catch')
         .withArgs(tasksService.returnError)
         .returns(observable);
});

afterEach(function() {
  sandbox.restore();
});
```

我们准备好为服务的get函数编写交互测试了，具体测试如下所示。

testangular2/todo/test/client/app/tasks/tasks.service-test.js

```js
it('get should make GET request to /tasks', function() {
  expect(tasksService.get()).to.be.eql(observable);
  expect(http.get.calledWith('/tasks')).to.be.true;
  expect(observable.map.calledWith(tasksService.extractData)).to.be.true;
  expect(observable.catch.calledWith(tasksService.returnError)).to.be.true;
});
```

该测试调用了服务的get函数，并验证它是否返回了预期的Observable。该测试还验证了当get函数被调用时，HTTP的get方法是否真的被调用。此外，它还进一步验证了HTTP的get方法返回的Observable是否正确调用了map和catch函数。最后两个检查确保没有跳过map或者catch

的调用。

在运行该测试前，我们必须修改karma.conf.js文件。在files节点中，在tasks.component.js文件的引用前添加对空文件public/src/app/tasks.service.js的引用。记住，顺序很重要。修改后的files节点如下所示。

```
files: [
  'node_modules/angular2/bundles/angular2-polyfills.js',
  'node_modules/rxjs/bundles/Rx.umd.js',
  'node_modules/angular2/bundles/angular2-all.umd.js',
  './test/client/**/*.js',
  './public/src/app/tasks/tasks.service.js',
  './public/src/app/tasks/tasks.component.js',
],
```

保存文件后重启Karma，Mocha会“抱怨”无法得知app.TasksService是什么。现在我们准备为服务类实现最少的代码，以便上述测试可以通过。打开public/src/app/tasks/tasks.service.js文件，添加以下代码。

```
(function(app) {
  app.TasksService = ng.core.Class({
    constructor: function(_http) {
      this.http = _http;
    },
    get: function() {
      return this.http.get('/tasks')
                 .map(this.extractData)
                 .catch(this.returnError);
    },
  });
})(window.app || (window.app = {}));
```

服务只是一个类，而非组件。我们用cn.core.Class函数创建这个类。将一个函数赋给constructor属性，在该函数中，我们将传入的_http对象的引用保存在http字段中。接着在get函数中调用HTTP的get函数，并为map和catch函数提供必要的函数处理器。还没有编写这两个处理器函数，但不要紧，我们很快就会着手编写。

保存文件，确保包括组件和服务的测试在内的所有测试都可以通过。

get函数依赖两个处理器。我们来编写下一个测试：extractData应该通过json()返回结果。

testangular2/todo/test/client/app/tasks/tasks.service-test.js
```
it('extractData should return result from json()', function() {
  var fakeJSON = {};
  var response = {status: 200, json: function() { return fakeJSON; } };

  expect(tasksService.extractData(response)).to.be.eql(fakeJSON);
});
```

该测试向extractData函数传递了一个预设的响应对象以作为参数，然后验证该函数调用的

结果是否就是response对象的json()函数返回的结果。打开服务类，为这个新的extractData
函数实现最少的代码以通过该测试。将extractData函数添加到get函数后面。

```
extractData: function(response) {
    return response.json();
},
```

非常简短，该函数仅仅返回调用json()函数后的结果。虽然测试为status提供了一个值，
但这里并没有用到，这是真正意义上的"编写最少的代码"，因为我们只编写了足以让测试通过
的代码。

接着编写下一个测试，这个测试要求该函数使用status属性。

testangular2/todo/test/client/app/tasks/tasks.service-test.js
```
it('extractData should throw exception for invalid status', function() {
    var response = {status: 404 };

    expect(function() {
        tasksService.extractData(response);
        }).to.throw('Request failed with status: 404');
});
```

该测试发送404状态码，并期望被测函数抛出异常。因为这是一个异常测试，所以只在函数
抛出正确的异常时测试才会通过。我们需要修改被测函数以通过该测试。

```
extractData: function(response) {
    if(response.status !== 200)
        throw new Error('Request failed with status: ' + response.status);

    return response.json();
},
```

编写测试列表中的最后一个测试。这个测试将驱动returnError函数的实现。

testangular2/todo/test/client/app/tasks/tasks.service-test.js
```
it('returnError should return an error Observable', function() {
    var error = {message: 'oops'};
    var obervableThrowMock =
        sandbox.mock(Rx.Observable)
                .expects('throw')
                .withArgs(error.message);

    tasksService.returnError(error);
    obervableThrowMock.verify();
});
```

该测试用一个error对象作为参数调用returnError函数，并期望该函数返回一个
Observable作为响应，不是任意一个Observable，而是通过throw函数创建的特定Observable。
在服务中实现returnError函数，以便这个测试可以通过。

9

testangular2/todo/public/src/app/tasks/tasks.service.js

```
returnError: function(error) {
  return Rx.Observable.throw(error.message);
},
```

对了，还有一件事。服务需要注入HTTP的一个实例。为此需要修改constructor属性，但我们先编写测试。

testangular2/todo/test/client/app/tasks/tasks.service-test.js

```
it('should inject HTTP into the constructor', function() {
  var injectedServices =
    Reflect.getMetadata('parameters', app.TasksService);

  expect(injectedServices[0]).to.be.eql([ng.http.Http]);
});
```

现在修改constructor以通过该测试。除了对constructor的修改，我们再看看使用测试增量开发的完整的服务类。

```
(function(app) {
  app.TasksService = ng.core.Class({
    constructor: [ng.http.Http, function(_http) {
      this.http = _http;
    }],
    get: function() {
      return this.http.get('/tasks')
                 .map(this.extractData)
                 .catch(this.returnError);
    },
    extractData: function(response) {
      if(response.status !== 200)
        throw new Error('Request failed with status: ' + response.status);

        return response.json();
    },
    returnError: function(error) {
      return Rx.Observable.throw(error.message);
    },
  });
})(window.app || (window.app = {}));
```

这样就完成了用于返回任务列表的服务类。我们还没有实现对任务进行排序的管道。下面就来实现它。

9.5　测试驱动管道的设计

管道类及其transform函数是最容易测试的。我们的管道应该将一个给定的任务列表转换为排序后的列表。先将相关的测试写下来。

❑ 将管道的name设为sort

❑ 根据year排列tasks

❑ 根据year、month的顺序排列tasks

❑ 根据year、month、day的顺序排列tasks

❑ 根据year、month、day、name的顺序排列tasks

首先，修改karma.conf.js中的files节点，添加对当前空管道文件的引用，并将引用放在服务文件的引用前面，如下所示。

```
'./public/src/app/tasks/tasks-sort.pipe.js',
'./public/src/app/tasks/tasks.service.js',
'./public/src/app/tasks/tasks.component.js',
```

保存文件后重启Karma。接着打开test/client/app/tasks/tasks-sort.pipe-test.js文件，创建一个新的测试套件。

testangular2/todo/test/client/app/tasks/tasks-sort.pipe-test.js
```javascript
describe('tasks-sort pipe test', function() {

  var sortPipe;

  beforeEach(function() {
    sortPipe = new app.TasksSortPipe();
  });
});
```

我们将在这个测试套件中实现管道的第一个测试，验证其name属性是否设置为sort。

testangular2/todo/test/client/app/tasks/tasks-sort.pipe-test.js
```javascript
it('should have the pipe`s name set to sort', function() {
  var annotations =
    Reflect.getMetadata('annotations', app.TasksSortPipe)[0];

  expect(annotations.name).to.be.eql('sort');
});
```

这个测试和我们为组件编写的第一个测试很相似。它获取注解元数据，并验证name属性是否设置为预期的值。

现在我们在管道类中实现必要的代码以通过该测试，打开public/src/app/tasks/tasks-sort.pipe.js，输入以下代码。

testangular2/todo/public/src/app/tasks/tasks-sort.pipe.js
```javascript
(function(app) {
  app.TasksSortPipe = ng.core
    .Pipe({
      name: 'sort'
    })
```

9

```
    .Class({
      constructor: function() {},
    });
})(window.app || (window.app = {}));
```

该类已经配置为一个管道，它有名字，而且迫切等着我们实现transform函数。为trans
forms函数编写第一个测试。

testangular2/todo/test/client/app/tasks/tasks-sort.pipe-test.js
```
it('should sort tasks based on year', function() {
  var task1 = { name: 'task a', month: 1, day: 10, year: 2017};
  var task2 = { name: 'task b', month: 1, day: 10, year: 2016};

  var sorted = sortPipe.transform([task1, task2]);
  expect(sorted).to.be.eql([task2, task1]);
});
```

在该测试中，我们向transform函数传递了一个示例任务列表，并期望它返回排序后的列表。
现在实现管道的transform函数，从而让它根据year属性对任务进行排序。将transform函数添
加到constructor属性后面，如下所示。

```
//...
constructor: function() {},
transform: function(tasks) {
  var compareTwoTasks = function(task1, task2) {
    return task1.year - task2.year;
  }

  return tasks.sort(compareTwoTasks);
}
```

在transform函数的实现中，我们用到了JavaScript中的Array类的sort函数。我们定义了一
个局部函数compareTwoTasks，如果两个任务的year属性的值相同，那么该函数返回0；如果第
一个任务的year属性值小于第二个任务，则返回负数；否则，返回正数。这正是Array类的sort
所需要的函数。保存文件，确保所有测试都可以通过。

接着编写测试来验证transform函数同时根据year和month对任务进行排序。

testangular2/todo/test/client/app/tasks/tasks-sort.pipe-test.js
```
it('should sort tasks based on year, then month', function() {
  var task1 = { name: 'task a', month: 2, day: 10, year: 2017};
  var task2 = { name: 'task c', month: 1, day: 10, year: 2016};
  var task3 = { name: 'task b', month: 1, day: 10, year: 2017};

  var sorted = sortPipe.transform([task1, task2, task3]);
  expect(sorted).to.be.eql([task2, task3, task1]);
});
```

修改transform函数以通过该测试，但只做最低限度的修改。确认测试通过后，继续编写下

一个测试，以验证排序是根据 year、month 和 day 进行的。

testangular2/todo/test/client/app/tasks/tasks-sort.pipe-test.js

```
it('should sort tasks based on year, month, then day', function() {
  var task1 = { name: 'task a', month: 1, day: 20, year: 2017};
  var task2 = { name: 'task c', month: 1, day: 14, year: 2017};
  var task3 = { name: 'task b', month: 1, day: 9, year: 2017};

  var sorted = sortPipe.transform([task1, task2, task3]);
  expect(sorted).to.be.eql([task3, task2, task1]);
});
```

再次实现最少的代码以通过测试。

现在编写 transform 函数的最后一个测试，以验证排序在其他 3 个属性都相同的情况下根据 name 属性进行。

testangular2/todo/test/client/app/tasks/tasks-sort.pipe-test.js

```
it('should sort tasks based on year, month, day, then name', function() {
  var task1 = { name: 'task a', month: 1, day: 14, year: 2017};
  var task2 = { name: 'task c', month: 1, day: 14, year: 2017};
  var task3 = { name: 'task b', month: 1, day: 14, year: 2017};

  var sorted = sortPipe.transform([task1, task2, task3]);
  expect(sorted).to.be.eql([task1, task3, task2]);
});
```

为了通过测试，再次修改 transform 函数。以下是该函数的完整实现。

```
transform: function(tasks) {
  var compareTwoTasks = function(task1, task2) {
    return task1.year - task2.year ||
      task1.month - task2.month ||
      task1.day - task2.day ||
      task1.name.localeCompare(task2.name);
  };

  return tasks.sort(compareTwoTasks);
}
```

我们设计的测试都实现并通过了。但还有急需改善的一个问题，同时也是我们的前辈永远不会赞同的方面：**易变性**。如果可以的话，我们更喜欢不变，较少的状态变化让代码更易于推断和测试，同时也减少了出错的机会。

目前的实现会改变作为输入的数组。在被人发现前我们先修复这个问题，当然还是先编写测试。

以下测试验证了 transform 没有修改入参。

testangular2/todo/test/client/app/tasks/tasks-sort.pipe-test.js

```
it('should not mutate the given input', function() {
  var task1 = { name: 'task a', month: 1, day: 14, year: 2017};
  var task2 = { name: 'task b', month: 1, day: 14, year: 2017};

  var input = [task2, task1];

  sortPipe.transform(input);
  expect(input[0]).to.be.eql(task2);
});
```

一旦保存该文件，测试就会失败，因为 transform 函数修改了给定的参数。修改 transform
函数的最后一行，从而对给定数组的副本进行排序。以下是一种可能的解决方案：

```
return tasks.slice().sort(compareTwoTasks);
```

回头查看通过一系列测试实现的这个管道类的完整代码。

testangular2/todo/public/src/app/tasks/tasks-sort.pipe.js

```
(function(app) {
  app.TasksSortPipe = ng.core
    .Pipe({
      name: 'sort'
    })
    .Class({
      constructor: function() {},
      transform: function(tasks) {
        var compareTwoTasks = function(task1, task2) {
          return task1.year - task2.year ||
            task1.month - task2.month ||
            task1.day - task2.day ||
            task1.name.localeCompare(task2.name);
        };

        return tasks.slice().sort(compareTwoTasks);
      }
    });
})(window.app || (window.app = {}));
```

好多了！我们可以向其他人自豪地展示这段代码了，让他们知道我们的 transform 函数很**整
洁**，没有任何副作用，而且也没有修改任何一个变量。

显示任务的功能差不多已经完成。我们需要在 DOMContentLoaded 事件处理器中启动组件。
现在就来实现它。

9.6　测试驱动启动代码

当 document 的 DOMContentLoaded 事件被触发时，我们在 public/src/main.js 中编写的代码会启
动 TasksComponent。遵循惯例，在实现代码前先编写测试。

首先，再次打开karma.conf.js文件，在files节点的最后加上对./public/src/main.js文件的引用。我们希望在组件加载完成后再加载main.js。保存文件后重启Karma。

我们需要拦截addEventListener函数，并在它被调用前为之创建stub。因为该文件是最后加载的，所以我们有充足的时间在合适的地方为该函数创建stub。

编写完测试后再讨论如何实现它。打开test/client/main-test.js文件，输入以下代码来创建一个新的测试套件。

testangular2/todo/test/client/main-test.js
```
describe('main tests', function() {
  var handler;

  document.addEventListener = function(event, eventHandler) {
    if(event === 'DOMContentLoaded')
      handler = eventHandler;
  };

  it('main registers TasksComponent with bootstrap', function(done) {
    ng.platformBrowserDynamic.bootstrap = function(component) {
      expect(component).to.be.eql(app.TasksComponent);
      done();
    };

    handler();
  });
});
```

我们在这个测试套件中为addEventListener函数创建了stub。在该stub中，如果传入的参数是预期的事件名，那么就将传入的事件处理器保存在handler变量中。接着，我们在测试中为bootstrap函数创建stub，并在该stub中验证传入的参数就是预期的组件。最后，调用保存的handler函数，该函数就是事件处理器的引用。当事件处理器按照预期调用bootstrap函数时，验证就会成功，从而测试通过。

在public/src/main.js文件中实现必要的代码。

testangular2/todo/public/src/main.js
```
(function(app) {
  document.addEventListener('DOMContentLoaded', function() {
    ng.platformBrowserDynamic.bootstrap(app.TasksComponent);
  });
})(window.app || (window.app = {}));
```

一旦保存文件，测试就应该全部通过。所有必需的JavaScript源码文件都完成了，最后只剩下HTML文件了。下面就来创建它们，并在浏览器中观察该应用的运行情况。

9

9.7 集成

我们需要创建两个HTML文件，一个由组件的`templateUrl`属性引用，另一个用来加载Angular并进行集成。

先编辑public/tasks.component.html文件。

```
<body>
  <div class="heading">TO-DO</div>

  <div id="taskslist">
    <p>Number of tasks: <span id="length">{{ tasks.length }}</span>
    <span id="message">{{ message }}</span>
    <table>
      <tr *ngFor ="let task of tasks">
      <td>{{ task.name }}</td>
      <td>{{ task.month }}/{{ task.day }}/{{ task.year }}</td>
    </table>
  </div>
</body>
```

该文件用绑定到组件tasks模型的一个表达式来显示任务数量。接着使用一个新的指令*ngFor来遍历tasks中的每一个task，从而显示其name和date的细节。

接着编写启动页面public/index.html。

testangular2/todo/public/index.html

```
<!DOCTYPE html>
<html>
  <head>
    <title>TO-DO</title>
    <link rel="stylesheet" href="/stylesheets/style.css">

    <script src="javascripts/zone.js/dist/zone.js"></script>
    <script src="javascripts/reflect-metadata/Reflect.js"></script>
    <script src="javascripts/rxjs/bundles/Rx.umd.js"></script>
    <script src="javascripts/@angular/core/bundles/core.umd.js"></script>
    <script src="javascripts/@angular/common/bundles/common.umd.js"></script>
    <script src=
      "javascripts/@angular/compiler/bundles/compiler.umd.js"></script>
    <script src="javascripts/@angular\
/platform-browser/bundles/platform-browser.umd.js">
    </script>
    <script src="javascripts/@angular\
/platform-browser-dynamic/bundles/platform-browser-dynamic.umd.js">
    </script>
    <script src="javascripts/@angular/http/bundles/http.umd.js"></script>

    <script src="src/app/tasks/tasks-sort.pipe.js"></script>
    <script src="src/app/tasks/tasks.service.js"></script>
    <script src="src/app/tasks/tasks.component.js"></script>
    <script src="src/main.js"></script>
```

```
      <script src="javascripts/common/validate-task.js"></script>
   </head>
   <body>
     <tasks-list>loading...</tasks-list>
   </body>
</html>
```

除了脚本引用，该文件没有什么其他的内容。它首先引入了有关Angular和RxJS的文件，然后加载我们创建的客户端JavaScript文件。最后，body中包含了名为tasks-list的元素，后者与我们在组件中指定的selector属性的值相符。

在运行测试时，karma.conf.js文件从node_modules目录中引用与Angular相关的文件。我们无法从运行中的Express实例直接访问该目录，但运行中的实例需要Angular框架和RxJS库。将目录node_modules/@angular、mode_modeles/reflect-metadata、node_modules/rxjs和node_modules/zone.js复制到public/javascripts中。

我们已经准备好运行该应用了，但还需要一些测试数据。

我们需要启动数据库并向其插入一些测试数据，这样才能看到数据。具体步骤可参见6.7节。启动数据库守护进程，执行npm start命令以启动Express服务器，然后使用Curl程序或者Chrome扩展程序向数据库插入数据。完成后启动浏览器，输入http://localhost:3000，然后等着见证奇迹吧！好吧，我们是通过测试驱动来编写代码的，因此不算什么奇迹，但这么想感觉很不错。

下图是该应用在Chrome浏览器下显示的任务列表视图。

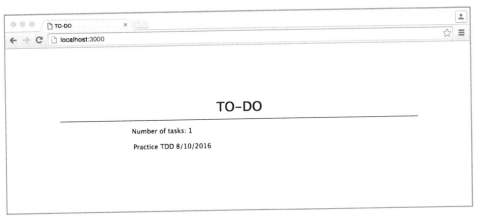

我们已经做了很多事情。现在休息一下，你可以趁此机会庆祝一下，和朋友打打电话，在Twitter上发表所学……休息好以后再回来完成剩下的部分。

9.8 完成设计

应用现在可以显示任务列表了，但我们还需要通过Angular的UI来添加新任务和删除一个已有的任务。下面我们来实现添加任务的功能。

9.8.1 设计任务添加功能

我们需要在组件和服务中编写一些新的代码来实现添加新任务的功能。无须修改管道。我们还需要修改 tasks.component.html 文件。先从组件开始。

1. 改进组件

组件需要通过以下测试来支持添加任务的功能。

- ❑ newTask 应该被正确初始化
- ❑ 组件应该将不包含数据的 newTask 正确转换为 JSON 对象
- ❑ 组件应该将包含数据的 newTask 正确转换为 JSON 对象
- ❑ addTask 应该为服务注册处理器
- ❑ updateMessage 应该更新 message 并调用 getTasks
- ❑ disableAddTask 应该调用 validateTask

看起来是个很有趣的练习，我们开始吧。

打开 test/client/app/tasks/tasks.component-test.js 文件，添加第一个与任务添加相关的测试，即验证 newTask 模型是否被正确初始化。

testangular2/todo/test/client/app/tasks/tasks.component-test.js

```js
it('newTask should be initialized properly', function() {
  expect(tasksComponent.newTask.name).to.be.eql('');
  expect(tasksComponent.newTask.date).to.be.eql('');
});
```

该测试仅仅验证模型是否初始化为一个安全的默认值。我们需要对组件的构造函数进行小小的修改以通过该测试。打开 public/src/app/tasks/tasks.component.js，进行如下修改。

```js
this.newTask = {name: '', date: ''};
```

继续下一个测试。当准备好向后端发送数据时，需要将新任务转换为 JSON 格式。我们一步步地进行。先编写测试来转换不包含数据的新任务。

testangular2/todo/test/client/app/tasks/tasks.component-test.js

```js
it('should properly convert newTask with no data to JSON', function() {
  var newTask = tasksComponent.convertNewTaskToJSON();

  expect(newTask.name).to.be.eql('');
  expect(newTask.month).to.be.NAN;
  expect(newTask.day).to.be.NAN;
  expect(newTask.year).to.be.NAN;
});
```

该测试调用一个新的convertNewTaskToJSON函数，并验证该函数正确处理了不包含数据的任务模型。在组件中实现这个新的函数。编写完下一个测试后再查看该函数的实现代码。现在继续下一个测试。

```
testangular2/todo/test/client/app/tasks/tasks.component-test.js
it('should properly convert newTask with data to JSON', function() {
  var newTask = {name: 'task a', date: '6/10/2016'};
  var newTaskJSON = {name: 'task a', month: 6, day: 10, year: 2016};

  tasksComponent.newTask = newTask;

  expect(tasksComponent.convertNewTaskToJSON()).to.be.eql(newTaskJSON);
});
```

该测试验证了包含数据的任务模型是否可以正确转换。以下是满足上述两个测试的convertNewTaskToJSON函数的实现。

```
testangular2/todo/public/src/app/tasks/tasks.component.js
convertNewTaskToJSON: function() {
  var dateParts = this.newTask.date.split('/');

  return {
    name: this.newTask.name,
    month: parseInt(dateParts[0]),
    day: parseInt(dateParts[1]),
    year: parseInt(dateParts[2])
  };
},
```

将新任务转换为JSON格式后，我们应该将它发送给服务，而服务则会与后端服务器进行交互。我们来编写测试验证addTask是否正确地与服务的add函数进行了交互，add函数目前还不存在，我们在修改服务时会对它进行编写。test/client/app/tasks/tasks.component-test.js中的新测试如下所示。

```
testangular2/todo/test/client/app/tasks/tasks.component-test.js
it('addTask should register handlers with service', function() {
  var observableMock =
    sandbox.mock(observable)
           .expects('subscribe')
           .withArgs(updateMessageBindStub, updateErrorBindStub);

  var taskStub = {};

  tasksComponent.convertNewTaskToJSON = function() { return taskStub; };

  sandbox.stub(tasksService, 'add')
         .withArgs(taskStub)
         .returns(observable);
```

```
  tasksComponent.addTask();

  observableMock.verify();
});
```

我们从最后一行代码看起。这行代码验证Observable的mock是否执行了正确的操作。我们在这之前调用了被测函数addTask。addTask应该在执行时调用服务的add函数。为了对这一点进行验证，我们在测试中为服务的add函数创建了stub，当以测试任务taskStub作为参数调用该stub时，请求返回observable，这是Rx.Observable的mock。因为addTask应该向服务发送convertNewTaskToJSON的调用结果，所以我们为它创建了一个mock，以返回测试任务taskStub。最后，我们在测试顶部为Observable创建mock，以便在调用subscribe时传递合适的处理器作为参数。

为了让这个测试顺利执行，我们需要对测试套件进行两处修改。首先，我们需要定义一个变量。

```
var updateMessageBindStub = function() {};
```

接着，我们需要为新的处理器updateMessage的bind函数创建stub，以返回刚才定义的伪函数。在beforeEach函数中进行修改。

```
sandbox.stub(tasksComponent.updateMessage, 'bind')
       .withArgs(tasksComponent)
       .returns(updateMessageBindStub);
```

现在我们准备实现组件中的addTasks函数了。打开public/src/app/tasks/tasks.component.js文件，在类中添加以下代码。

```
addTask: function() {
  this.service.add(this.convertNewTaskToJSON())
              .subscribe(this.updateMessage.bind(this),
                         this.updateError.bind(this));
},
updateMessage: function() {},
```

addTask函数调用服务、传递转换后的新任务对象、接收一个Observable，并用subscribe函数注册处理器。对于出错的情况，我们重用已经编写过的updateError函数；对于成功的情况，我们将使用一个新的updateMessage函数。这个函数目前为空，以便这个测试可以通过。

现在来设计updateMessage函数。该函数应该用接收到的消息更新message模型，并调用getTasks函数来刷新任务列表，从而显示出新添加的任务。验证该行为的测试如下。

testangular2/todo/test/client/app/tasks/tasks.component-test.js
```
it('updateMessage should update message and call getTasks', function(done) {
  tasksComponent.getTasks = function() { done(); };
  tasksComponent.updateMessage('good');
  expect(tasksComponent.message).to.be.eql('good');
});
```

该测试为getTasks函数创建了stub，毕竟我们不希望调用真正的getTasks，因为它会和后端服务器进行交互。接着，该测试用一个模拟的消息作为参数调用updateMessage，然后验证message模型是否更新，getTasks函数是否被调用。

修改组件中的updateMessage函数以通过该测试。

```
updateMessage: function(message) {
  this.message = message;
  this.getTasks();
},
```

组件中还有最后一个与任务添加相关的函数需要编写。如果任务数据是非法的，那么添加按钮应该被禁用。为此，我们需要一个将newTasks模型转换为JSON格式的函数，并将它传给已经实现的通用校验函数validateTask。我们编写测试来验证这个新函数的行为。

首先，我们编写测试来验证组件中的validateTask属性是否引用了validateTask函数。引入这个属性可以让测试更为容易。具体测试如下。

testangular2/todo/test/client/app/tasks/tasks.component-test.js
```
it('should set validateTask to common function', function() {
  expect(tasksComponent.validateTask).to.be.eql(validateTask);
});
```

要想通过这个测试，我们需要在组件的构造函数中添加以下属性。

```
this.validateTask = validateTask;
```

记得修改karma.conf.js文件中的files节点，以引用./public/javascripts/common/validate-task.js文件。

接着编写测试验证disableAddTask是否返回预期的结果，并正确调用validateTask函数。

testangular2/todo/test/client/app/tasks/tasks.component-test.js
```
it('disableAddTask should use validateTask', function() {
  tasksComponent.newTask = {name: 'task a', date: '6/10/2016'};

  var validateTaskSpy = sinon.spy(tasksComponent, 'validateTask');
  expect(tasksComponent.disableAddTask()).to.be.false;
  expect(validateTaskSpy).to.have.been.calledWith(
    tasksComponent.convertNewTaskToJSON());
});
```

在该测试中，我们为validateTask函数创建了一个spy，并验证它是否按照预期被disableAddTask调用。

修改组件，实现disableAddTask函数。

```
disableAddTask: function() {
  return !this.validateTask(this.convertNewTaskToJSON());
},
```

组件中有关任务添加功能的的代码都已经实现。我们还需要修改服务，以提供组件的 addTask 函数所要调用的 add 函数。

2. 改进服务

服务中的 add 函数应该向后端服务器发送 POST 请求。它发送的数据必须是 JSON 格式。我们可以参考 spike 示例来具体了解一下该函数是如何通过 HTTP 对象与后端进行交互的。接着再为 add 函数编写测试。

打开 test/client/app/tasks/tasks.service-test.js 文件，在 beforeEach 函数中为 http 的 stub 添加一个新的 post 属性，添加到已有的 get 属性后面。

```
beforeEach(function() {
  sandbox = sinon.sandbox.create();

  http = {
    get: function() {},
    post: function() {}
  };

  tasksService = new app.TasksService(http);
  //...
```

为了测试 add 函数，我们需要为 HTTP 的 post 函数创建 stub，并验证 add 函数是否以正确的 URL、POST 数据和内容类型为参数调用了该 stub。还需要验证 add 是否为 post 函数返回的 Observable 对象的 map 函数和 catch 函数注册了合适的处理器。具体测试如下。

testangular2/todo/test/client/app/tasks/tasks.service-test.js
```
it('add should pass task to /tasks using POST', function() {
  var taskStub = {name: 'foo', month: 1, day: 1, year: 2017};

  var options =
    {headers: new ng.http.Headers({'Content-Type': 'application/json'})};

  sandbox.stub(http, 'post')
         .withArgs('/tasks', JSON.stringify(taskStub), options)
         .returns(observable);

  expect(tasksService.add(taskStub)).to.be.eql(observable);
  expect(observable.map.calledWith(tasksService.extractData)).to.be.true;
  expect(observable.catch.calledWith(tasksService.returnError)).to.be.true;

});
```

要想让该测试通过，我们需要在服务中创建 add 函数。打开 public/src/app/tasks/tasks.service.js 文件，添加以下函数。

testangular2/todo/public/src/app/tasks/tasks.service.js
```
add: function(task) {
  var options =
```

```
  {headers: new ng.http.Headers({'Content-Type': 'application/json'})};

  return this.http.post('/tasks', JSON.stringify(task), options)
          .map(this.extractData)
          .catch(this.returnError);
},
```

该函数创建了所需内容类型的头部，并调用了HTTP对象的post函数。它还分别为map和catch函数注册了已经定义的extractData和returnError以作为回调。

但存在一个问题。我们是在编写get函数时设计的extractData。在请求任务列表时，后端服务返回JSON格式的数据，而在响应添加任务的请求时，后端返回的是类似"added task"的一个普通文本。我们需要修改extractData函数，从而让它能够同时处理JSON和普通文本的响应。先编写测试。

testangular2/todo/test/client/app/tasks/tasks.service-test.js

```
it('extractData should return text if not json()', function() {
  var fakeBody = 'somebody';
  var response = {status: 200, text: function() { return fakeBody; } };

  expect(tasksService.extractData(response)).to.be.eql(fakeBody);
});
```

在这个测试中，传给extractData函数的响应对象没有包含json()函数，而是包含了一个text()函数。但extractData的上一个测试包含的是json()函数。我们将对extractData进行修改，以便先调用json()函数。如果失败，则转而调用text()函数。以下是对该函数的修改。

testangular2/todo/public/src/app/tasks/tasks.service.js

```
extractData: function(response) {
  if(response.status !== 200)
    throw new Error('Request failed with status: ' + response.status);

    try {
      return response.json();
    } catch(ex) {
      return response.text();
    }
},
```

我们已经改进了组件和服务。现在来看看任务添加功能的实际运行情况。

3. 观察任务添加功能

在可以通过UI添加新任务前，我们需要修改tasks.component.html文件。这需要几个文本输入框以便用户可以输入任务数据。修改HTML文件，如下所示。

```
<body>
  <div class="heading">TO-DO</div>
```

```
<div id="newtask">
  <div>Create a new task</div>
  <label>Name</label>
  <input type="text" id="name" [(ngModel)]="newTask.name"/>
  <label>Date</label>
  <input type="text" id="date" [(ngModel)]="newTask.date"/>
  <input type="submit" id="submit" (click)="addTask();"
      [disabled]="disableAddTask()" value="create"/>
</div>

<div id="taskslist">
  <p>Number of tasks: <span id="length">{{ tasks.length }}</span>
  <span id="message">{{ message }}</span>
  <table>
    <tr *ngFor ="let task of tasks">
    <td>{{ task.name }}</td>
    <td>{{ task.month }}/{{ task.day }}/{{ task.year }}</td>
  </table>
</div>
</body>
```

我们在tasks.component.html文件中添加了id为newtask的div块，这部分包含了一些标签和文本输入框，以便为newTask模型输入name和date值。Angular使用[(ngModel)]将HTML页面上的属性与组件模型的属性进行绑定，用(click)将组件中的函数与DOM事件进行绑定，这个示例中是click事件。最后，[disabled]将HTML中input的disabled属性与组件中对应的函数进行绑定。

现在我们准备在浏览器中运行这个程序了。打开数据库守护进程，然后执行npm start命令以启动Express。最后在浏览器中输入http://localhost:3000。下图是使用Chrome浏览器与该程序进行交互的示例。

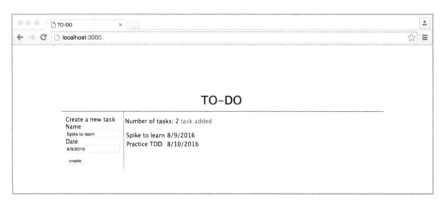

我们完成了获取任务列表和添加新任务的功能。好好休息一下，回来后继续实现删除一个已有任务的功能。

9.8.2 设计任务删除功能

要想删除一个已有任务，我们需要再次修改组件和服务，并对tasks.component.html文件做些小改动。

首先从组件开始。

1. 再次改进组件

我们需要在组件中添加一个新的函数deleteTask，该函数将向服务发送删除任务的请求。这个新函数可以重用之前实现的响应处理器。因此，我们只需要一个测试来验证deleteTask函数的行为即可。

在编写测试前，确保test/client/app/tasks/tasks.component-test.js中的服务的stub包含了delete函数。

```
beforeEach(function() {
  tasksService = {
    get: function() {},
    add: function() {},
    delete: function() {}
  };
  tasksComponent = new app.TasksComponent(tasksService, sortPipe);
      //...
```

现在我们可以在组件中添加以下测试。

testangular2/todo/test/client/app/tasks/tasks.component-test.js
```
it('deleteTask should register handlers with service', function() {
  var sampleTaskId = '1234123412341234';

  var observableMock =
    sandbox.mock(observable)
          .expects('subscribe')
          .withArgs(updateMessageBindStub, updateErrorBindStub);

  sandbox.stub(tasksService, 'delete')
        .withArgs(sampleTaskId)
        .returns(observable);

  tasksComponent.deleteTask(sampleTaskId);

  observableMock.verify();
});
```

该测试验证deleteTask是否调用了HTTP的delete函数，并通过subscribe函数注册了合适的处理器。

在组件中实现deleteTask函数是非常简单的。

testangular2/todo/public/src/app/tasks/tasks.component.js
```
deleteTask: function(taskId) {
  this.service.delete(taskId)
            .subscribe(this.updateMessage.bind(this),
                       this.updateError.bind(this));
},
```

组件完成了，但还需要修改服务。

2. 再次改进服务

现在服务需要一个新的函数delete。在为该函数编写测试前，我们需要对HTTP的stub进行小小的修改。打开test/client/app/tasks/tasks.service-test.js文件，在beforeEach函数中向HTTP的stub添加一个新的delete函数，如下所示。

```
beforeEach(function() {
  sandbox = sinon.sandbox.create();

  http = {
    get: function() {},
    post: function() {},
    delete: function() {}
  };

  tasksService = new app.TasksService(http);
  //...
```

接着为服务的delete函数编写一个测试。

testangular2/todo/test/client/app/tasks/tasks.service-test.js
```
it('delete should pass task to /tasks using DELETE', function() {
  var taskId = '1234';

  sandbox.stub(http, 'delete')
        .withArgs('/tasks/' + taskId)
        .returns(observable);

  expect(tasksService.delete(taskId)).to.be.eql(observable);
  expect(observable.map.calledWith(tasksService.extractData)).to.be.true;
  expect(observable.catch.calledWith(tasksService.returnError)).to.be.true;
});
```

这个测试非常直观。它验证服务的delete函数是否以正确的URL为参数调用了HTTP的delete函数。此外，它还验证了该函数是否向HTTP的delete函数所返回的Observable的map和catch函数传递了所需的处理器。

在服务中实现delete函数。

testangular2/todo/public/src/app/tasks/tasks.service.js

```
delete: function(taskId) {
  return this.http.delete('/tasks/' + taskId)
            .map(this.extractData)
            .catch(this.returnError);
},
```

该函数与add函数非常相似，只不过它们调用的函数和传递的URL不同。

3. 观察任务删除功能

代码快要完成了。我们需要修改tasks.component.html文件，添加一个用于删除任务的链接。以下是完整的代码，我们在该文件的底部添加了这个链接。

testangular2/todo/public/tasks.component.html

```
<body>
  <div class="heading">TO-DO</div>

  <div id="newtask">
    <div>Create a new task</div>
    <label>Name</label>
    <input type="text" id="name" [(ngModel)]="newTask.name"/>
    <label>Date</label>
    <input type="text" id="date" [(ngModel)]="newTask.date"/>
    <input type="submit" id="submit" (click)="addTask();"
      [disabled]="disableAddTask()" value="create"/>
  </div>

  <div id="taskslist">
    <p>Number of tasks: <span id="length">{{ tasks.length }}</span>
    <span id="message">{{ message }}</span>
    <table>
      <tr *ngFor ="let task of tasks">
      <td>{{ task.name }}</td>
      <td>{{ task.month }}/{{ task.day }}/{{ task.year }}</td>
      <td>
        <A (click)="deleteTask(task._id);">delete</A>
      </td>
    </table>
  </div>
</body>
```

　　再次启动数据库守护进程，执行npm start命令以启动Express，并在浏览器中输入http://localhost:3000。以下是执行了删除操作之后的视图。

9

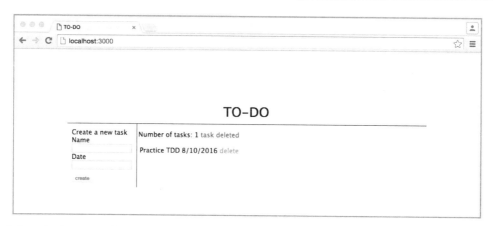

我们已经为TO-DO应用开发了一个功能完整的Angular前端，而且完全是测试驱动的。编写的JavaScript代码的设计都是由测试来驱动的，但我们手动验证了HTML文件与代码之间的绑定。你将在下一章中学习如何自动化验证UI层。

现在我们查看一下代码覆盖率。

9.8.3　评估代码覆盖率

当前项目中的package.json文件已经包含了运行Istanbul的命令，因而可以生成客户端代码覆盖率。此外，karma.conf.js文件的preprocessors节点已经引用了public/src及其子目录下的所有相关文件。

执行以下命令来运行测试并评估覆盖率。

```
npm run-script cover-client
```

测试运行完毕后，打开coverage的子目录下的index.html文件查看覆盖率报告。你可以看到覆盖率为100%，如下图所示。

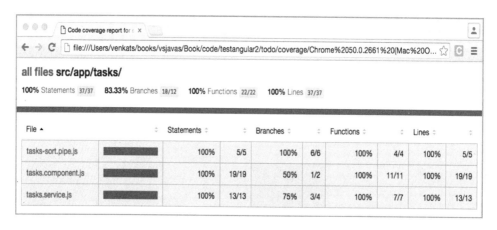

　　这个TO-DO应用的Angular前端完全是测试驱动开发的，而且从代码覆盖率可以看出，我们在"编写任何代码前先编写测试"这点上做的很好。

9.9　小结

　　Angular 2.0是对AngularJS框架的完全重写。本章涉及了有关这个新工具的大量内容。首先，我们学习了用旧式JavaScript（ECMAScript 5）编写Angular程序。接着，我们深入了解了元数据，以获取在Angular中配置管道、服务和组件所需的注解和属性。我们还学习了如何使用轻量级的测试替身来代替HTTP模块和Rx.Observable。这两个类在与后端服务器的交互中扮演了非常重要的角色。最后，我们运行了代码覆盖率工具，确认所做的努力都是测试驱动的，而且没有哪一行代码是未经测试就编写的。

　　目前编写的自动化测试都是针对代码进行的测试，但都是独立的。这些测试非常有价值，它们运行速度快，具有确定性，并且能够提供快速反馈。但我们不能因此就感到放松而过度自信，认为一切都很好。我们必须确保不同部分的代码在集成后仍能正常工作。我们还想验证HTML中的事件和模型是否和组件正确绑定了。而且我们希望用自动化测试对此进行验证。我们将在下一章讨论这些问题。

9

第 10 章

集成测试和端到端测试

如果说自动化测试是一顿饭，那么集成测试就是其中的盐，非常必要，但要控制量。

集成测试或端到端测试是在应用的所有部分都启动和运行后才得以完成的。虽然提供了极大的价值，但这些测试也可能相当耗时和脆弱。

集成测试有好几个作用。它们验证UI是否正确绑定，其余部分是否正确集成。例如，它们可以检查客户端是否与服务器端上的正确URL进行交互。同样，验证服务器是否与数据库正确绑定也非常重要。此外，还需要验证当数据库、URL路由或其他任何代码被修改时，程序的所有部分是否都能够正常运行。

为了真正实现自动化测试，我们必须致力于实现一组集中而小规模的端到端测试。这样不仅能够确保每个独立的部分都可以正常工作，同时也能够确保整个应用可以良好集成。

注意避免让端到端测试变得复杂而无法控制。通过适当地计划、设计、组织，并限制使用，端到端测试就可以很好地为我们服务。

在本章中，你将先学习如何配置端到端测试的工具Protractor，接着学习如何使用Protractor为第三方网站编写并运行测试。掌握了这些基本技术后，你将学习如何在Web服务器上启动TO-DO应用来进行集成测试、向数据库插入测试数据，并通过浏览器与应用交互，所有这些都将通过自动化测试完成。你还将看到Protractor为AngualrJS应用的测试提供了哪些功能。

10.1　认识 Protractor

Protractor是对基于浏览器的用户交互进行自动化测试的众多工具之一。它可以用于将数据填入Web表单、执行按钮点击，并验证网站返回的详细信息。Selenium是这些工具中最受欢迎的。利用Selenium的Protractor在Node.js上运行，并提供了强大的JavaScript API以便与HTML页面中的不同部分进行交互。对于使用JavaScript的程序员来说，比起直接使用Selenium，Protractor在自动化测试方面提供了更快速、更便利的体验。

要想对前几章中创建的TO-DO应用进行测试，我们需要安装一些东西。虽然需要编写的代码不多，但有很多细节需要考虑。在尝试使用Protractor之前考虑这些问题会让人陷入困境。我们先编写一些Protractor测试来验证Google搜索页面。因为Google页面始终存在，所以你可以毫不费力地直接接触到Protractor的功能。学习了如何使用Protractor后，你就能够用它来配置服务器、向数据库插入测试数据，并运行集成测试。

我们先探讨一下，为什么说Protractor是一个很棒的端到端测试工具。接着再安装这个工具，并用它来运行一些测试。

10.1.1 使用 Protractor 的理由

在UI层的测试工具中，Selenium可以说是最受欢迎的，而Protractor具有以下优势。

❑ Protractor在Node.js上运行。这意味着你可以像编写其他测试一样，使用Mocha编写UI层测试。

❑ Protractor可以当作是Selenium WebDriver的代理和封装。你既可以获得Selenium的所有功能，也可以得到一些扩展功能，而且Protractor的API更为流畅、更具表现力。使用Protractor编写的测试比直接使用WebDriver编写的测试更简洁。

❑ Protractor的直连功能可以绕过Selenium，直接与Chrome浏览器和Firefox浏览器进行交互。因此，直连测试可以比通过WebDriver运行的测试更加快速。而且有了这个功能后，你要处理的不确定部分就变少了，从而让测试不那么脆弱。

❑ Protractor有针对不同AngularJS指令的特定函数。虽然非AngularJS应用也能够使用Protractor并从中获益，但使用AngularJS的项目可以从这个工具中获益更多。

因为Protractor是在Node.js上运行的，所以你在运行测试时有一个可靠的、功能完善的运行环境。欣赏这个工具强大之处的最好方法就是使用。我们开始安装并用它编写一些测试。

10.1.2 安装 Protractor

这个练习将使用tdjsa/usingprotractor目录下的usingprotractor项目。该项目已经包含了对Protractor的依赖。切换到该项目目录，执行npm install命令以便为该项目安装Protractor。虽然Protractor是和webdriver-manager一同安装的，但你必须更新必要的浏览器驱动。为此，你需要通过以下命令来执行webdriver-manager update，以便更新驱动。

```
npm run-script update-driver
```

我们将使用Protractor的直连功能来连接Chrome浏览器。这同样适用于Firefox浏览器。如果想要使用其他浏览器，那么Protractor可以通过WebDriver与其进行交互。

10

10.1.3 使用 Protractor 进行测试

在这个测试中，为了熟悉Protractor，我们将编写一些测试来验证Google的搜索页面是否可以良好运行。

我们将编写以下测试：

❑ 验证http://www.google.co.uk是否有I'm Feeling Lucky按钮
❑ 提交一个文本查询，并验证结果是否包含预期值

Protractor既可以通过命令行参数获取不同的参数，也可以通过读取配置文件来获取。使用配置文件更方便，这样你就不会在每次运行这个工具时都被一堆命令行参数搞得晕头转向。当启动Protractor时，你可以指定配置文件的名称。如果不指定，那么它就会查找并加载一个名为protractor.conf.js的文件。项目中已经包含了这个文件以及一些必要的配置，以供使用。我们花点时间查看这个文件，了解一下具体内容。

```
usingprotractor/protractor.conf.js
exports.config = {
  directConnect: true,

  baseUrl: 'https://www.google.co.uk',

/*
  capabilities: {
    'browserName': ['firefox'] //默认浏览器为Chrome
  },
*/

  framework: 'mocha',

  mochaOpts: {
    reporter: 'dot',
    timeout: 10000,
  },

  specs: ['test/integration/*.js'],
};
```

directConnect参数告诉Protractor直接与浏览器进行交互，无须通过WebDriver代理。在Chrome浏览器或Firefox浏览器中运行测试时保留这个参数。如果想要在其他浏览器中运行测试，只需要删除或注释掉这行代码即可，这样Protractor就会启动Selenium WebDriver的一个实例，并通过该实例与浏览器进行交互。

baseUrl参数是被测应用的URL。在配置文件中设置这个参数后，测试时就不需要在每次发送请求时都给出完整路径了。它减少了测试时的负担，而且，这样也便于在不同的终端上运行相同的测试。这在测试一个应用的不同版本或安装时非常有用。

capabilities参数被注释掉了。这个参数是可选的，Protractor默认情况下使用Chrome浏览器。如果想要使用其他浏览器，那么就需要将该参数设置为对应的浏览器名。如果想要同时在两个或多个浏览器中运行测试，那么可以用multiCapabilities参数来代替capabilities。

Protractor支持的默认测试工具是Jasmine。但使用Mocha真的很方便，只需要提供framework参数即可。如果要为Mocha指定运行时的选项，则可以使用mochaOpts参数。

最后，该文件包含了测试文件的位置。你可以只列出一个文件、以逗号分隔的文件列表，或者像我们这样使用通配符。

该配置文件应该放在运行Protractor的目录下。一般来说，最好的位置就是项目的根目录下。因为示例是在一个第三方网站中运行测试，所以我们将配置文件放在根目录usingprotractor下。

是时候开始第一个UI层测试了。我们准备一下测试文件，然后发送一个GET请求。

10.1.4 为 UI 层测试做准备

我们将测试放在当前工作空间tdjsa/usingprotractor的test/integration/google-search-test.js文件下。打开这个预创建的文件，并为测试套件添加以下的设置代码。

```
usingprotractor/test/integration/google-search-test.js
var expect = require('chai').expect;
require('chai').use(require('chai-as-promised'));

describe('Google search page tests', function() {
  beforeEach(function() {
    browser.ignoreSynchronization = true;
    browser.get('/');
  });

  afterEach(function() {
    browser.ignoreSynchronization = false;
  });
});
```

Protractor的函数需要不断地审查DOM、向服务发送请求，并对Web服务返回的结果进行分析。这需要花费一些时间，肯定在一秒以上。在JavaScript中，需要花时间的函数都会设计为异步函数，因此毫无疑问，Protractor中的大部分函数都是异步的，返回promise对象。

在编写Protractor测试时，我们要用到之前学过的异步测试技术。在测试文件中加载Chai后，使用use函数从chai-as-promised中加载一些便捷的函数。

在测试套件中，beforeEach函数首先访问一个全局的browser对象。和浏览器提供的全局对象window类似，Protractor也提供了一些全局对象：browser、element、by等。这些全局变量可以让Protractor的测试变得非常简洁。beforeEach中的第一行代码看上去意义不明，实际上它是告诉Protractor不要等待AngularJS完成处理，在测试非AngularJS的网站时要用到该设置。afterEach是重设该标识的绝佳之处。

beforeEach函数向http://www.google.co.uk/发送一个请求，这个URL是将之前在配置文件中指定的baseUrl参数的值加上传给get函数的参数结合而成的。

　　编写第一个测试所需的内容都准备好了，接下来我们就关注一下测试。

10.1.5　编写第一个测试

　　访问http://www.google.co.uk时，我们所熟悉的Google搜索页面就会显示带有两个按钮的页面。第一个测试将展示如何验证请求是否发送到正确的页面，以及页面是否包含预期的内容。

```
usingprotractor/test/integration/google-search-test.js
it('home page has the Feeling Lucky button', function() {
  var inputElement =
    element(by.xpath('//input[@value="I\'m Feeling Lucky"]'));

  expect(inputElement.isPresent()).to.eventually.be.true;
});
```

　　该测试直接获取它要寻找的内容。它调用by.xpath函数，请求一个value为 "I'm Feeling Lucky" 的input元素。因为Protractor中的大部分函数都是异步的，所以element函数返回一个Promise。isPresent()函数接着返回一个Promise。该测试使用chai-as-promised的eventually来检查isPresent返回的Promise是否解析为预期值true。

　　我们对protractor.conf.js文件进行的修改以及在测试文件中编写的设置代码将这个测试需要的内容组合在了一起。protractor.conf.js文件包含了baseUrl、需要使用的浏览器和测试工具，以及测试所在的位置。测试向预期的URL发送请求，并验证访问的页面是否包含预期的内容。

　　保存测试文件后，使用npm test命令在工作空间目录下运行Protractor。这个命令执行package.json文件中的test命令，后者转而执行protractor命令。

　　Protractor将读取protractor.conf.js文件、启动浏览器，并调用Mocha。Mocha启动后将加载指定的测试文件，并执行其中的测试。最后，Chai和chai-as-promised则验证应用（Google搜索页面）是否按照预期进行响应。该测试的运行结果如下所示。

```
I/direct - Using ChromeDriver directly...
I/launcher - Running 1 instances of WebDriver

  .

  1 passing (893ms)

I/launcher - 0 instance(s) of WebDriver still running
I/launcher - chrome #01 passed
```

　　当运行该测试时，控制台会输出正在启动驱动的消息，并报告测试的进度。同时，你可以注意到浏览器根据测试中的命令进行了几次跳转。测试模拟了用户交互，但这是以机器的速度而非人类的速度进行的。这样做好坏参半。与手动导航页面进行验证相比，这样的执行速度是极大的优势。但缺点是，交互速度过快可能会导致一些测试间歇性失败。留意这个问题，如果需要，可以在适当的时候调整执行速度。我们很快就会碰到这种情况。

以上测试先使用xpath获取元素。Protractor提供了使用不同方式获取元素的函数，如by.id、by.tagName、by.xpath和by.linkText等。完整的列表请参见Protractor的API文档[①]。

10.1.6 测试数据发送

搜索页面包含一个文本输入框和两个提交按钮。我们编写测试来验证Google的搜索引擎是否可以正常运行。

该测试应该先获取该文本输入框的引用，再向它输入一些数据。要想获取该输入框，我们需要知道一些信息，如它的id或CSS的class。打开http://www.google.co.uk，使用浏览器工具检查其文档元素，从而找到它的id。接着你就可以通过Protractor的API以编程方式获取它了。

我们添加一个测试来验证Google搜索引擎是否可以正常运行。在test/integration/google-search-test.js的测试套件中添加第二个测试。

usingprotractor/test/integration/google-search-test.js

```
it('search brings back an expected result', function() {
  var inputField = element(by.id('lst-ib'));

  inputField.sendKeys('agilelearner.com');
  inputField.sendKeys(protractor.Key.ENTER);

  var link =
    element(by.xpath("//a[@href='https://www.agilelearner.com/']"));

  browser.wait(function() {
    return link.isPresent();
  });

  expect(link.isDisplayed()).to.eventually.eql(true);
});
```

该测试有一些让人难以理解的地方。我们来彻底分析一下。

第一行代码通过文本输入框的id获取该元素。然后sendKeys函数模拟用户输入。该函数的第一次调用输入一个搜索文本，第二次调用输入回车键。作为对用户按下回车键的响应，Google搜索页面将会执行搜索，并返回结果页面。但这里存在一个问题。

如果网速很快，Google Search通常是瞬间将结果呈现给用户。但从逻辑上来说，从远程服务器返回响应是要花一点时间的。这段时间很可能会比从调用完sendKeys到开始执行下一行代码的时间更长。我们需要考虑时间延迟。这是个很棘手的问题，可能会导致测试变得脆弱。

10

[①] https://angular.github.io/protractor/#/api

当执行get或refresh时，Protractor知道要在执行下一行代码前等待调用完成。但是，当你通过点击或键盘输入向服务器发送请求时，Protractor并不知道到底发生了什么。在这些情况下，你必须让Protractor等待服务器返回响应。

在该测试中，向搜索页面发送请求后，我们使用xpath函数查找一个带有特定href的A标签。接着我们通过wait函数让Protractor等待该元素变为可用。wait函数返回一个Promise，后者将等待预期的响应。一旦这个Promise变为已完成状态，那么Protractor就会继续执行下一行，检查该链接是否显示。

如果这个页面响应超时或者没有包含该链接，那么测试就会超时或者失败。

虽然相对简短，但这个测试暴露了UI层测试令人不快的一些方面。首先，我们必须知道要访问哪个元素。如果用来访问该元素的id或者其他定位符被修改了，那么相关的测试就彻底失败了。第二，我们可能需要在获取定位符上花费很大的精力。例如，如果你在XPATH中漏掉了尾部的/，那么该A标签就无法定位到了。第三，如果忘记加上wait，那么即使页面中包含你要查找的内容，测试仍然会失败。

在Google Search上编写Protractor测试对很多方面都很有帮助。第一，这允许我们看到实际的测试，并学习如何使用Protractor。你无须编写自己的Web服务器，这样就能将注意力放在学习最重要的内容上。第二，这些测试让你知道哪些方面可能无法控制。测试可以用于提醒你为什么需要它们的存在，但同时，你必须尽量减少这类测试。

尝试了这个示例后，你很可能想为自己的应用创建完整的端到端Protractor测试。为TO-DO应用编写测试能够让你很好地了解具体要怎么实现。在之前的章节中，我们为TO-DO应用编写了服务器端和几个不同版本的客户端。现在我们已经准备好为这个应用编写集成测试了。先为jQuery的版本编写集成测试，接着再为AngularJS的版本编写。

10.2   启动服务器和配置数据库

TO-DO应用的服务器端是使用Express编写的。客户端有三个版本：一个直接操纵DOM、一个使用jQuery，还有一个使用AngularJS。该应用的每一个部分都是单独测试的，现在我们准备进行端到端测试。

在为该应用编写集成测试前，我们必须跨越两个障碍。

第一，为了让集成测试可以成功运行，我们需要启动该应用的服务器。在运行之前章节中的测试时，我们并不需要启动服务器来执行服务器端的自动化测试。但当时为了查看服务器的运行情况，我们曾使用npm start来手动启动服务器。虽然在集成测试中也可以选择这种方式，但如果能在运行Protractor测试时自动启动服务器就更好了。这样就能省掉运行测试前所有额外的手动操作了。而且也能使得在一个持续集成的服务器上运行这些测试变得更加容易。另外，我们还需要启动数据库服务器，以作为守护进程。

第二，该应用需要与MongoDB数据库进行交互。一开始数据库中是没有任何数据的。为了验证页面是否显示任务列表，需要一些测试数据。我们可以手动插入，但之后有关添加和删除任务的测试会将这些数据弄乱。为了保持条理性，我们需要做些事情。

❑ 我们需要使用一个测试数据库来测试该应用。这个数据库必须与用于开发环境的数据库和用于生产环境的数据库分开。原因显而易见，在开发过程中覆盖测试数据是很糟糕的，反之亦然。根据所处的环境是开发环境还是测试环境，应用必须准确地选择正确的数据库。

❑ 我们需要一种自动化的方式向数据库插入测试数据，并在测试结束后进行清理。这样可以保证测试遵循FAIR原则，具体原则参见2.2节。

这些听起来都很复杂，而且很可能让人感到不知所措。好在Protractor在Node.js上运行，因此我们可以很容易地以自动化的方式启动服务器。同样，向MongoDB数据库插入测试数据也不难。为这个应用安装完Protractor之后，我们就来探讨一下这两个方面。

10.2.1 为 TO-DO 应用安装 Protractor

我们已经在tdjsa/testendtoend/todo的工作空间中建立了一个项目，以供你使用。其中包含了前几章中为TO-DO应用编写的所有测试和代码。该工作空间中的package.json文件已经更新，其中包含了Protractor依赖。

切换到tdjsa/testendtoend/todo目录，执行npm install命令，以便为这个项目下载并安装Protractor。然后执行npm run-script update-driver来更新之后将会用到的WebDriver。

tdjsa/testendtoend/todo/test/integration目录中预先创建了空的protractor.conf.js文件以及其他相关文件，以便你在实践示例时使用。现在我们开始为TO-DO应用编写集成测试吧。

10.2.2 在设置前启动服务器

当Protractor启动时，更准确地说，在任何Mocha测试运行前，我们想要启动Express服务器。这样一来，服务器就能够准备好处理来自集成测试的请求了。但是，任何一个重要的项目都会有多个集成测试文件。在每个测试套件中都编写一段启动服务器的代码可不优雅。至少这会导致设置代码重复。

Mocha允许拥有全局的before和after函数。它们可以被所有测试文件引用，而且在所有测试套件之外。我们先来编写这两个函数。

TO-DO应用已经拥有了针对客户端和服务器端的测试。我们将集成测试添加到项目中。test目录下的两个子目录server和client包含了前几章中编写的测试，新的第三个子目录integration将用于存放涉及客户端和服务器端的所有集成测试或者说端到端测试。

10

编辑test/integration目录下预先创建的空文件global-setup.js，添加以下代码。

testendtoend/todo/test/integration/global-setup.js
```
var http = require('http');
var app = require('../../app');

before(function() {
  var port = process.env.PORT || 3030;

  http.createServer(app).listen(port);
});
```

服务器的启动代码位于传给before的函数中。这段启动代码不属于任何测试套件。它是一个独立的函数，会在所有测试执行前执行。

启动服务器并不需要花多大精力。是不是感到很惊讶？我们来仔细看一下该函数中的两行代码。

首先，如果存在环境变量PORT，那么就将服务器的端口号设为该值；如果不存在，则设为默认值3030。在默认情况下，Express会使用3000端口或环境变量PORT中设置的端口号。我们为测试服务器指定不同于3000端口的另一个端口号。这样一来，在启动和运行开发环境的服务器时，测试服务器也能同时运行。两者不会产生冲突。

再来看看启动代码中的下一行代码。这行代码模拟了Express中的./bin/www文件中的操作。手动执行npm start命令会导致以文件./bin/www为参数调用node。文件./bin/www的作用就是从app.js中获取一个app对象、创建一个服务器，并注册app函数作为处理器。该文件中还有其他一些操作，但在测试过程中无须关心它们。global-setup.js文件中这短短一行的代码遵循了./bin/www文件中的操作，这对于启动一个测试服务器来说已经足够了。是不是非常棒？

距离自动启动服务器还差最后一步。Express会在运行时将详细的请求和响应信息作为日志输出，这在测试控制台上会显得很烦人。因此，我们要在测试运行时禁用日志。

将app.js中的以下这行代码进行修改：

testendtoend/todo/app.js
```
app.use(logger('dev'));
```

修改为：

testendtoend/todo/app.js
```
if (app.get('env') !== 'test') {
  app.use(logger('dev'));
}
```

从而在测试运行时禁用日志。

10.2.3　为不同的环境创建数据库

在默认情况下，Express在"开发"环境中运行，而Protractor在"测试"环境中运行。我们将使用一个新的文件config.json来修改用于"开发环境""测试环境"及"生产环境"的数据库。编辑当前工作空间中todo目录下的空文件conf.json，输入以下代码。

testendtoend/todo/config.json
```
{
  "development": {
    "dburl": "mongodb://localhost/todo"
  },
  "test": {
    "dburl": "mongodb://localhost/todouitest"
  },
  "production": {
    "dburl": "..."
  }
}
```

该文件为三种不同的环境定义了数据库URL。剩下的问题就是应用如何使用数据库URL。数据库连接是在app.js中建立的，具体参见6.3节。相关代码如下所示。

testendtoend/todo/app.js
```
var db = require('./db');

db.connect('mongodb://localhost/todo', function(err) {
  if(err) {
    console.log("unable to connect to the database");
    throw(err);
  }
});
```

目前，该文件中的数据库URL是硬编码的，我们对其进行一些修改，以便为不同的环境设置不同的数据库。

testendtoend/todo/app.js
```
var config = require('./config.jspn');
var dburl = config[app.get('env')].dburl;

console.log("using database: " + dburl);

var db = require('./db');
db.connect(dburl, function(err) {
  if(err) {
    console.log("unable to connect to the database");
    throw(err);
  }
});
```

因为默认在"开发"环境中运行，所以Express将使用开发环境的数据库；而因为在"测试"

10

环境中运行，所以当通过global-setup.js中的`before`函数启动服务器时，Protractor就会使用config.json中引用的数据库，而非开发环境的数据库。

10.2.4　在 `beforeEach` 中设置数据

良好的测试不会互相干扰，而是彼此独立的。这么做的好处是，能够以任意顺序运行测试，而且添加或者删除测试不会影响其他的现有测试。但如果不够小心的话，数据库操作可能会摧毁这一切。在进行添加操作时，如果数据库中已经存在要添加的数据，那么就会发生唯一性错误。同样，如果要删除的数据并不存在，那么删除操作就会失败。只要一个测试中执行的操作违背了另一个测试的约束，那么这项操作就有可能失败。

为了保持测试的独立性，我们应该对测试数据库进行本地化，保存在运行测试的机器上。与其他开发人员共享测试数据库就像是发出一个紧急邀请一样麻烦。config.json文件指定了要使用哪个数据库，而且这个数据库是本地系统中的。

在运行每一个测试前，都应该先清空测试数据库，并重新创建一组测试数据。这样一来，每个测试都有稳定的数据可以使用，而且不用担心自己的操作会被其他测试影响。

如果希望每个测试套件都可以有不同的测试数据，那么你就将初始化代码放在该套件的`beforeEach`函数中。如果想要在多个测试套件中共享测试数据，那么你就将用于初始化数据的`beforeEach`放在所有代码外。用于这种场景的一个绝佳位置是包含了`before`函数的global-setup.js。

testendtoend/todo/test/integration/global-setup.js

```
beforeEach(function(done) {
    var db = require('../../db');
    var config = require('../../config.json');
    var dburl = config[app.get('env')].dburl;

    var callback = function() {
        db.get().collection('tasks').remove(function() {
            var tasks = [
                {name: 'Test Models', month: 12, day: 1, year: 2016},
                {name: 'Test Routes', month: 12, day: 2, year: 2016},
                {name: 'Test AngularJS', month: 12, day: 3, year: 2016},
                {name: 'Test UI', month: 12, day: 4, year: 2016}
            ];
            db.get().collection('tasks').insert(tasks, done);
        });
    };

    db.connect(dburl, callback);
});
```

在所有测试前运行的这段代码中，函数从config.json文件中获取数据库名、打开数据库连接、清理任务集合（还好，这是测试数据库），并插入测试任务。完成这些步骤后，通知`beforeEach`

代码中的异步函数所有的操作已经全部完成。

　　我们已经实现了自动启动服务器和自动向数据库插入全新测试数据的代码。现在可以为TO-DO应用编写第一个测试了。

10.3　测试 jQuery UI

　　在前几章中，我们为TO-DO应用创建了几个不同版本的UI。其中一个版本直接操作DOM，另一个版本使用了jQuery。除了引入的JavaScript文件不同，这两个版本的HTML基本相同。我们将注意力放在jQuery版本上，并通过与tasksh.html文件进行交互来编写集成测试。

10.3.1　设置 Protractor 配置文件

　　Protractor需要一个配置文件，我们先来准备一下这个文件。在当前工作空间中编辑预先创建的protractor.conf.js文件，输入以下代码。

```
testendtoend/todo/protractor.conf.js
var app = require('./app');
var config = require('./config.json');

exports.config = {
  directConnect: true,

  baseUrl: 'http://localhost:' + (process.env.PORT || 3030),

  framework: 'mocha',

  mochaOpts: {
    reporter: 'dot',
    timeout: 10000,
  },

  specs: ['test/integration/*.js'],
};
```

　　该文件中的代码与测试Google搜索页面时的配置文件很相似，只有两处不同。取代之前的google.co.uk，baseurl指向了localhost。端口号从环境变量PORT中获取，如果该变量不存在，则采用默认值3030。这与之前在global-setup.js文件中启动服务器所用的端口相同。

10.3.2　发现必要的测试

　　花几分钟思考一下要为TO-DO应用编写哪些集成测试。为了发挥端到端测试的最大作用，我们希望有选择地针对没有被其他测试覆盖到的的集成部分。没有必要重复验证其他测试已经涉及的内容。

编写最少且有针对性的集成测试

 尽量减少集成测试，只编写测试验证没有被其他层次的测试覆盖到的那些内容。

我们回头看看TO-DO应用的不同部分，明确一下哪些部分已经被测试覆盖，哪些还没有。

下图中的方框代表了每一层中的代码。每一层中隐藏在方框内的代码都通过该层的测试得到了充分的检测。剩下的就是各层之间的交互。

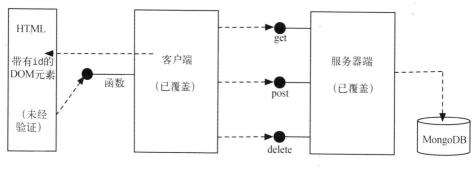

集成测试应该覆盖图中所示应用中未经验证的集成部分。此外，还应该验证HTML文件是否包含了客户端代码所需的带有正确**id**的DOM元素。以下测试可以满足这些需求：

❑ 验证显示的任务数量是否正确
❑ 验证任务是否正确在页面上显示
❑ 验证任务添加功能是否正常
❑ 验证任务删除功能是否正常

这几个测试将验证HTML是否与代码正确绑定、代码是否与依赖正确绑定，以及与数据库的交互是否正常。

我们来依次编写它们。

10.3.3　实现集成测试

因为Protractor的API返回**Promises**，所以需要引入Chai和**chai-as-promised**模块。此外，因为被测代码不是AngularJS，而是jQuery代码，所以需要设置 **browser** 的 **ignoreSynchronization**属性。从浏览器向/tasksj.html页面发送请求时，第一个测试就可以对任务数量进行验证。以下是第一个测试以及必要的设置代码，在testendttoend/todo/test/integration/tasksj-test.js文件中输入以下代码。

testendtoend/todo/test/integration/tasksj-test.js

```
var expect = require('chai').expect;
require('chai').use(require('chai-as-promised'));

describe('tasks ui test', function() {
  beforeEach(function() {
    browser.ignoreSynchronization = true;
    browser.get('/tasksj.html');
  });

  afterEach(function() {
    browser.ignoreSynchronization = false;
  });

  it('should show correct task count', function() {
    expect(element(by.id('taskscount')).getText()).to.be.eventually.eql('4');
  });
});
```

通过直接查看HTML文件或在浏览器中查看网页源码，我们可以知道任务数量显示在一个id为taskscount的span元素中。测试首先为该id获取一个定位器，接着获取该id对应的DOM元素。对该元素上的getTest函数的调用会返回一个Promise，当浏览器有机会加载页面并向服务器请求任务列表时，该Promise将变为已完成状态。

保存测试，确保启动并运行着mongodb守护进程。如果它没有运行，可以通过以下命令启动，并让它保持运行。

```
mongod --dbpath db
```

不需要启动后端Express服务器，因为当我们运行测试时，它会自动启动。为了运行测试，在命令行窗口中执行npm run-script test-integration以启动Protractor，然后就可以看到测试通过了。

```
using database: mongodb://localhost/todouitest
Using ChromeDriver directly...
[launcher] Running 1 instances of WebDriver

  .

  1 passing (599ms)
[launcher] 0 instance(s) of WebDriver still running
[launcher] chrome #1 passed
```

输出结果显示，测试过程中使用了测试数据库。结果还显示有一个测试通过了，并且该测试是在默认的Chrome浏览器上运行的。

该测试验证了任务数量是否可以正确显示。这个集成测试确证了上图中的几件事。

(1) HTML页面上至少有一个id是正确的。

10

(2) 页面加载时调用了正确的脚本函数。

(3) 客户端代码向正确的URL发送了请求。

(4) 服务器端与数据库正确集成了。

区区一个高层次的测试就能达到这些目标，真的让人很有成就。但还有一些东西需要验证。例如，任务应该显示在任务列表中。为此，我们在testendtoend/todo/test/integration/tasksj-test.js文件中编写一个测试。

testendtoend/todo/test/integration/tasksj-test.js

```
it('should display tasks on the page', function() {
  expect(element(by.id('tasks')).getText())
    .to.eventually.contain('Test Models');
  expect(element(by.id('tasks')).getText())
    .to.eventually.contain('Test UI');
});
```

就复杂度而言，这个测试跟上一个测试并没有什么不同。它检查id为tasks的div元素是否至少包含了任务列表中四个任务中的两个任务。你可能还想要添加更多的测试来验证日期是否显示，但在这个层次上没有这个必要。这在更低层次的测试中更容易验证。同样，没有必要在集成测试中验证任务列表是否以年、月、日、名称的顺序进行了排序，这是低层次测试所要关心的问题。

这两个测试只验证页面加载时是否按照预期显示了一些信息。验证任务添加操作的下一个测试需要做更多的事。一旦页面完成加载，用户可以输入一个新任务，并点击提交按钮。测试必须模拟这个操作，我们在上一个示例中看到过的sendKeys和click函数现在就派上用处了。我们将在这个测试中使用它们。

testendtoend/todo/test/integration/tasksj-test.js

```
it('should successfully add a task', function() {
  element(by.id('name')).sendKeys('Create Quality Code');
  element(by.id('date')).sendKeys('12/15/2016');
  element(by.id('submit')).click();

  expect(element(by.id('message')).getText())
    .to.eventually.contain('task added');
  expect(element(by.id('tasks')).getText())
    .to.eventually.contain('Create Quality Code');
});
```

这个测试可不是简简单单一两行代码就可以搞定的。前两行代码分别向两个文本输入框设置文本，第三行代码模拟按钮click。在断言部分，测试验证id为message的元素是否更新，任务列表中是否包含了新添加的任务。这里没必要验证任务数量是否正确，因为这在低层次的测试中已经验证过了。这个测试的通过表明，HTML页面与客户端脚本进行了正确的绑定，而且客户端与正确的URL进行了交互。

最后检测删除任务的测试需要模拟点击任务旁边的delete链接。因为页面上有多个delete链接，所以我们需要从中选择一个。我们选择索引为1的第二个链接，也就是说第二个任务将会被删除。我们使用Protractor API的by.linkText函数来根据该链接的文本获取定位器。接着使用element.all函数获取匹配该定位器的所有元素。最后通过get函数获取指定的元素。

testendtoend/todo/test/integration/tasksj-test.js

```
it('should successfully delete a task', function() {
  element.all(by.linkText('delete')).get(1).click();

  expect(element(by.id('message')).getText())
    .to.eventually.contain('task deleted');
  expect(element(by.id('tasks')).getText())
    .to.eventually.not.contain('Test Routes');
});
```

保存文件，确保这4个测试都可以通过。到此，为jQuery版本的应用编写的集成测试也就完成了。

tasks.html的内容与taskj.html的很相似，前者绑定了直接使用内置函数操作DOM的脚本，你可以通过tasks.html来练习编写集成测试。我们还需要验证AngularJS的实现是否与tasksa.html良好集成，但在这之前，我们需要做些事情来降低集成测试中的耦合和重复。

10.4 使用页面对象

集成测试并不复杂，但如果不够小心，它们就可能变得难以处理。我们刚才编写的集成测试中有四个主要问题。

(1) **冗余**：用于访问元素和验证内容的代码很冗余。简洁的代码可以让测试更易于维护。

(2) **重复**：获取task或message这样元素的代码在整个测试过程中都是重复的。更少的重复意味着更少的错误，而且更容易修改页面。

(3) **与页面的实现紧密耦合**：假设出于某种原因，需要将用来显示任务数量的span元素的id改为class，那么用到该元素的所有测试都要修改，这是紧耦合和重复导致的直接结果。从测试中访问的每个DOM元素都有这样的问题。

(4) **与API紧密耦合**：每个测试都直接依赖Protractor的API。如果我们决定更换为不同的API或Protractor更新了API，那就糟糕了。

随着测试数量的增长，这些问题会变得越来越严重，好在如果尽早处理，那么它们也是很容易解决的。为此我们将使用一个**页面对象**。

页面对象抽取页面内容。测试不再直接与browser对象以及访问HTML页面元素的函数进行交互，而是使用一个页面对象。这个页面对象会执行与browser的交互。这样做的好处就是减少

10

冗余和重复，并降低耦合。

在创建页面对象之前，我们先体验一下使用感受。

观察以下测试。

testendtoend/todo/test/integration/tasksj-test.js

```
it('should successfully add a task', function() {
  element(by.id('name')).sendKeys('Create Quality Code');
  element(by.id('date')).sendKeys('12/15/2016');
  element(by.id('submit')).click();

  expect(element(by.id('message')).getText())
    .to.eventually.contain('task added');
  expect(element(by.id('tasks')).getText())
    .to.eventually.contain('Create Quality Code');
});
```

使用页面对象可以将以上测试修改为下面这样，后者更简洁、更清晰，也更易于维护。

testendtoend/todo/test/integration/tasksj-usepage-test.js

```
it('should successfully add a task', function() {
  page.name = 'Create Quality Code';
  page.date = '12/15/2016';
  page.submit();

  eventually(page.message).contain('task added');
  eventually(page.tasksAsText).contain('Create Quality Code');
});
```

比起直接使用Protractor API的测试，修改后的这个版本更清晰、更有条理。

既然已经知道了页面对象的优势，那我们就自己来创建一个。我们需要两个文件：一个页面类和一个辅助函数。

测试中用到的每一个页面都要拥有一个页面对象。无论是简单的读取、发送按键或是点击，页面中的任何部分都将通过页面对象的属性或函数来进行抽象。我们为tasksj.html页面创建一个名为TasksJPage的页面对象。

testendtoend/todo/test/integration/tasksj-page.js

```
var fetchById = function(id) {
  return element(by.id(id));
};

var sendKey = function(element, text) {
  element.sendKeys(text);
};

var TasksJPage = function() {
  browser.get('/tasksj.html');
```

```
};

TasksJPage.prototype = {
  get tasksCount() { return fetchById('taskscount').getText(); },
  get tasksAsText() { return fetchById('tasks').getText(); },
  get message() { return fetchById('message').getText(); },

  deleteAt: function(index) {
    return element.all(by.linkText('delete')).get(index);
  },

  set name(text) { sendKey(fetchById('name'), text); },
  set date(text) { sendKey(fetchById('date'), text); },

  submit: function() { fetchById('submit').click(); }
};

module.exports = TasksJPage;
```

fetchById和sendKey是辅助函数。前者用来获取指定id的元素，后者用来模拟向指定的文本输入框输入内容。页面对象TasksJPage的构造函数用browser对象的get函数来获取页面。它的原型中定义了一些属性和函数，其中的属性是通过getter和setter来定义的。因为页面中包含用来显示任务数量、任务列表、新任务等可访问的元素，所以这些都作为属性或者函数定义在页面对象中。

通过对页面对象的使用，我们可以实现更流畅、更简洁的测试。还可以通过一个辅助函数来降低测试中使用expect...eventuallly时带来的冗余。编辑testendtoend/todo/test/integration/eventually.js文件，如下所示。

testendtoend/todo/test/integration/eventually.js
```
var expect = require('chai').expect;
require('chai').use(require('chai-as-promised'));

module.exports = function(object) {
  return expect(object).to.be.eventually;
};
```

eventually函数接收一个对象和一个属性，然后通过chai-as-promised库返回一个Promise对象。现在，测试不再需要重复调用expect，而是可以使用一种更为简洁的语法来进行验证。

我们用页面对象和辅助函数来重写test/integrations/tasksj-test.js中的测试。将修改后的测试放在testendtoend/todo/test/integration/tasksj-usepage-test.js文件中，以便和之前的测试进行对比。

testendtoend/todo/test/integration/tasksj-usepage-test.js
```
var eventually = require('./eventually');
var TasksPage = require('./tasksj-page');
```

```javascript
describe('tasks ui test', function() {
  var page;

  beforeEach(function() {
    browser.ignoreSynchronization = true;
    page = new TasksPage();
  });

  afterEach(function() {
    browser.ignoreSynchronization = false;
  });

  it('page should show correct task count', function() {
    eventually(page.tasksCount).eql('4');
  });

  it('page should display tasks', function() {
    eventually(page.tasksAsText).contain('Test Models');
    eventually(page.tasksAsText).contain('Test UI');
  });

  it('should successfully add a task', function() {
    page.name = 'Create Quality Code';
    page.date = '12/15/2016';
    page.submit();

    eventually(page.message).contain('task added');
    eventually(page.tasksAsText).contain('Create Quality Code');
  });

  it('should successfully delete a task', function() {
    page.deleteAt(1).click();

    eventually(page.message).contain('task deleted');
    eventually(page.tasksAsText).not.contain('Test Routes');
  });
});
```

它的优势并不在于代码量的节省。修改后的版本只减少了5行代码。但代码中的每一行代码都减少了冗余、可以与Promise API和页面中的元素低耦合，而且访问元素时不再有重复代码。页面对象是集成测试中非常重要的一环，可以充分加以利用。

至此，你已经看到如何使用Protractor为Google页面和基于jQuery的TO-DO应用编写测试。Protractor还有一些特定于AngularJS应用的功能，下面我们就来探讨一下。

10.5 测试 AngularJS 的 UI

Protractor具有特定于AngularJS的功能。正如之前所见，我们调用`element(by.id(...))`这样的函数来获取页面中的元素。因为使用AngularJS编写的页面通常使用`ng-model`和`ng-repeat`

这样的指令，所以Protractor提供了一些辅助函数来访问它们。当测试在与Web页面进行交互时，Protractor等待AngularJS完成处理以及对DOM元素的更新和绑定。

在TO-DO应用中，tasksa.html页面是基于AngularJS的，它使用taskscontroller.js文件中的TasksController。tasksj.html和tasksa.html的主要区别是：前者使用id，而后者完全没有id。它用到了AngularJS的一些模型、绑定以及一个中继器。因此，测试无法使用by.id函数来获取元素。这就是为什么Protractor要拥有特定于AngularJS的函数。

我们来探讨一下用于为不同指令获取定位器的一些函数，如下表所示。

AngularJS 指令	示 例	获取定位器的函数
ng-model	ng-model='...'	by.model('...')
bindings	{{ controller.message }}	by.binding('controller.message')
ng-click	ng-click='...'	by.css('[ng-click="..."]')
ng-repeat	ng-repeat="task in..."	by.repeater('task in...')
ng-repeat—a row	ng-repeat="task in..."	by.repeater('task in...').row(index)
ng-repeat—columns	ng-repeat="..."	by.repeater('task in...').column ('task. name')

为了获取包含ng-model的元素，调用by.model函数。要想访问包含表达式的元素，调用by.binding函数。获取带ng-click的元素有点棘手。为此，需要调用by.css函数，并向它提供完整的ng-click属性及其值。by.repeater以及row、column函数可以用来获取ng-repeat元素中的单独一行或该中继器中使用的特定表达式。

在编写测试验证与tasksa.html的交互前，我们先来编写一个页面对象，将HTML页面的内容抽取出来以供测试使用。这个页面对象的作用和之前创建的相同，只不过前者特定于tasksa.html页面，并使用面向AngularJS的Protractor API。编辑testendtoend/todo/test/integration/tasksa-page.js，输入以下代码。

testendtoend/todo/test/integration/tasksa-page.js

```
var fetchByModel = function(model) {
  return element(by.model(model));
};

var fetchByBinding = function(binding) {
  return element(by.binding(binding));
};

var fetchByNgClick = function(clickFunction) {
  return element(by.css('[data-ng-click="' + clickFunction + '"]'));
};

var sendKey = function(element, text) {
  element.sendKeys(text);
};

var TasksAPage = function() {
```

10

```
    browser.get('/tasksa.html');
  };

  TasksAPage.prototype = {
    get tasksCount() {
      return fetchByBinding('controller.tasks.length').getText();
    },

    get tasksAsText() {
      return element.all(by.repeater('task in controller.tasks')
              .column('task.name')).getText();
    },

    get message() { return fetchByBinding('controller.message').getText(); },

    deleteAt: function(index) {
      return element(by.repeater('task in controller.tasks').row(index))
              .element(by.tagName('A'));
    },

    set name(text) { sendKey(fetchByModel('controller.newTask.name'), text); },
    set date(text) { sendKey(fetchByModel('controller.newTask.date'), text); },

    submit: function() {
      fetchByNgClick('controller.addTask();').click();
    },

    get submitDisabled() {
      return fetchByNgClick('controller.addTask();').getAttribute('disabled');
    }
  };

  module.exports = TasksAPage;
```

这些辅助函数使用我们之前讨论过的函数来获取基于ng-model、ng-click或绑定的元素。用于获取任务的函数调用了用于访问ng-repeater的column的函数，并返回一个只包含任务名称的数组。代码的其余部分相当直观。

为AngularJS版本的HTML页面tasksa.html编写的测试与taskj.html页面的测试没有太大的不同。它们各自的页面对象影响最大，这证明了页面对象的好处。以下是tasksa-test.js文件的代码。它是从tasksj-usepage-test.js复制过来的，只对3个地方进行了改动。我们将在列出代码清单后探讨改动。

testendtoend/todo/test/integration/tasksa-test.js

```
var eventually = require('./eventually');
var TasksPage = require('./tasksa-page');

describe('tasks ui test', function() {
  var page;

  beforeEach(function() {
```

```
    page = new TasksPage();
  });

  it('page should show correct task count', function() {
    eventually(page.tasksCount).eql('4');
  });

  it('page should display tasks', function() {
    eventually(page.tasksAsText).contain('Test Models');
    eventually(page.tasksAsText).contain('Test UI');
  });

  it('should successfully add a task', function() {
    page.name = 'Create Quality Code';
    page.date = '12/15/2016';
    page.submit();

    eventually(page.message).contain('task added');
    eventually(page.tasksAsText).contain('Create Quality Code');
  });

  it('should successfully delete a task', function() {
    page.deleteAt(1).click();

    eventually(page.message).contain('task deleted');
    eventually(page.tasksAsText).not.contain('Test Routes');
  });
});
```

第一处修改：该测试引入了新的tasksa-page.js文件而不是tasksj-page.js。第二处：因为这个测试套件是针对AngularJS页面的，所以beforeEach函数中没有设置ignoreSynchronization。基于同样的原因，该测试中没有afterEach函数。就是这些，测试套件中剩下的部分（即4个测试）完全就是从tasksj-usepage-test.js文件中复制过来的。现在，保存该文件并运行Protractor。它应该报告一共有12个测试正在运行，4个来自tasksj-test.js，4个来自tasksj-usepage-test.js，还有4个来自新创建的tasksa-test.js。

除了使用AngularJS，tasksa.html文件还有一处不同于taskj.html。如果新任务的name或者date为空，那么它就会禁用submit按钮。disableAddTask函数是在客户端代码中编写的，但是它与HTML的集成还没有测试。我们在tasksa-test.js中编写一个测试，验证页面加载时该按钮是否被禁用。

testendtoend/todo/test/integration/tasksa-test.js

```
it('should disable submit button on page load', function() {
  eventually(page.submitDisabled).eql('true');
});
```

这个测试套件中使用的页面对象已经包含了一个名为submitDisabled的属性。该属性获取拥有ng-click属性的元素，然后获取该元素的disabled属性。以上测试仅仅验证该属性的值是否为true，以表明加载时该按钮被禁用。

一旦输入一个新任务，该按钮应该变为可用状态，以便用户可以执行提交操作。我们编写最后一个测试来验证这个行为在集成测试中是否正常执行。

testendtoend/todo/test/integration/tasksa-test.js
```
it('should enable submit button on data entry', function() {
  page.name = 'Create Quality Code';
  page.date = '12/15/2016';

  eventually(page.submitDisabled).not.eql('true');
});
```

该测试使用页面对象来设置name和date值，这实际上模拟了用户向本文输入框输入内容的操作。接着该测试验证disabled属性的值不为true。

执行protractor命令，并查看测试结果。

```
using database: mongodb://localhost/todouitest
Using ChromeDriver directly...
[launcher] Running 1 instances of WebDriver

  ..............

  14 passing (4s)

[launcher] 0 instance(s) of WebDriver still running
[launcher] chrome #1 passed
```

当测试运行时，你可以看到Chrome浏览器不断地模拟着用户的各种交互，尽管它的速度比喝了咖啡因的用户还要快得多。总共有14个测试通过了，其中包括tasksa.html的6个集成测试。

10.6 测试 Angular 2 的 UI

你已经知道如何测试AngularJS 1.x的UI了，现在我们来探讨如何使用Protractor测试我们在第9章中编写的Angular UI。

撰写本书时的Angular 2还是beta版。Protractor中特定于Angular的功能还在开发中，如访问带有属性ngFor的元素。但这不应该成为使用Protractor测试Angular UI的阻力。

切换到tdjsa/testangular2/todo目录，这是为TO-DO应用编写Angular UI的目录。我们将在这个工作空间下编写集成测试。

这个项目中的app.js和config.json文件与AngularJS 1.x版本中的相同。同样，package.json文件中的script部分已经更新为可以运行Protractor。protractor.conf.js文件是从AngularJS 1.x项目中复制过来的，只有一处不同。Angular要求在config中添加以下配置。

```
useAllAngular2AppRoots: true,
```

　　因为Angular现在使用新的Testability接口来访问被测应用，所以需要上述设置。这项设置放在baseUrl后面，如下所示。

testangular2/todo/protractor.conf.js

```
var app = require('./app');
var config = require('./config.json');

exports.config = {
  directConnect: true,

  baseUrl: 'http://localhost:' + (process.env.PORT || 3030),
  useAllAngular2AppRoots: true,

  framework: 'mocha',

  mochaOpts: {
    reporter: 'dot',
    timeout: 10000,
  },

  specs: ['test/integration/*.js'],
};
```

　　test/integration/eventually.js 和 test/integration/global-setup.js 这 两 个 文 件 完 全 就 是 我 们 在 AngularJS 1.x的集成测试中创建的文件的副本。

　　因为Angular版本看上去和AngularJS 1.x的版本相同，所以测试也应该是相同的。但这些测试与HTML页面进行交互的方式不同，这意味着测试相同，页面对象不同。因此，code/testangular2/todo/test/integration/tasksa-test.js正是我们为AngularJS 1.x版本的集成测试创建的code/testen dtoend/todo/test/integration/tasksa-test.js文件的副本。

　　简而言之，除了protractor.conf.js和 test/integration/tasksa-page.js，AngularJS 1.x版本的集成测试和Angular版本的应该完全相同。我们已经看到protractor.conf.js文件对一行代码进行了修改。最大的差别是test/integration/tasksa-page.js文件，如下所示。

testangular2/todo/test/integration/tasksa-page.js

```
var fetchModelById = function(modelId) {
  return element(by.id(modelId));
};

var fetchBindingById = function(bindingID) {
  return element(by.id(bindingID));
};

var fetchClickById = function(clickId) {
  return element(by.id(clickId));
};

var sendKey = function(element, text) {
```

10

```
  text.split('').forEach(function(ch) {
    element.sendKeys(ch);
  });
};

var TasksAPage = function() {
  browser.get('/');
};

TasksAPage.prototype = {
  get tasksCount() {
    return fetchBindingById('length').getText();
  },

  get tasksAsText() {
    return element(by.css('table')).getText();
  },

  get message() { return fetchBindingById('message').getText(); },

  deleteAt: function(index) {
    return element.all(by.css('table tr')).get(index)
           .element(by.tagName('A'));
  },

  set name(text) { sendKey(fetchModelById('name'), text); },

  set date(text) {
    var textSplit = text.split('/');
    var dateElement = fetchModelById('date');
    sendKey(dateElement, textSplit[0]);
    sendKey(dateElement, '/' + textSplit[1]);
    sendKey(dateElement, '/' + textSplit[2]);
  },

  submit: function() {
    fetchClickById('submit').click();
  },

  get submitDisabled() {
    return fetchClickById('submit').getAttribute('disabled');
  }
};

module.exports = TasksAPage;
```

与其依赖特定于Angular的函数来获取元素，不如酌情使用by.id或by.css函数来获取必要的元素。因为我们在Angular版本中用index.html作为起始页，所以这个版本中的TasksAPage的构造函数将URL设置为/，而不是tasks.html。另一处不同于AngularJS 1.x版本集成测试的地方就是为date输入框设置输入内容的方式。这个版本中的sendKey不处理date值中的/。作为一种变通方法，set date(text)函数单独输入date中的每一部分。

要想运行Angular版本UI的集成测试，我们要先执行npm install命令，然后执行以下命令来更新WebDriver。

```
npm run-script update-driver
```

接着记得执行以下命令来启动数据库守护进程。

```
mongod --dbpath db
```

最后执行以下命令来启动Protractor。

```
npm run-script test-integration
```

Angular版本的集成测试的运行结果如下所示。

```
> protractor

using database: mongodb://localhost/todouitest
[11:57:53] I/direct - Using ChromeDriver directly...
[11:57:53] I/launcher - Running 1 instances of WebDriver

  ......

  6 passing (4s)

[11:57:58] I/launcher - 0 instance(s) of WebDriver still running
[11:57:58] I/launcher - chrome #01 passed
```

输出结果表明，Angular版本UI的6个集成测试都通过了。

10.7　小结

端到端测试是自动化测试中很关键的一部分。我们需要使用集成测试来确保整个应用在集成后仍能正常运行。因为这些测试通常编写起来更复杂、运行更耗时，而且更脆弱，所以我们必须将它们控制在最低限度。此外，我们应该避免为可以在更低层次上编写的那些测试编写集成测试。

在本章中，你学习了如何使用Protractor来编写端到端集成测试。这个工具很好地封装了Selenium WebDriver，使得通过Web UI验证应用行为的测试变得相当流畅。Protractor还提供了一些特定于AngularJS指令和绑定的函数。

除了Protractor的使用，我们还探讨了如何在测试的一开始就自动启动服务器并向数据库插入测试数据。它们能够使得自动化测试更加顺利，无须在测试过程中手动进行处理。

本章中的自动化测试填补了示例应用中其他层次的测试间的空隙。下一章我们将重温测试层次、探讨测试规模，并对如何采用测试驱动开发给出建议。

10

第 11 章

测试驱动你自己的应用

功能完整的TO-DO应用可以正常运行，而且非常健康。它的每一行代码都是通过自动化测试来驱动设计和实现的。我们为应用的不同层次编写了测试：服务器端的模型和路由、客户端，以及从UI到底层的端到端集成测试。我们将在本章中重温这个应用，并且对测试的层次和规模进行回顾。掌握了这些以后，你就可以评估自己的应用的工作量和测试方式了。我们还将重温自动化测试带来的好处，并分别从程序员、架构师和项目经理的角度来回顾一下关键的实践。

11.1 努力的成果

在几乎所有应用的生命周期中，代码都是一次编写而成的，但需要经过多次修改。一个很流行的视频点播系统中的会员包去年刚上线，但公司现在希望该会员包能支持多月订阅并自动更新。唱片公司的版税支付方案需要升级才能与新的第三方电子支付系统集成。税务申报软件最好能正确处理税法最新的变化。这样的案例还有很多很多。

重要且有用的应用会不断地修改和演进。这就是为什么"拥抱变化"会成为极限编程（eXtreme Programming，XP）背后的一个关键原则。这也是"响应变化"成为敏捷宣言[①]的核心价值的原因。

但问题是，很多应用都难以修改。常见的原因、对应的设计问题及其后果如下表所示。

负面影响	设计问题	后果
长函数	低内聚、高耦合	难以理解、修改成本高、难以验证和测试
一段代码做很多事	缺乏单一职责	代码不稳定、难以重用、难以验证和测试
代码依赖过多	高耦合	代码脆弱、经常中断
代码直接依赖第三方代码	紧耦合	无法扩展
代码重复	不必要的重复	不得不花费更多时间和精力来修复错误
代码具有不必要的复杂性	违背了YAGNI（"你不需要它"）的原则	难以修改、可能包含无用代码

---

① http://www.agilemanifesto.org

不巧的是，以上的每一个原因都会导致自动化测试异常困难。例如，验证函数行为的测试的数量会随着函数的规模和复杂度呈指数级增长。超过一定的限制后，为设计糟糕的函数编写自动化测试就变得不太可能实现了。

当优先编写测试时，我们就能迫使代码始终向更好的设计发展。代码会因此变得模块化、内聚、松耦合和简洁。此外还能大大减少代码的重复，因为重复的代码会导致重复测试。

第二部分中的示例证实了自动化测试对代码设计的影响。我们来回顾一下其中的设计。因为客户端代码的3个版本基本做了同样的事情，只是所使用的库不同，所以接下来的讨论只针对AngularJS版本。

下图展示了TO-DO应用的整体设计。

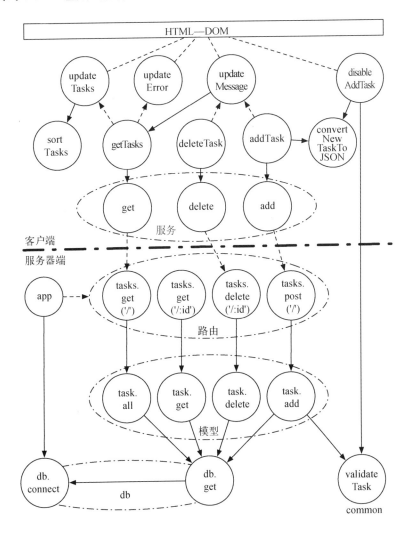

服务器端和客户端的代码全都是模块化的。每个函数都是高内聚、低耦合，且具有单一职责的。此外，我们将客户端和服务器端共用的逻辑设计为一个可重用的函数，以便两者共享。这样确保了代码遵循DRY原则。

在服务器端，上图底部与db相关的两个函数用来管理数据库连接，而4个模型函数是仅有的几个直接与持久化数据进行交互的函数。每个函数集中关注一个与任务相关的操作。此外，add函数将任务校验工作委托给一个独立的可重用函数validateTask。路由函数关注从请求对象获取数据、调用合适的模型函数，并通过响应对象将结果返回给客户端。get、post和delete路由都使用到了，而get('/:id')没有被前端用到，但是用它来返回一个单独的任务是很容易的。前端可以在必要时用它来实现每次显示一个任务。

在客户端，服务和控制器都是高度模块化的。一部分函数与服务器进行交互，另一部分函数则操作AngularJS模型。当模型发生改变时，AngularJS负责更新DOM并触发必要的操作。

validateTask函数同时在Node.js和浏览器上运行。它先在客户端校验任务，同时服务器端也使用这个函数。这是很有必要的，以防数据绕过浏览器直接发送到服务器。即使在运行时服务器端和客户端都有这个函数，这也并不是重复。相反，代码严格遵守着DRY原则，因为这在执行时完全是同一段源码。

我们辛苦完成的这些优良设计能带来诸多好处。

□ 首先，代码很灵活。通过这些高内聚和模块化的函数，我们能够轻松地构建其他函数。
□ 每个函数都很简短。最长的函数也没超过20行代码，且大部分函数都不到6行。这就意味着开发人员可以轻松地维护代码，不会在理解代码时因太过费劲而感到焦虑。不管是修改已有功能还是添加新功能，这都直接提高了效率，因为修改只会影响到很少的代码。此外，我们也可以从重用和减少代码重复中获益。
□ 因为代码是松耦合的，所以能够通过自动化测试对任何被修改的部分进行快速验证，无须启动整个应用——服务器、浏览器以及数据库。这不仅快速，而且可以让我们确信修改后的代码仍然能够正常运行。
□ 测试覆盖率可以达到100%，这是因为所有的代码都是先测试后实现的。最关键的不是覆盖率数值，而是我们可以确信，每一行代码都至少被一个测试所覆盖。

自动化测试将应用推向更好的设计

 虽然有很多方法可以改善设计，但良好的自动化测试必然能促进良好的设计。

除了自动化测试，开发人员也可以保持警惕或通过其他方式来达到良好的设计。但是良好的自动化测试有助于开发人员用意图来编程，而且必然能达到更好的设计。除了良好的回归，编写自动化测试还能带来我们在第1章中讨论过的好处。

我们已经讨论过自动化测试带来的好处了，但还没说过到底要编写多少测试才行。下面我们就来讨论一下这个问题。

11.2　测试的规模和层次

讨论测试的层次和规模是一件棘手的事情。限制测试量并不是好主意。在之前的章节中可以看到，测试代码量大致相当于源码量的3倍。这并不是目标数量。这只是先编写测试，再编写最少的代码以通过测试而得到的结果。

自动化测试是达到目的的一种手段。真正的目标是开发高度可维护的、有价值的软件，从而能够放心、快速地对其进行修改。

在TO-DO应用中，我们为服务器端编写了单元测试，以验证数据库连接函数的行为、任务模型、处理URL路径的路由，以及任务校验逻辑。最后的测试数量大概在40个。在客户端用来验证AngularJS控制器和服务函数的测试在25个左右。此外，为了确保代码能够正确集成，我们还编写了UI层测试。但在编写这些测试时，我们探讨了之前测试没有覆盖到的部分，这部分的测试有6个。下图显示了测试数量及其分布。巧合的是，这和我们在第1章中提到的测试金字塔一致。

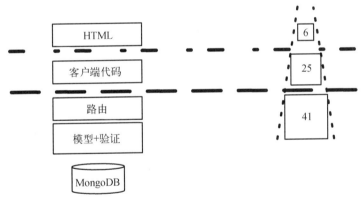

在一个典型的应用中，每一层都有多个测试。那么问题来了：

❑ 每一层分别应该有多少个测试？
❑ 每个测试应该在哪一层？

我们先来看一下关于测试数量的第一个问题。这个问题很难回答，不是因为这个问题太难，而是因为这是一个错误的问题。只有想要达到一定的限额或者想要在写完代码后再编写测试时，我们才会问这个问题。

在采用测试驱动开发时，我们会在实现代码前先为它编写测试，然后再编写最少的最相关代码。如果函数的功能已经得到了完整的实现，那么也就不需要再为它编写更多的测试了。

11

不要设置测试限额

不要让你的团队设置测试限额或随随便便制定测试要求。要将测试作为创建高质量、高价值软件的工具。致力于用较少的测试和更高的覆盖率来编写最少的代码。

第二个问题非常重要：应该在哪一层进行测试？答案是，在我们能轻易得到快速、有意义的反馈的最低层上进行。我们将通过TO-DO应用的一些示例来进一步讨论这个问题。

我们不希望应用包含重复的任务。我们可能想要尝试在HTML这一UI层上编写这个测试：在表单中输入与已有任务相同的数据、模拟点击create按钮，然后对其响应进行验证。但这并不是可以进行该测试的最低层。而且在这一层上，我们必须启动服务器、用测试数据初始化数据库，还需要打开浏览器。我们回过头思考一下这个问题：用来检查唯一性的代码应该在哪里实现呢？最符合逻辑的地方是模型，验证任务是否唯一是Task模型的职责，而非使用Task对象的控制器或者视图的职责。因此模型就是进行这个测试的最低层。

另一方面，要想验证客户端代码是否与DOM元素正确绑定，我们必须在UI层编写测试。对于这类测试来说，最高层就是进行测试的最底层。同时，在UI层编写测试来验证客户端的排序功能是否正常并不恰当。这个测试的最低层应该是客户端代码层而非HTML页面层。

在正确的层次上编写测试

应该尽可能在最低的层次上编写测试，但不要更低。

有一种方法可以很好地回答上面这个问题，那就是先回答另一个问题：代码应该放在哪里？验证一段代码的测试应该和这段代码在同一层。

有时，第二个问题的回答并不明确。例如，我们清楚地知道检查任务是否唯一的代码应该放在哪里，但是任务校验代码在服务器端和客户端都有用到。很容易将它的测试写在客户端层，但这会导致违反DRY原则。因为意识到这一点，所以我们在公共库层次上编写测试。此外，我们在模型层和客户端代码层编写了交互测试，以验证合适的函数调用了validateTask函数。与任务校验相关的测试分布在3个地方。

在编写测试时，"我们在做什么，为什么要这么做，放在哪里合适，在编写代码时需要考虑哪些原则"，这些问题能够帮助我们在正确的层次上编写测试，同时也能够帮助我们进行更好的设计。

11.3   测试驱动：程序员指南

组织中的很多人可以鼓励团队采用测试驱动开发。但是除了程序员，没有一个团队能够更有

效地影响这项工作的结果。我们来讨论一下"测试驱动开发"能够如何帮助程序员更好地创建可
维护的代码。

在开始设计一个或一组功能时，只从足够的策略设计开始，从中把握问题的整体面貌，并获
得解决方案的方向。然后再进行深入，选择开始编写代码的部分。

写下一份测试列表，选择最有用的函数开始实现。每一次都是先编写测试，再编写最少的代
码来通过该测试。

在编写代码前先写测试一开始看起来可能很奇怪。但这是我们每个人都可以学会并提升的
一项技能。有时一个概念很含糊、难以分析，而且很难先写测试。你不必打这场硬仗。可以先
创建一个快速spike，然后通过从这个spike得到的启发进一步编写产品代码，还是遵循先写测试
的原则。

通常来说，难以测试的代码意味着设计不佳。很难为低聚合、高耦合的代码编写和执行自动
化测试。尽可能去除代码中的依赖。在有内部依赖的地方使用依赖注入，从而让代码变得松耦合。

有时你可能会被一个问题难住，不知道应该如何测试驱动开发一段代码。不要让这些困惑或
挫折阻挠你。记住这句谚语：艰难之路，唯勇者行。采用"橡皮鸭"（Rubber Ducking）问题解决
法[1]：大声陈述问题有助于找到解决方案。有一次，在为处理复杂解析工作的一段代码编写自动
化测试时，我向一名同事寻求帮助了。在等待帮助时，仅仅通过用文字来描述手头的问题，我居
然就找到了解决方法。当找不到解决方法时，你可以找个同事、程序员、团队领导、技术架构师，
或者仅仅是屏幕上的橡皮鸭，然后开始描述这个问题。或许你很快就能够着手编写测试。

测试人员和业务分析师为产品开发带来了独特的视角和巨大的价值。回忆一下我们在1.2节
中讨论的内容。测试人员和业务分析师永远不应该花时间手动验证应用的行为。相反，他们应该
协助编写自动化的功能测试和开发人员帮忙集成的验收测试。测试人员描述想要测试的内容，而
开发人员则需要明确在哪一层集成了这些测试。

当测试人员、业务分析师，以及程序员共同协作时，他们创建的测试就成了可执行的文档或
者规范。因为测试是用纯文本形式描述的，所以测试名的集合就成了一种通用的语言，几乎团队
中的所有人——包括开发人员、测试人员、业务分析师、架构师、领域专家、UI专家——都能够
用它们来讨论规范细节，并创建测试以描述能够执行和验证的特定场景。

让测试人员编写，而不是执行功能测试

 让开发人员编写功能测试或手动运行验证测试是一场灾难。要让测试人员编写功能
测试，开发人员协助将功能测试集成为自动化测试。

---

[1] http://c2.com/cgi/wiki?RubberDucking

测试驱动设计和开发的原因不是为了达到完美，而是为了获得更好的设计，并让快速而可靠的回归成为可能。但这种方法并不能保证零bug。当你找到一个bug或别人报告了一个bug时，编写因为这个bug而失败的几个测试，然后修改代码确保所有测试都可以通过。这小小的一步可以防止这个bug将来再次出现。

定期关注代码覆盖率。测试驱动代码设计的那些人员通常不用纠结于正确的覆盖率应该是多少。覆盖率报告可能偶尔会显示有些代码没有被任何测试覆盖到，即单元测试、功能测试或集成测试都没有覆盖到。人非圣贤，孰能无过。大胆删除这段未经测试的代码。一旦发现这类代码，在开发过程中是很容易删除的。但以后就难了，你会担心删除是否会导致其他问题。即使觉得这段代码的存在很有必要，你也要第一时间删除，然后再通过先写测试来实现它。这么做可以让你确信测试确实验证了这段代码的行为。

11.4　测试驱动：团队领导、架构师指南

因为设计和架构深刻影响着可测试性，所以在团队实行自动化测试的过程中，团队领导和架构师发挥着至关重要的作用。此外，开发人员也会向这组人员寻求各种技术实践上的指导。我们来讨论一下技术领导和架构师能够如何在测试驱动开发方面帮助他们的团队。

架构和设计决策涉及几个关键准则：可伸缩性、可靠性、可扩展性、安全性、性能等。在创建和审查架构及设计时，可测试性都应该是优先级最高的准则之一。例如，如果你正在创建一个服务，架构和设计一个模拟的服务以帮助测试依赖这项服务的那些组件。类似地，如果你的应用严重依赖第三方服务，看看这些服务是否提供了替身，如果没有，那么考虑通过一个适配器进行路由调用。然后就可以为这个适配器创建替身，以测试依赖这个服务的那些代码。

通常团队会遵循持续的代码审查策略。这些团队鼓励程序员每天互相审查代码，而不是将整个团队集中到一个房间进行代码审查。在这个过程中，团队领导和架构师通过定期审查为团队提供支持，同时也会在出现问题时为团队提供指导。鼓励你的团队在审查代码外同时对测试进行审查。在这个过程中，团队可以检查测试的质量、一致性、复杂度和清晰度。此外，还可以确认测试是否在正确的层次上进行，并检查是否存在遗漏。例如，可以看看边界测试有没有遗漏，或者是否应该包含反向测试或者异常测试。

鼓励团队将各种假设和约束、功能需求和非功能需求作为测试用例。这些测试将作为各种架构和设计决策的文档和验证工具。例如，"发票付款收据应该只显示给合适的人员查看"这一需求应该用一系列测试来表述和验证。同样，"在与库存服务交互时，订单处理模块应该优雅地处理网络故障"也应该用测试来验证。简而言之，利用测试来表述、文档化和验证架构及设计决策。

程序员、领导、架构师以及参与项目的其他人员常常会对系统如何处理特定场景感到疑惑。比如，一个简单但容易忽视的问题是，"刚刚退出的用户可以通过点击后退按钮查看发票的收据吗"。这个问题的解决方案可能只是控制器中的一行代码或者一个前过滤器。但关键问题是，是

否有测试验证这一行为。与其争论或者要求他人解释代码处理的情况，不如为它编写一个测试。测试会毫无疑问地确认应用是否正确运行，从而彻底避免无端的争论和猜测。换句话说，有疑问时就可以进行测试。

11.5　测试驱动：项目经理指南

团队成员经常会向项目经理寻求支持。除了提供支持之外，追求质量和技术的那些项目经理可以对团队的能力产生更大的影响。我们来讨论一下项目经理可以做哪些事情来激励和促进团队通过自动化测试走向成功。

11.5.1　促进可持续的敏捷开发实践

大部分组织都已经采用或者正在实践敏捷开发。我们回忆一下敏捷宣言背后的一些原则[①]。

- ❑ 即使到了开发后期，也欢迎改变需求。
- ❑ 向团队提供成功所需的环境和支持。
- ❑ 敏捷过程应促进可持续开发。
- ❑ 对技术精益求精，对设计不断完善。

敏捷呼吁可持续发展

敏捷开发追求的不是速度。它并非呼吁快速但鲁莽地开发项目，而是呼吁采取能够促进可持续发展的技术实践。它提倡在必要时放慢速度，以便在可能的情况下提高速度。

负责敏捷实施的项目经理或组织领导有能力帮助或阻碍团队在软件项目上取得成功。他们的一部分职责是管理日程和预期目标，并为团队提供良好的环境，以一种合理的、可持续的步伐来创建明确的、可维护的、运行良好的软件。

很多组织将注意力放在为当前版本制定短期的、紧迫的期限。在这个过程中，他们并没有意识到团队引发的技术债务，这通常都是压力和最后期限带来的后果。虽然短期获益，但最终会导致严重的长期损失——捡了芝麻，丢了西瓜。

11.5.2　优雅地处理遗留应用

本书关注的主要是良好的测试及编码节奏。先编写测试，再编写最少的代码以通过该测试。而在现实中，项目经常要处理只有很少的，或者根本没有测试的遗留应用。要求全部现有代码都通过自动化测试来加以验证是相当不利的。为现有代码编写测试非常困难，因为它们并非设计为

---

① http://www.agilemanifesto.org/principles.html

易于测试，有些甚至无法测试。当程序员尝试在短时间内为现有代码编写大量测试时，测试质量通常是令人堪忧的。这些测试虽然没有效果，但却给人一种虚假的自信。以下是处理遗留代码的一些方法。

- 在为遗留应用编写新代码时，团队应该认真地实施测试驱动开发。因为新代码是增量开发的，所以团队可以花时间重构和修改部分相关的代码。这样就可以开始编写自动化测试。因为关注的是一小部分代码，所以团队不会不堪重负，从而可以编写出更高质量的测试。

- 他们可以在修复bug之前或之后编写测试。在对代码还记忆犹新时，更容易编写有意义的测试。

- 如果一部分代码非常重要或频繁更改，那么可以让团队安排时间为这部分代码编写自动化测试。在编写测试前，团队可能需要重构代码。他们必须评估编写这些测试带来的好处，以及在没有现有测试的情况下修改关键代码带来的风险。

在处理遗留应用时，如果测试覆盖率低于当前水平，那么就鼓励团队创建构建失败的脚本。一位苦于维护成本过高的客户发现，他们的一个遗留应用只有26%的覆盖率。因此只要覆盖率低于上一次的构建，他们就使其失败。经过短短6个月的努力，覆盖率就大大提高了，他们开始享受大量自动化测试所带来的好处。

11.5.3   结束新的遗留应用

今天的新项目会成为明天的遗留项目。项目经理和组织领导可以采取多种措施来营造一种有助于创建可维护软件的环境，而不是让项目失控。我们来探讨一下其中的几种措施。

- 从现有的经验中学习。估算修复bug的时间、精力以及成本。在开发时间和成本中加上寻找bug和修复bug需要耗费的时间和金钱。这有助于我们摆脱"减少开发时间"这种局部优化的思维模式，从而帮助我们形成更有效的"降低整体成本"这种全局优化的思维模式。

- 用明显的方式公布测试指标和覆盖率。当休息室中的电视或显示器通过集成仪表盘不断循环时，这可以体现出团队在编写测试和维护高覆盖率方面非常认真。对于测试较少或者覆盖率较低的项目，显示随时间的推移所呈现的趋势可以展现团队正在不断改进，同时激励团队更加努力地工作。如果数字不太好看，而且还有很多错误或维护问题，那么这能够提醒每一个走进办公室的人。随着屏幕不断地循环各个项目，团队可以快速看到哪些项目做得更好，然后向他们寻求建议或指导。

- 注意混杂的信息。团队中经常有人抱怨他们被要求编写自动化测试，但却没有给予时间、培训或资源来实现。我们知道，如果一个团队采用一项新技术，那么他们需要时间来适应它。类似地，如果一个团队刚开始采用自动化测试，他们也需要时间来取得成果。我们不能仅仅因为给了一个从没开过车的人几把钥匙，就指望他可以立刻开车。同样，没有自动化测试经验的人无法仅靠几个测试工具就驾驭自动化测试。他们需要时间来学习和提升技术。评估团队的当前水平，然后制定计划，让他们达到最终的目标。为了达到期望的结果，投入时间和精力让团队学习和掌握必要的测试驱动技能。

❑ 为团队提供他们需要的指导。公司经常聘请敏捷教练来指导团队采用敏捷开发。而成功的团队还会聘请技术教练来帮助程序员和测试人员正确采用可持续的技术实践。看看你的团队是否能从技术教练的指导中获益。另一个方法是，指定一位优秀员工或一个自动化验证方面的高手。拥有足够技术知识的成员可以帮助团队评估并采用自动化测试。

❑ 改变"完成"的定义，不仅仅是交付代码，而是通过有用的自动化测试交付有价值的产品。如果在要求开发人员交付产品的同时，还"期望"他们编写自动化测试，那么这些期望通常都会被搁置一旁。将自动化测试纳入"完成"的定义中，以此改变团队的思维模式和运作方式。他们将重新思考如何在每一次迭代中进行估算并承诺交付多少。换句话说，当自动化验证很重要时，将它包含在"完成"的定义中。这有助于强调，为了让代码完整，必须通过并评审测试。

11.6　摇滚吧

你已经阅读完本书。让这一刻成为你通过自动化测试来创建高质量、可维护代码的开端吧！

以下代码段表达了我对我们能通过坚持不懈、努力工作和严格要求达到的结果的看法：

```
expect(success).to.eventually.be.true;
```

感谢阅读本书，也感谢你提高了自己在这个令人惊叹的领域中的水平。

网络资源

3-As模式——http://c2.com/cgi/wiki?ArrangeActAssert，对Arrange-Act-Assert（3-As）模式的简单介绍。

敏捷软件开发宣言——http://www.agilemanifesto.org，敏捷宣言的官网，用于拥护一些核心价值以及轻量级软件开发的实践。

Angular——https://angularjs.org，Angular框架的官网。

本书资源——http://www.pragprog.com/titles/vsjavas，本书的官方网站，其中包括源码下载链接、勘误和论坛。

Chai——http://chaijs.com，Chai官网，这是一个流畅、富于表现力的库。

Express——http://expressjs.com，Express的官网，Node.js的一个轻量级Web框架。

Express Generator——http://expressjs.com/en/starter/generator.html，为Express项目生成初始化文件的一个便利工具。

Ice-cream cone Anti-pattern——http://watirmelon.com/2012/01/31/，讨论该模式的一个博文。

Istanbul with Mocha——https://github.com/gotwarlost/istanbul/issues/44#issuecomment-16093330，介绍了如何在Mocha下使用Istanbul。

jQuery下载——https://jquery.com/download，jQuery不同版本的下载页面。

Mocha——https://mochajs.org，JavaScript测试框架Mocha的官网。

mock不是stub——http://martinfowler.com/articles/mocksArentStubs.html，Martin Fowler的一篇博文，介绍了mock和stub之间的主要差异，以及分别在什么情况下使用它们。

MongoDB下载——https://www.mongodb.org/downloads，非关系型数据库MongoDB的下载页面。

Node.js——https://nodejs.org，Node.js服务器的官网。

npm——https://github.com/npm/npm，详细介绍JavaScript包管理器的网站。

敏捷宣言背后的原则——http://www.agilemanifesto.org/principles.html，介绍敏捷宣言所遵循的原则的网站。

Protractor　API 文 档——https://angular.github.io/protractor/#/api，介 绍 了 WebDriver　API 和 Protractor封装函数的详细内容。

Reflect类——http://www.ecma-international.org/ecma-262/6.0/#sec-reflection，一个用来访问元数据，以及注解、参数的类。

橡皮鸭——http://c2.com/cgi/wiki?RubberDucking，讨论了陈述问题是如何有助于找到解决方案的一个Web页面。

Sinon——http://sinonjs.org，JavaScript的一个强大的测试替身库Sinon的官网。

Sinon文档——http://sinonjs.org/docs，Sinon测试替身的文档。

Sinon-Chai——https://github.com/domenic/sinon-chai，对强大的Chai断言库的扩展，用于与Sinon相关的验证。

测试金字塔——http://martinfowler.com/bliki/TestPyramid.html，Martin Fowler有关测试层次的文章。

黑天鹅理论——https://en.wikipedia.org/wiki/Black_swan_theory，有关黑天鹅理论的Wikipedia页面。

参考文献

[Coh09]   Mike Cohn. *Succeeding with Agile: Software Development Using Scrum.*Addison-Wesley, Boston, MA, 2009.

[Mar02]   Robert C. Martin. *Agile Software Development, Principles, Patterns, and Practices.* Prentice Hall, Englewood Cliffs, NJ, 2002.

站在巨人的肩上
Standing on Shoulders of Giants

TURING
图灵教育

iTuring.cn

站在巨人的肩上
Standing on Shoulders of Giants

TURING
图灵教育

iTuring.cn